谁说菜鸟不会数据分析（信息图篇）

张文霖　于伟伟　陈巍琪　著

電子工業出版社
Publishing House of Electronics Industry
北京•BEIJING

内容简介

本书从解决工作实际问题出发，以工作中常用的数据分析方法分类为主线，介绍使用Excel绘制工作中常用信息图的方法与技巧，主要包括KPI达成分析、对比分析、结构分析、分布分析、趋势分析、转化分析六大数据分析方法的常用信息图。

本书的定位是帮助大家学会工作中常用信息图的Excel绘制方法与技巧，并能解决工作中遇到的大部分问题。入门后如还需要进一步进阶学习，读者可自行扩展阅读相关书籍或资料，学习是永无止境的，正所谓“师傅领进门，修行在个人”。

图书在版编目（CIP）数据

谁说菜鸟不会数据分析．信息图篇 / 张文霖，于伟伟，陈巍琪著．—北京：电子工业出版社，2020.7

ISBN 978-7-121-39045-6

Ⅰ．①谁… Ⅱ．①张… ②于… ③陈… Ⅲ．①表处理软件 Ⅳ．① TP391.13

中国版本图书馆CIP数据核字（2020）第093605号

责任编辑：张月萍
印　　刷：中国电影出版社印刷厂
装　　订：中国电影出版社印刷厂
出版发行：电子工业出版社
　　　　　北京市海淀区万寿路173信箱　　　邮编：100036
开　　本：720×1000　1/16　印张：13.25　字数：287千字
版　　次：2020年7月第1版
印　　次：2022年1月第2次印刷
印　　数：4001~5000册　定价：69.00元

凡所购买电子工业出版社图书有缺损问题，请向购买书店调换。若书店售缺，请与本社发行部联系，联系及邮购电话：（010）88254888，88258888。

质量投诉请发邮件至zlts@phei.com.cn，盗版侵权举报请发邮件至dbqq@phei.com.cn。

本书咨询联系方式：（010）51260888-819，faq@phei.com.cn。

前　言

自图书上市以来，《谁说菜鸟不会数据分析》系列已拥有数十万读者与粉丝，口口相传，成为职场人士案头必备的参考用书；同时非常荣幸地获得“出版全行业优秀畅销品”称号，这离不开广大读者的厚爱与支持。有读者告诉我们，每次阅读都会有新的体会与收获，这让我们很开心。

随着云计算、互联网、电子商务和物联网的飞速发展，世界已经逐步迈入大数据时代。数据分析等数据科学技术也相应流行起来，数据的价值正在各行各业发挥着越来越大的价值。不管是专门从事数据分析的朋友，还是从事其他工作的朋友，或多或少都需要撰写数据分析报告。

一份合格的数据分析报告首先能够为决策者制定某项政策、解决某个问题提供决策参考依据。在报告解决问题的基础上，大家对报告的“颜值”要求也越来越高。信息图就是提升报告“颜值”的一大利器，通过吸引阅读者眼球，使其更容易吸收和理解报告所呈现的信息和内容。

市面上介绍信息图的相关书籍大多数较为偏重理论，缺乏实操，或者是使用的工具较为专业，增加了阅读难度，学习门槛非常高，让非专业的朋友学起来较为痛苦。

有的朋友说，我可以套用漂亮图表模板呀。是的，这也是方法之一。但是模板是固定的，而遇到的问题是千变万化的，当出现新的问题时，套用模板就没那么方便实用了。

授人以鱼不如授人以渔。鉴于此，本书作者于 2016 年开始提炼总结工作中常用信息图的 Excel 绘制方法与技巧，并录制成了视频课程《Excel 精美信息图实战》，发布于网易云课堂。课程上线后，受到了大量学员的支持与肯定。同时课程上线后，根据热心学员的宝贵反馈意见，对课程不断升级更新。

通过《Excel 精美信息图实战》视频课程的录制、升级，沉淀了大量的 Excel 信息图实战教学经验。同时大量的学员与读者不断来信咨询希望早日出版《谁说菜鸟不会数据分析（信息图篇）》。经过两年时间的打磨，这本书终于与读者见面了。整个写作过程是艰辛的，但是也很有成就感。

本书的定位是，带领大家学习工作中常用信息图的 Excel 绘制方法与技巧，并能解决工作中遇到的大部分问题。入门后如还需要进一步进阶学习，可自行扩展阅读相关书籍或资料，学习是永无止境的，正所谓“师傅领进门，修行在个人”。

本书结构

本书以工作中常用的数据分析方法分类为主线，介绍使用 Excel 绘制工作中常用信息图的方法与技巧。

第 1 章　信息图简介：介绍了什么是信息图、信息图的特点、信息图的分类、信息图的绘制流程，以及 Excel 图表的主要组成元素，为后续学习信息图绘制打下基础。

第 2 章　KPI 达成分析：介绍了常见的 KPI 达成分析类信息图的绘制方法与技巧，包括手机图、小人图、滑珠图、卡车图、电池图、五星评分图、仪表盘、跑道图、飞机图。

第 3 章　对比分析：介绍了常见的对比分析类信息图的绘制方法与技巧，包括手指饼图、箭头图、排行图、山峰图、小人对比图、雷达图。

第 4 章　结构分析：介绍了常见的结构分析类信息图的绘制方法与技巧，包括趣味圆环图、小人条形图、试管图、小人堆积图、树状图、旭日图、方块堆积图。

第 5 章　分布分析：介绍了常见的分布分析类信息图的绘制方法与技巧，包括直方图、旋风图、矩阵图、气泡矩阵图。

第 6 章　趋势分析：介绍了常见的趋势分析类信息图的绘制方法与技巧，包括折线图、面积图、趋势气泡图。

第 7 章　转化分析：介绍了常见的转化分析类信息图的绘制方法与技巧，包括漏斗图、WIFI 图。

第 8 章　信息图报告：通过一个综合案例介绍了信息图报告的制作方法与技巧。

适合人群

★ 需要提升自身竞争力的职场新人
★ 从事咨询、研究、分析等的专业人士
★ 在产品、市场、用户、渠道、品牌等工作中需要进行数据分析的人士

案例数据下载

本书配套案例数据下载方式如下。

扫码关注微信订阅号：小蚊子数据分析（wzdata），回复“1”或“信息图篇”获取案例数据下载链接。

致谢

感谢广大读者与学员的支持，让笔者下定决心写这本书。在此要衷心感谢成都道然科技有限责任公司的姚新军先生，感谢他的提议和在写作过程中的支持。感谢参与本书优化的朋友：王斌、李伟、范霈璐、李萍、王晓、景小艳、余松。非常感谢本书的插画师朴提的辛苦劳动，您的作品让本书增色不少。

感谢沈浩、张文彤老师在百忙之中抽空阅读书稿，撰写书评，并提出宝贵意见。

最后，要感谢三位作者的家人，感谢他们默默无闻的付出，没有他们的理解与支持，同样也没有本书。

尽管我们对书稿进行了多次修改，仍然不可避免地会有疏漏和不足之处，敬请广大读者批评指正，我们会在适当的时间进行修订，以满足更多人的需要。

目　录

第1章

信息图简介

年底公司正在举行年会，牛董给全体员工汇报一年来公司业务上取得的成绩。小白盯着超大背景墙上展示的各种图表数据，一边听着牛董的发言，一边记着笔记。小白心里琢磨着：这些图表好漂亮啊，是怎么绘制出来的呢，年会后得找 Mr. 林好好请教一番。因为牛董 PPT 上的图表都是 Mr. 林制作的。

第二天一早来到办公室，小白就跑去找 Mr. 林了：Mr. 林，年会上牛董 PPT 上面的图表好漂亮啊，既清晰又简洁，您是用什么工具绘制的啊？怎么绘制的？能不能教教我？

Mr. 林抬头看了看小白，微笑着说：没问题，这种类型的图表称为信息图。在我们的日常工作中，例如数据报告、年终总结、述职竞聘、产品发布、宣传海报，甚至是求职简历中都会使用到一些信息图。

小白：嗯嗯！

1.1 什么是信息图

Mr. 林：小白，我们先来了解一下，什么是信息图。

小白：好的。

Mr. 林：信息图，也称为信息图表，它是数据、信息的一种可视化表现形式。它的主要作用就是让受众者更容易吸收和理解所呈现的信息和内容，这也就是我们使用信息图的最主要目的。

如今，大家在面对海量文字信息时的耐心越来越少，信息图作为一种简单高效的表达方式更容易被人理解与接受。

信息图的主体就是图表，例如柱形图、饼图、折线图等，它可以与其展示的信息所代表的事物或相关的事物组成信息图，也可能是简单的点、线或者是与展示信息相关的基本图形、图标等元素。

图 1-1 所示的三张信息图，就是采用了展示信息相关的基本图形、图标，与主体图表组合形成信息图的。

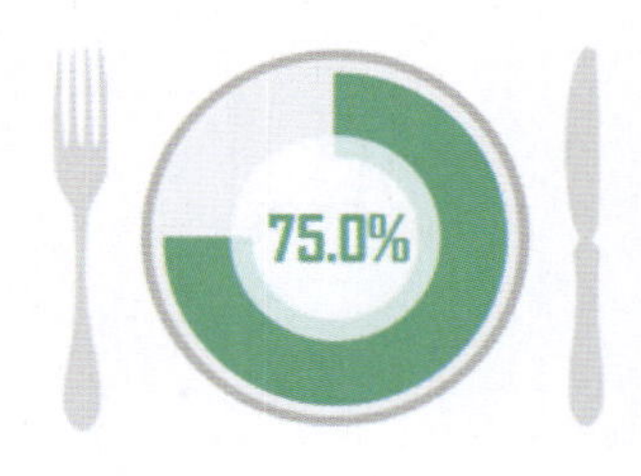

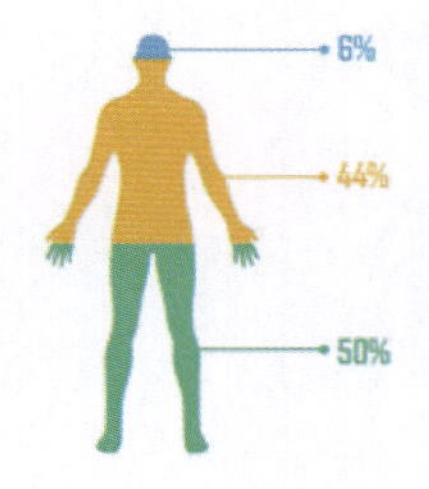

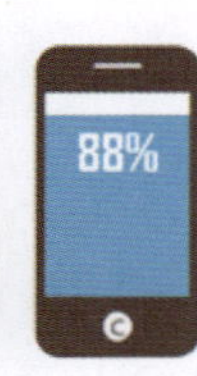

图 1-1　信息图示例

小白：哇！这些图我喜欢。

Mr. 林：嘿嘿！小白，在我们的生活中，随处都可以看到信息图的应用，如微信年度数据报告中使用的信息图，如图 1-2 所示。

图 1-2 微信年度数据报告

1.2 信息图的特点

1. 吸引力强

信息图相比普通图表更具吸引力。在这个信息爆炸的时代，富有吸引力的信息图可以将人们的阅读意愿提高近 80%。

例如图 1-3 所示的这张信息图，通过具有视觉冲击力的绿色足球场地加折线图的方式，展示了中国与冰岛国家足球队在国际足联的排名变化情况。

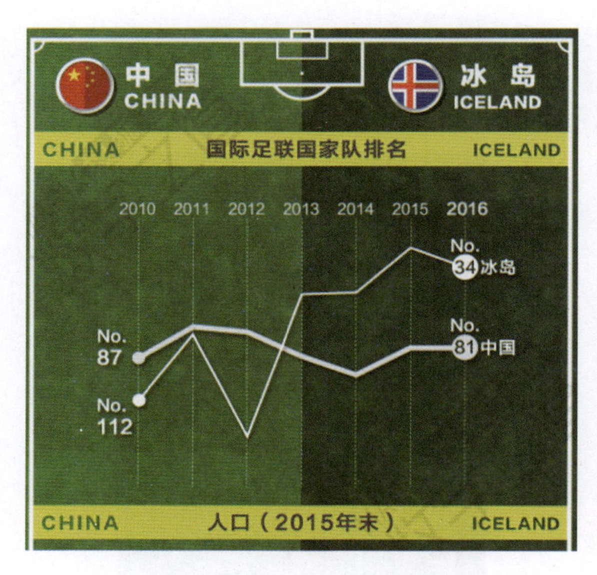

图 1-3　搜狐新闻 – 国际足联国家队排名

2. 易于理解

信息图更容易理解和记忆。相比于文字，人们能够在同等时间内记住更多信息图的内容。

例如图 1-4 所示的例子，左边的文字和右边图表中的文字是完全一样的，但右边的信息图能让我们更快、更易于理解文字所要表达的内容。

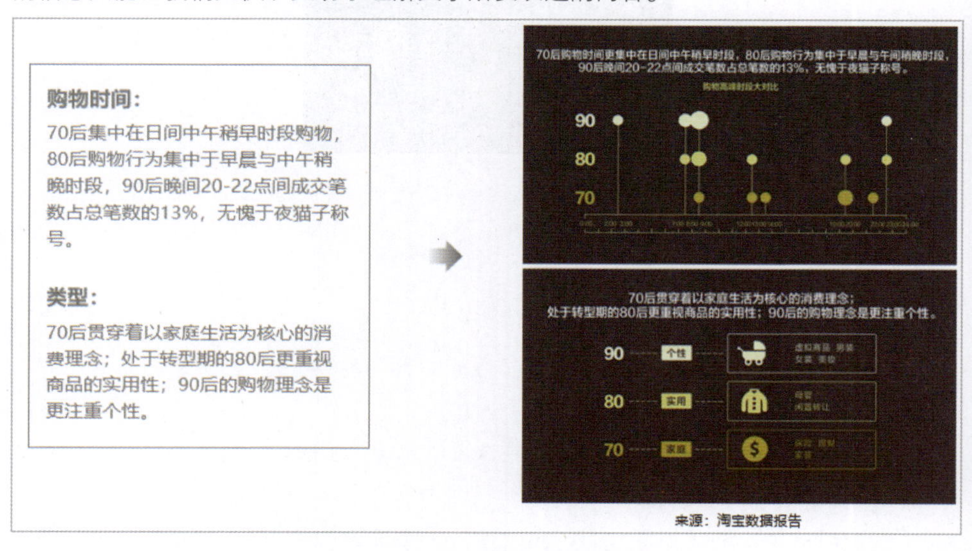

图 1-4　淘宝数据报告

3. 易于传播

在移动互联网高度发达的今天，一张精美的信息图会大大增加人们分享、传播的意愿，这也是为什么现在信息图发展如此之快的原因之一（参见图 1-5）。

图 1–5　易于传播

1.3　信息图的分类

不同的角度就有不同的分类，从数据分析应用的角度，信息图可以分为六大类：KPI 达成分析、对比分析、结构分析、分布分析、趋势分析、转化分析，如图 1-6 所示。

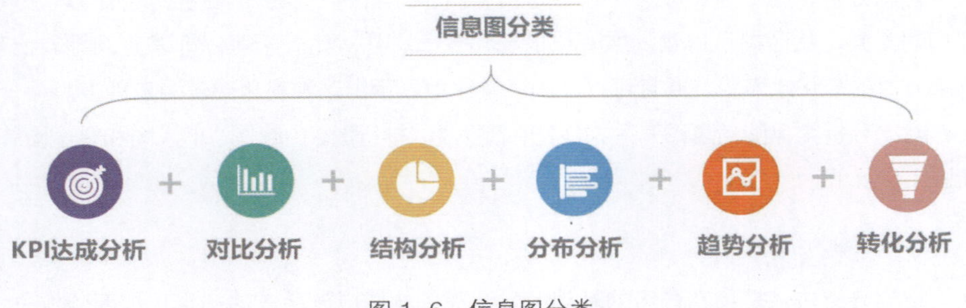

图 1–6　信息图分类

1. KPI 达成分析

KPI（Key Performance Indicator），关键绩效指标，是衡量工作人员工作绩效表现的一种目标式量化管理指标，是把企业的战略目标分解为可操作的工作目标的工具，是企业绩效管理的基础。

大部分的企业每年都会制定销售目标。KPI 达成分析，就是定期监控各 KPI 指标数据，让领导、管理者等相关人员及时了解 KPI 完成的进度，所以也称为目标分析法。一般数据分析人员在撰写月度或季度数据分析报告时，都需要使用 KPI 达成分析。

常见的 KPI 达成分析的信息图有手机图、小人图、滑珠图、卡车图、电池图、五星评分图、仪表盘、跑道图和飞机图等，如图 1-7 所示。

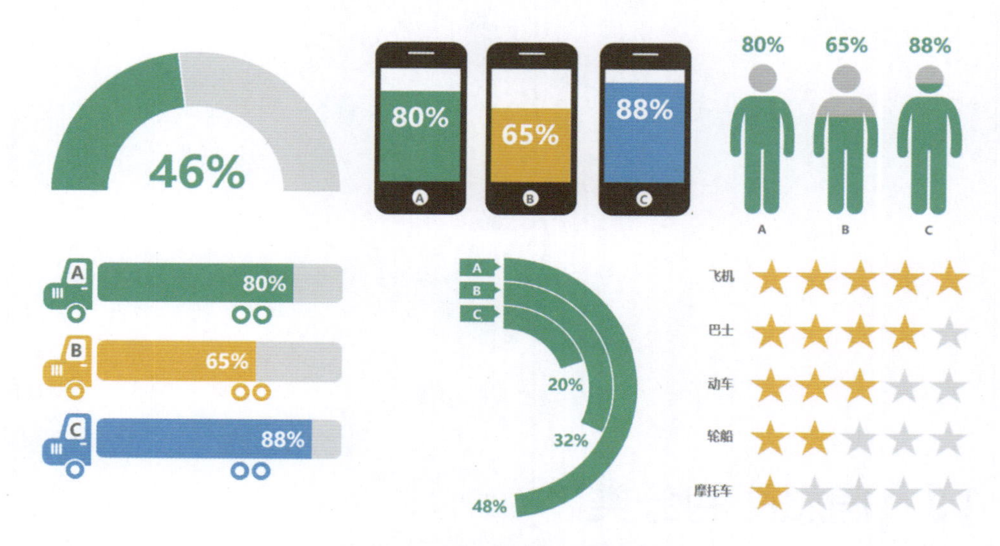

图 1-7　KPI 达成分析信息图示例

2. 对比分析

对比分析，也称为比较分析，它是指将两个或者两个以上的数据进行比较，分析它们的差异，从而揭示事物发展变化情况和规律。从对比分析可以非常直观地看出事物某方面的变化或差距，并且可以准确、量化地表示出这种变化或差距是多少。

对比分析常见的信息图有手指饼图、箭头图、排行图、山峰图、小人图和雷达图等，如图 1-8 所示。

3. 结构分析

结构分析法，是指在分组的基础上，计算各构成成分所占的比重，进而分析总体的内部构成特征。这个分组主要是指定性分组，定性分组一般看结构，它的重点在于占整体的比重。结构分析法应用广泛，例如用户的性别结构、用户的地区结构、用户的产品结构等。

结构分析常见的信息图有趣味圆环图、试管图、小人堆积图、小人条形图、树状图、旭日图和方块堆积图等，如图 1-9 所示。

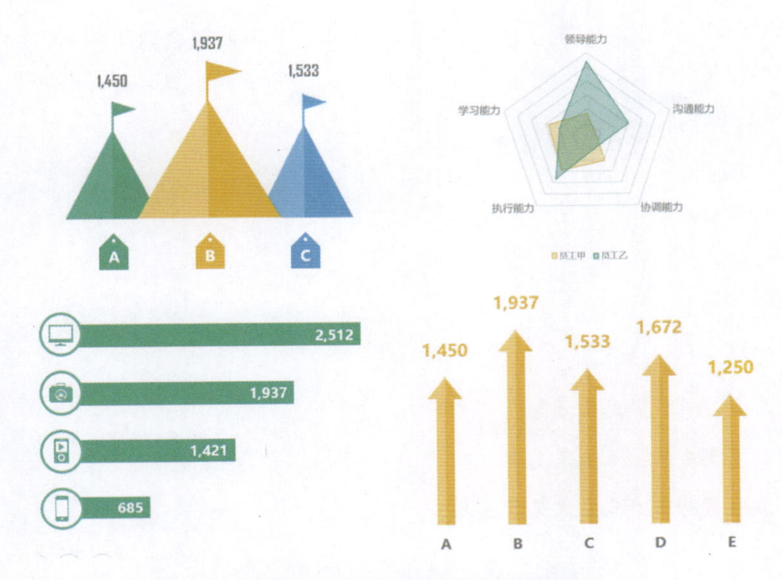

图 1–8 对比分析信息图示例

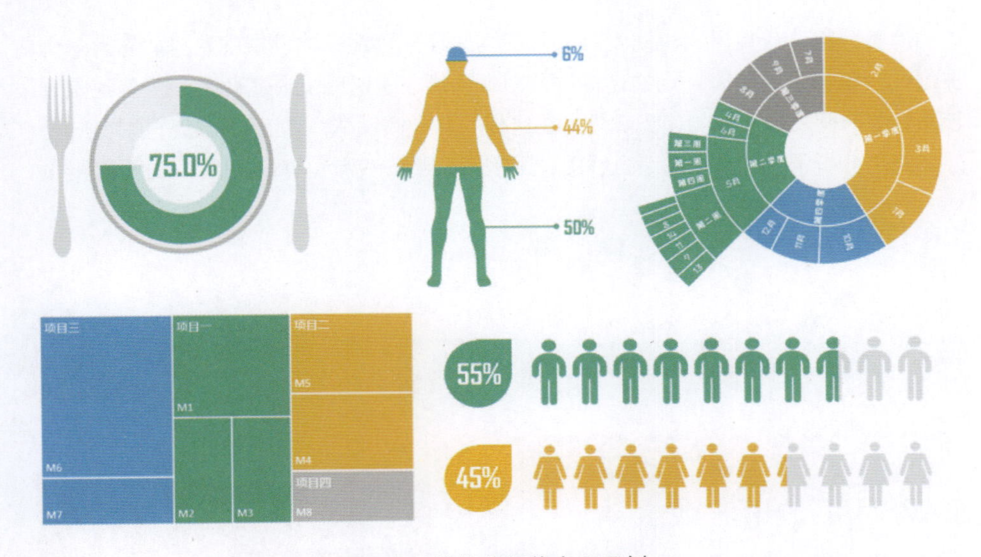

图 1–9 结构分析信息图示例

4. 分布分析

分布分析是用于研究数据的分布特征和规律的一种分析方法。常见的信息图有直方图、旋风图、箱线图、矩阵图、气泡矩阵图、地图等，如图 1-10 所示。

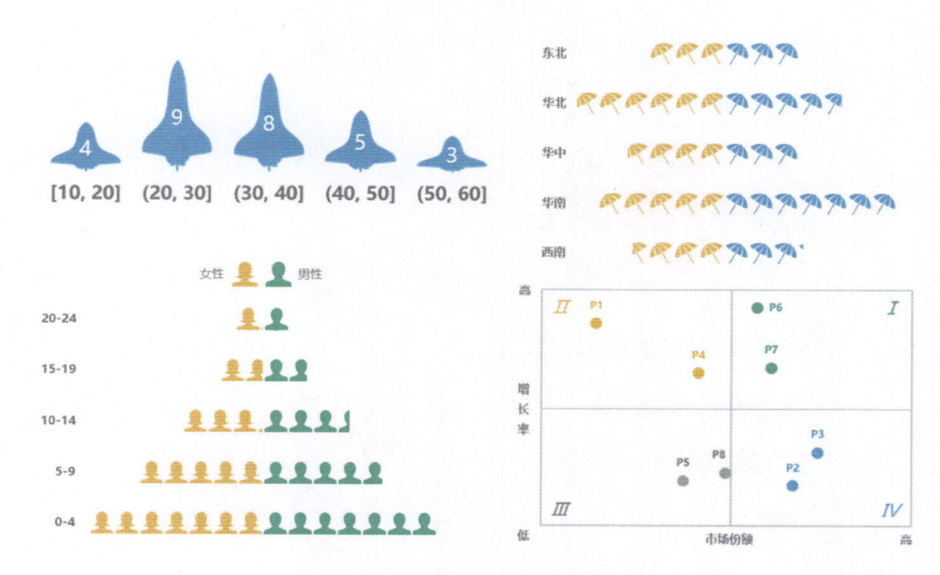

图 1-10　分布分析信息图示例

5. 趋势分析

趋势分析法应用事物时间发展的延续性原理来预测事物发展的趋势。它有一个前提假设：事物发展具有一定的连贯性，即事物过去随时间发展变化的趋势，也是今后该事物随时间发展变化的趋势。只有在这样的前提假设下，才能进行趋势预测分析。

趋势分析常见的信息图有折线图、面积图、趋势气泡图等，如图 1-11 所示。

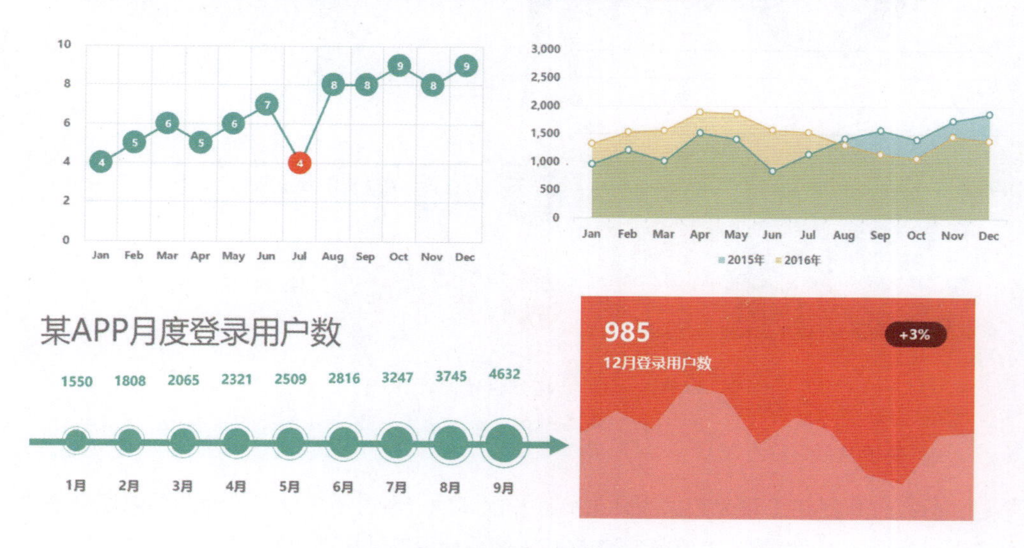

图 1-11　趋势分析信息图示例

6. 转化分析

转化分析是针对业务流程诊断的一种分析方法，通过对某些关键路径转化率的分析，可以更快地发现业务流程中存在的问题。转化分析常见的信息图有漏斗图、WIFI图等，如图 1-12 所示。

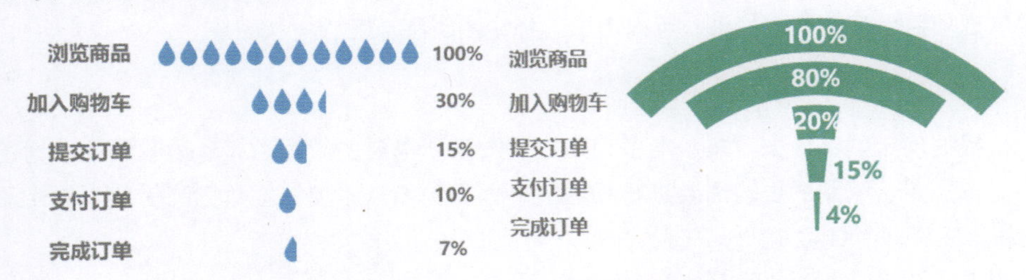

图 1-12 转化分析信息图示例

1.4 信息图的绘制流程

小白听完后问：那这些信息图具体如何绘制呢？需要使用专业的工具吗？

Mr. 林：不需要专业的工具，使用 Excel 就能够绘制这些信息图。我们先来看看在 Excel 中绘制信息图的流程，大致可以分为 7 个步骤，如图 1-13 所示，大部分信息图的绘制都可以参照这些步骤进行。

图 1-13 信息图绘制步骤

1. 确定目标

没有明确目标的信息图是没有意义的，好比老板让你撰写报告，还没告诉你目标是什么，你就说我最近新学了个很牛气的信息图，我就做这个！这样肯定是有问题的。

数据分析的目标分为三大类：总结现状、挖掘原因、预测趋势，不同目标对应不同的数据分析方法，作为数据分析人员，一定要对目标了然于胸。

2. 选择合适图表

要根据所确定的目标，选择合适的图表进行展现。不是说绘制出一张图就完事了，前提是这张图能有效地解决你的问题，达到你确定的目标。

例如，希望展示项目之间的对比，可以考虑选择柱形图、条形图等。再例如，希望展现项目之间的构成关系，可以考虑选择饼图、圆环图、树状图等。

3. 数据准备

根据确定的目标去收集、准备用于绘制图表所需要的数据。有时候收集的数据还不能直接用于绘制图表，需要进行相应的处理，例如，添加占位数据等辅助列的处理方式准备图表绘制数据源。

4. 绘制基础图表

大部分的信息图都不是在 Excel 中直接插入基础图表就得到的，而是在插入的 Excel 基础图表的基础上，通过一些编辑、设置得到的。

例如，矩阵图是在散点图的基础上绘制的，漏斗图是在堆积条形图的基础上绘制的，仪表盘是在圆环图的基础上绘制的。所以要先绘制出对应的基础图表，然后才能继续进行编辑、设置，以得到我们所要的信息图。

5. 图表处理

正如刚才所说，大部分的信息图都是在插入的 Excel 基础图表的基础上，通过一些编辑、设置得到的。例如，调整数据系列的位置、调整数据系列之间的间距、添加数据标签等图表处理操作，使得图表向我们所需的信息图进一步转化、靠拢。

6. 美化图表

美化图表是指通过对图表元素的一些操作设置，使图表更加美观。美化图表常用的操作包括：

★ 去除一些不必要的元素，例如网格线、图表区和绘图区的边框与填充、图表标题、图例等。

★ 淡化一些非主要元素，例如，将坐标轴标签字体颜色设置为灰色等。

★ 使用同一种颜色设置图表中相关元素的颜色，避免使用多种颜色，颜色越多就越没有重点。

7. 图标素材与图表组合

最后一步就是将图标素材与图表进行组合，以得到一张完整的信息图。应尽可能地选择与图表主题相关的图标素材，这样可以使信息图更加生动形象，进而使得受众更容易理解图表所要展现的主题，这也是信息图被大家喜爱的主要原因。

图标素材可以直接设置为与图表主色相同的填充色，然后与图表组合，使其有一种图标与图表融为一体的感觉。如果没有合适的图标，也可以通过插入【形状】的方法手工绘制相应的图标素材，后续会有相应的案例介绍。

以上为使用 Excel 绘制信息图的 7 个主要步骤，其中第 6 步与第 7 步可以根据实际情况调整顺序，并非一成不变的。

小白：好的。

1.5 Excel 图表元素

Mr. 林：为了使后续学习使用 Excel 绘制信息图的过程更轻松，我们先来了解 Excel 图表由哪些主要图表元素组成，如图 1-14 所示。

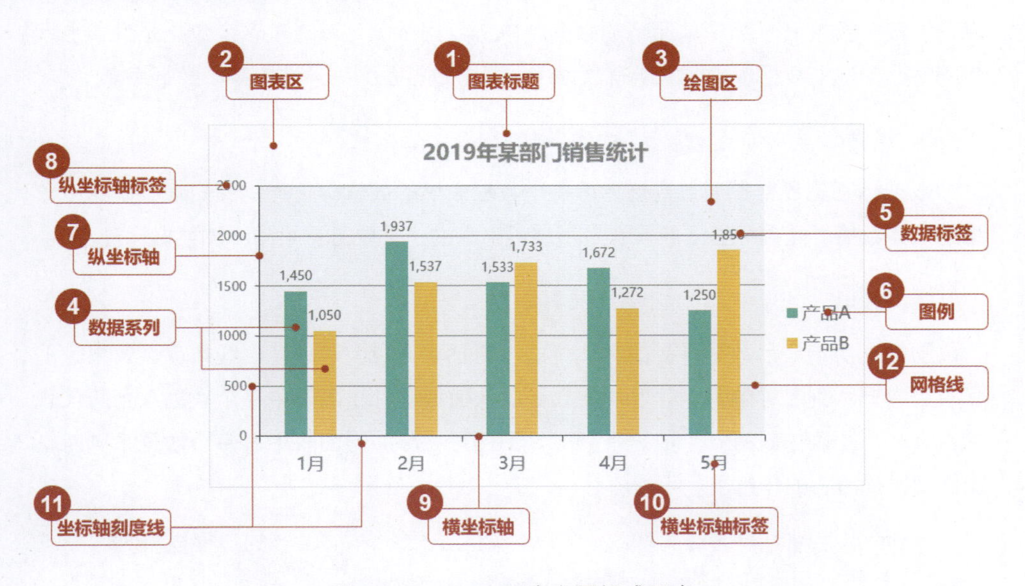

图 1-14 Excel 图表主要组成元素

1. 图表标题

图表标题用于简要概括图表所展示的主题，一般位于图表的正上方。

2. 图表区

图表区是创建图表后所生成的图表区域，与此图表有关的所有元素都展示在这个区域之内，图表区主要分为图表标题、图例、绘图区三个大的组成部分。

3. 绘图区

绘图区是指图形绘制、展示的范围区域，也就是图 1-14 中灰色底纹的区域。绘图区主要包括数据系列、数据标签、坐标轴、网格线等元素。

4. 数据系列

数据系列就是用来生成图表的几组数据，一组数据就是一个“系列”（Series），它对应工作表中的一行或者一列数据，如果有多组数据就有多个系列。例如图 1-14 所示的柱形图中就有两个数据系列，“产品 A”和“产品 B”。

图表中的数据系列通常是指某个系列的具体图形，对于柱形图就是其中的矩形柱子，对于条形图就是其中的矩形横条，对于折线图就是其中的线条，对于散点图就是其中的数据点，对于饼图就是其中的扇区。

数据系列由数据点组成，数据系列对应工作表中的一行或者一列数据，每个数据点则对应一行或者一列中单元格的数据。单击数据系列可以选中这个数据系列，也就是同时选中这个数据系列内的所有数据点，双击数据系列则只选中某个数据点。

5. 数据标签

数据标签是数据系列上直接标识每个数据大小的数值标签，以便受众了解图中数据的具体数值。数据标签一般默认是不展示出来的，需要自行手动添加数据标签。

6. 图例

图例是用于显示数据系列的具体样式（包括填充色、边框色、线条色、效果等）和对应数据系列名称的示例，以便受众可以快速地识别出图表中每个数据系列所代表的含义。当图表中只有一个数据系列时，图例可去除。当图表中有多个数据系列时，图例就发挥出它的作用了。

7. 纵坐标轴

纵坐标轴也就是 Y 轴，通常为数值轴，用于确定图表中纵坐标轴的最小、最大刻度值。按位置不同可分为主纵坐标轴和次纵坐标轴，默认绘图区左边为主纵坐标轴。但遇到两个及两个以上数据系列且单位与量级不一致时，可以考虑增加使用次纵坐标轴进行数据展现。

8. 纵坐标轴标签

在纵坐标轴上面用来标识刻度的数值标签。

9. 横坐标轴

横坐标轴也就是 X 轴，通常为分类轴，用于显示分类类别信息，也可以是时间轴、数值轴，用于显示时间、日期、数值信息。

按位置不同可分为主横坐标轴和次横坐标轴，默认绘图区下方为主横坐标轴。日常工作中通常使用的是主横坐标轴，次横坐标轴比较少用到。

10. 横坐标轴标签

在横坐标轴上用来标识刻度或数据类别的数值或字符标签。

11. 坐标轴刻度线

刻度线是坐标轴上标明刻度位置的小线段，它的延长线就是网格线。刻度线可以隐藏，也可以设置与坐标轴不同的交叉方式（内部、外部、交叉）。

12. 网格线

网格线就是坐标轴刻度的延长显示线，以整个绘图区域为宽度或长度。网格线分成主要网格线和次要网格线，与坐标轴上的主要刻度和次要刻度分别对应。

1.6　本章小结

Mr. 林端起水杯喝了口水：小白，今天就先学习到这里，我们一起来回顾今天所学的内容：

1) 了解什么是信息图。
2) 了解信息图的特点。
3) 了解信息图的分类。
4) 了解信息图绘制流程。
5) 了解 Excel 图表主要组成元素。

要记住，信息图不仅是信息的可视化，更是重构信息本质的重要工具。通过简单明了的图形传递数据、思维、沟通与表达的重点，是职场中必备的技能。优秀的信息图能够以清晰、精确和高效的方式传达信息。

小白：嗯，晚上我就去复习今天学习的信息图内容。Mr. 林，辛苦了！

第2章

KPI达成分析

第二天老板要求
汇报KPI进度怎么办？
卡车图
飞机图
电池图
鱼缸图
仪表盘
总有一款
适合你呦！
10%
30%
70%
A
B
C
Project D

公司年会后就是元旦假期，假期期间小白认真复习了信息图简介知识，上班后小白就来找 Mr. 林了。

小白笑眯眯地说：Mr. 林，新年好！我们可以开始学习信息图绘制的方法了吗？

Mr. 林开心地回应：新年好，刚好我这会儿也有时间，我就给你介绍第一种常用的信息图——KPI 达成分析图吧！

KPI 达成分析以图表的形式为主（如图 2-1 所示），图表可更直观、清晰地表达当前数据的现状，常见的 KPI 达成分析的信息图有手机图、小人图、滑珠图、卡车图、电池图、五星评分图、仪表盘、跑道图和飞机图等，可以根据实际需要来选择相应的图形。

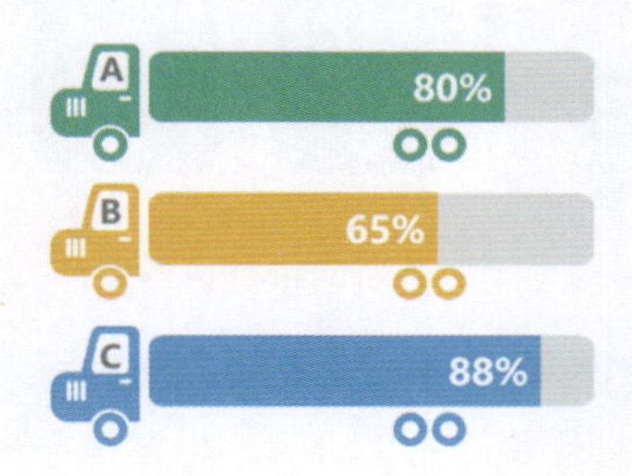

图 2-1　KPI 达成分析

在绘制这些信息图之前，我们一般先将它拆分还原，搞清楚这些信息图的基础图表是哪些。例如 KPI 达成分析这类的信息图，它的基础图表主要是柱形图、条形图、圆环图，绘制好基础图表后，再进行加工美化。

下面我们开始学习 KPI 达成分析类信息图在 Excel 中的详细绘制方法吧。

小白：好的。

2.1　手机图

Mr. 林：手机图是 KPI 达成分析常使用的一种图形，用于反映业务目标完成情况，可以生动形象地展现业务目标完成情况、完成的进度。

小白，图 2-2 所示的即常见的一类手机图，它的基础图表就是由柱形图演变而成的。

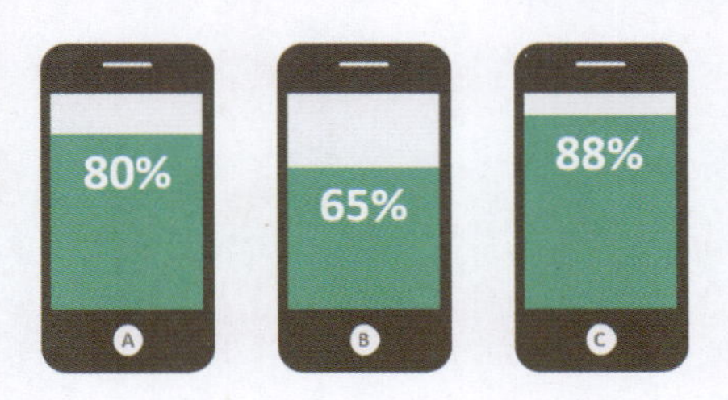

图 2-2　手机图示例

小白惊叹道： 这个原来是柱形图啊，真的是 Excel 绘制的吗？怎么一点都看不出来呢？

Mr. 林： 我先将它拆分还原，你一眼就能看出来了，实际上这个手机图是用手机图标素材和柱形图组合而成的，如图 2-3 所示。

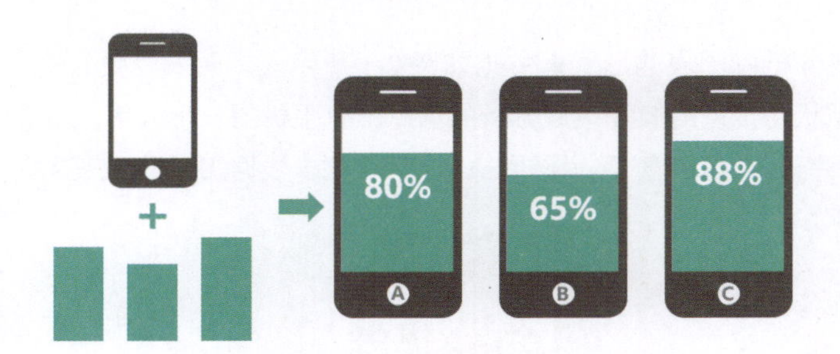

图 2-3　手机图拆分还原示例

下面我们一起来学习在 Excel 中如何绘制手机图。因为我们已经确定了需要绘制 KPI 达成分析类的信息图，并且要绘制手机图，根据信息图绘制步骤，第一步、第二步已经明确了，所以我们就直接进入数据准备阶段。

STEP 01　数据准备

根据公司 A、B、C 项目今年实际完成值与其对应的年度目标计算出 A、B、C 项目的达成率，并列出每个项目的年度目标比值为 100%，如图 2-4 所示，KPI 达成分析一般使用类似这样的数据绘制信息图。

STEP 02　绘制基础图表

绘制柱形图，选择数据表中 A1:C4 单元格区域数据，单击【插入】选项卡，在【图表】组中单击【插入柱形图或条形图】中的【簇状柱形图】，生成的图表如图 2-5 所示。

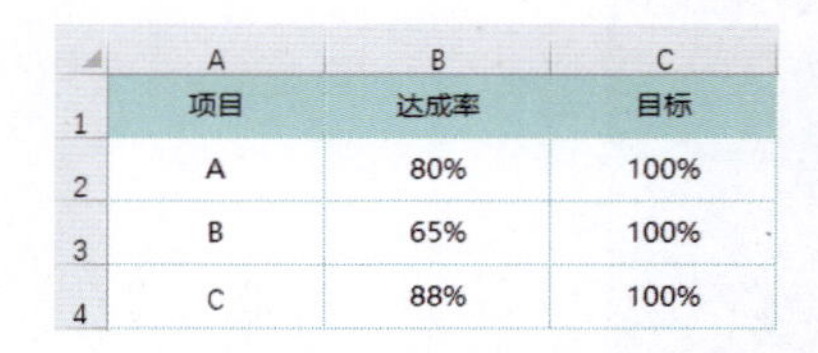

	A	B	C
1	项目	达成率	目标
2	A	80%	100%
3	B	65%	100%
4	C	88%	100%

图 2-4　年度 KPI 完成率数据

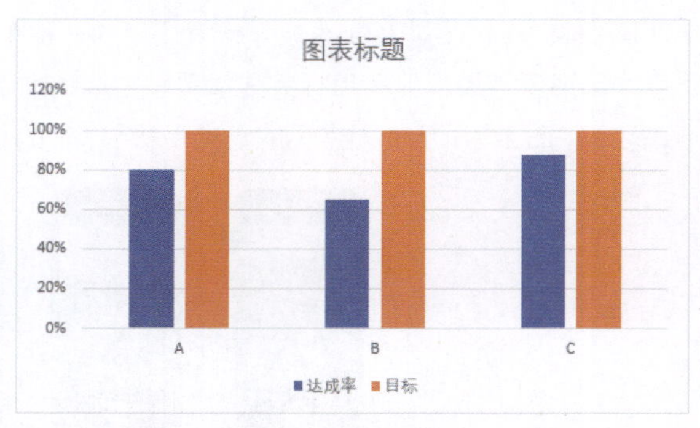

图 2-5　手机图绘制过程 1

STEP 03 图表处理

1) 这里需要将“达成率”和“目标”两个系列柱子重叠，可以更直观地看到项目达成情况：用鼠标右键单击任意柱子，从快捷菜单中选择【设置数据系列格式】，如图 2-6 所示，在弹出的【设置数据系列格式】对话框中将【系列选项】中的【系列重叠】改为“100%”，如图 2-7 所示。

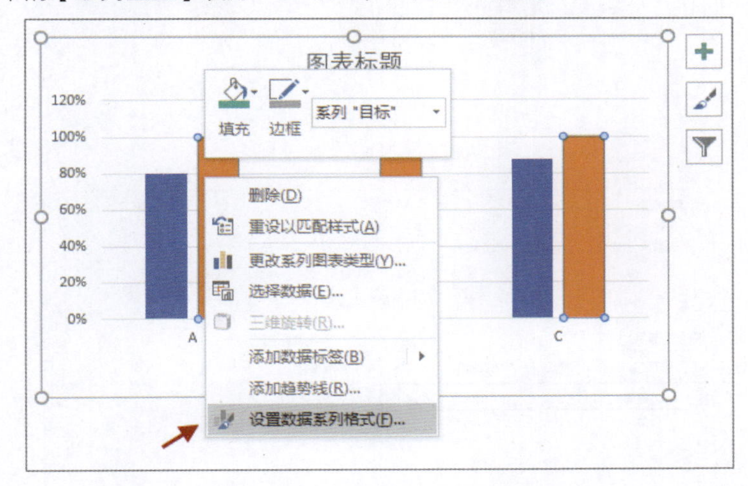

图 2-6 手机图绘制过程 2

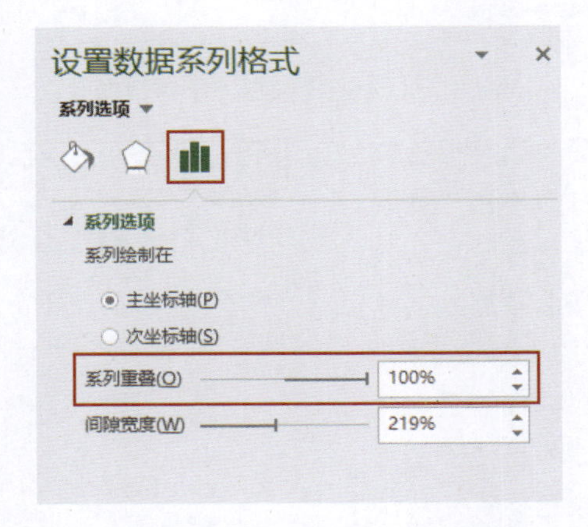

图 2-7 【设置数据系列格式】对话框

2) 设置完成后，得到的柱形图如图 2-8 所示，但是“达成率”系列柱子被“目标”系列柱子遮住了。

这时只需将“达成率”系列与“目标”系列顺序调整一下：用鼠标右键单击任意柱子，从快捷菜单中选择【选择数据】，在弹出的【选择数据源】对话框的【图例项（系列）】中选中【达成率】系列，单击【向下】箭头，单击【确定】按钮，如图 2-9 所示。

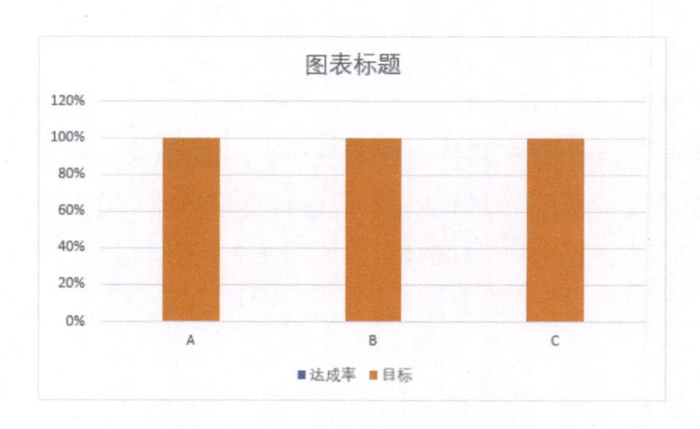

图 2-8　手机图绘制过程 3

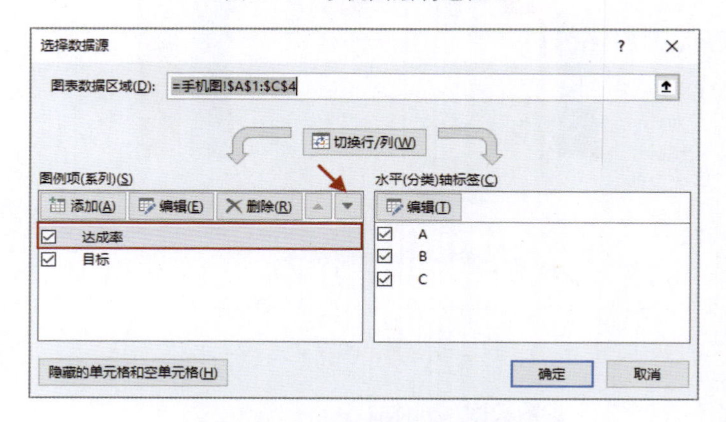

图 2-9　【选择数据源】对话框

3) 添加数据标签并调整标签位置：用鼠标右键单击“达成率”系列的任意柱子，从快捷菜单中选择【添加数据标签】中的【添加数据标签】，就可以添加数据标签了。然后用鼠标右键单击柱子上刚添加的任意数据标签，从快捷菜单中选择【设置数据标签格式】，在弹出的【设置数据标签格式】对话框中【标签选项】里的【标签位置】中选中【数据标签内】，如图 2-10 所示。

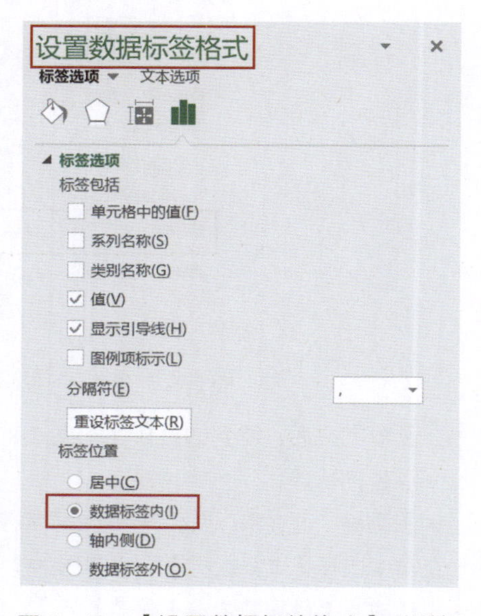

图 2-10　【设置数据标签格式】对话框

STEP 04　美化图表

1）删除图表多余元素：用鼠标分别选中“图表标题”“网格线”“Y 轴”“图例”，直接按 Delete 键删除即可。

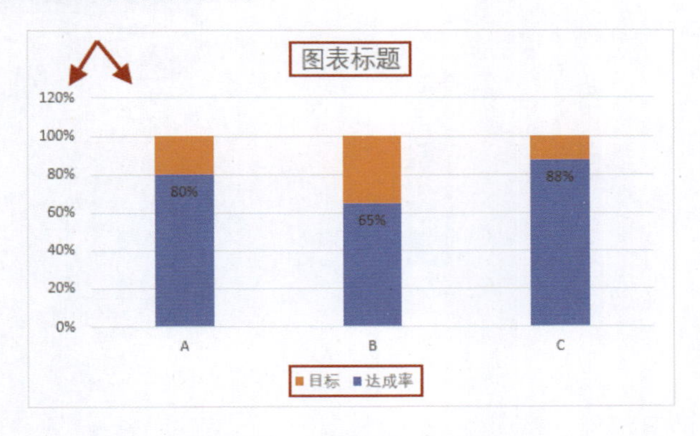

图 2-11　删除多余元素

2）将坐标轴边框、图表边框和填充均设置为无，这样操作的好处就是当需要在 PPT 或其他地方使用图表时，图表可以较好地与背景融合。

① X 轴的边框设置为无：用鼠标右键单击 X 轴，从快捷菜单中选择【设置坐标轴格式】，在弹出的【设置坐标轴格式】对话框【坐标轴选项】中的【填充与线条】中，对【填充】【线条】两项分别选择【无填充】【无线条】，如图 2-12 所示。

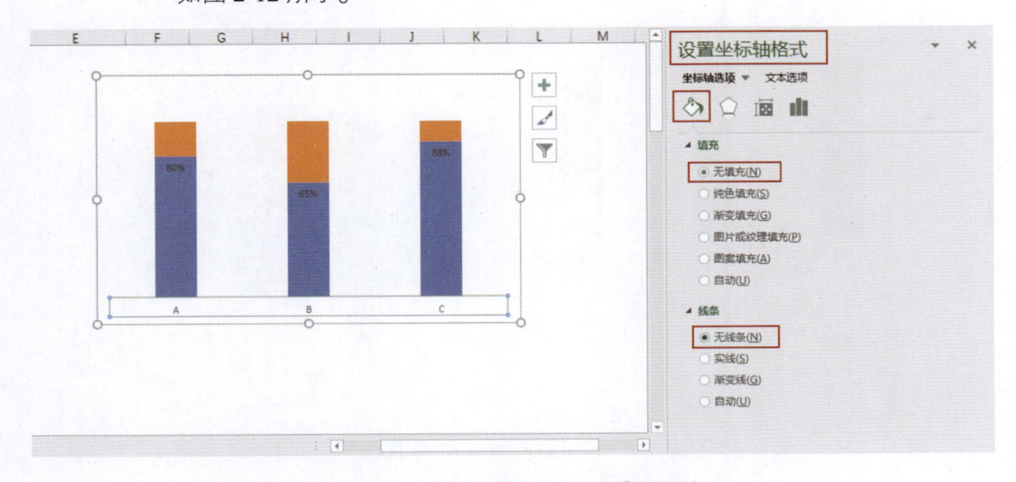

图 2-12　【设置坐标轴格式】对话框

② 绘图区边框和填充都设置为无：用鼠标右键单击绘图区中任意空白处，从快捷菜单中选择【设置绘图区格式】，在弹出的【设置绘图区格式】对话

框【绘图区选项】中对【填充】【边框】两项，分别选择【无填充】【无线条】，如图 2-13 所示。

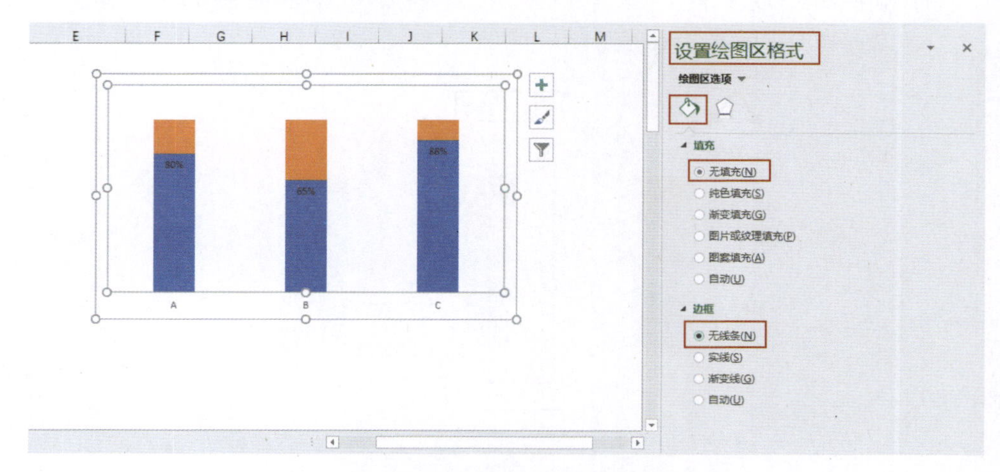

图 2–13 【设置绘图区格式】对话框

③ 图表区边框和填充都设置为无：用鼠标右键单击图表区中任意空白处，从快捷菜单中选择【设置图表区格式】，在弹出的【设置图表区格式】对话框【图表选项】中对【填充】【边框】两项，分别选择【无填充】【无线条】，如图 2-14 所示。

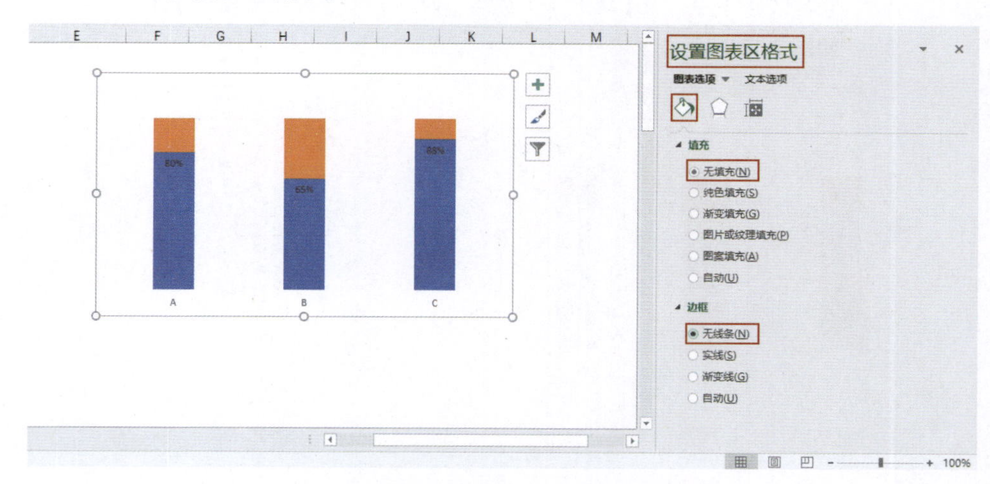

图 2–14 【设置图表区格式】对话框

④ 根据实际需要调整柱形宽度：用鼠标右键单击任意柱子，从快捷菜单中选择【设置数据系列格式】，在弹出的【设置数据系列格式】对话框【系列选项】中将【间隙宽度】设置为“50%”，如图 2-15 所示。

⑤ 柱子颜色美化：用鼠标右键单击任意柱子，从快捷菜单中选择【设置数据系列格式】，在弹出的【设置数据系列格式】对话框的【填充】中单击【颜色】的向下箭头，如图 2-16 所示，单击【其他颜色】，颜色模式选择【RGB】，在【红色 R】【绿色 G】【蓝色 B】的数值框内分别填上“54”“188”“155”，然后单击【确定】按钮，如图 2-17 所示。

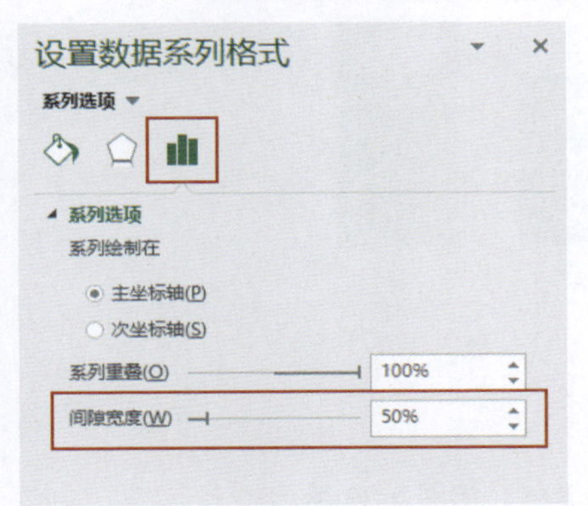

图 2–15　【设置数据系列格式】对话框

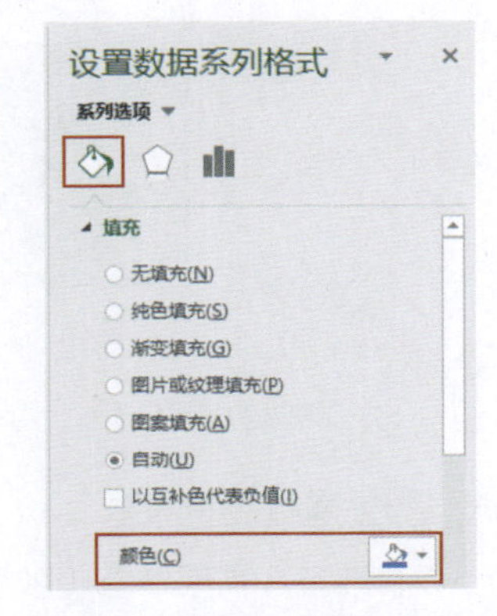

图 2–16　【设置数据系列格式】对话框

⑥ 设置“目标”系列柱子为无填充或只留浅色边框做参考线即可：用鼠标右键单击任意“目标”系列柱子，从快捷菜单中选择【设置数据系列格式】，在弹出的【设置数据系列格式】对话框的【填充】栏中选择【无填充】，【边框】栏选择【实线】，如图 2-18 所示，边框【颜色】选择浅灰色（RGB：191，191，191）。

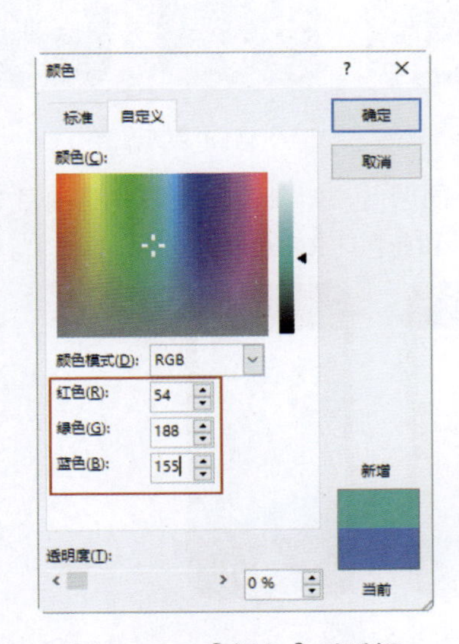

图 2–17　【颜色】对话框

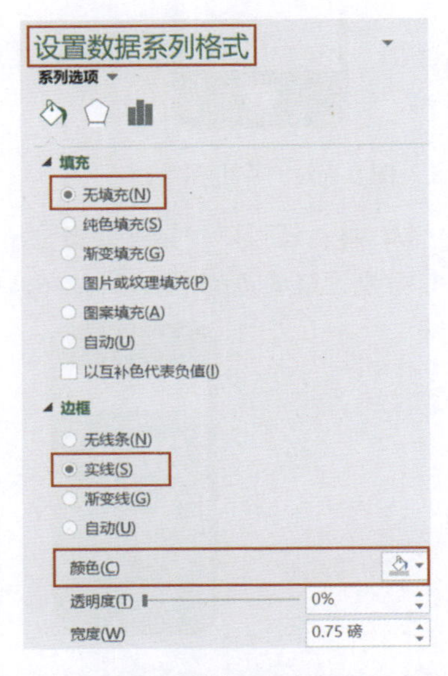

图 2–18　【设置数据系列格式】对话框

3) 设置 X 轴和数据标签的大小、字体、颜色：将 X 轴标签字号设置为“16”并选中“加粗”，字体设置为“微软雅黑”，字体颜色设置为深灰色（RGB：127，127，127）。将数据标签字号设置为“24”并选中“加粗”，字体设置为“微软雅黑”，字体颜色设置为白色，设置完成后的效果如图 2-19所示。

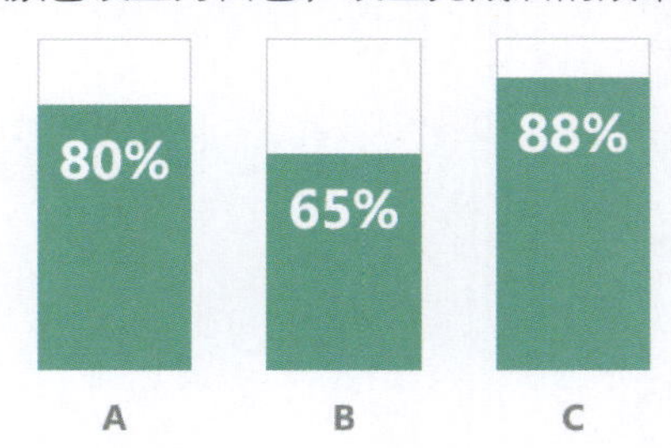

图 2-19　美化图表，设置字体、大小、颜色

STEP 05　图标素材与图表组合

1) 素材准备：需要准备 1 张手机图标素材，如图 2-20 所示。
2) 将手机图标素材移动至与“目标”系列柱子边框重合，调整完成后组合到一起，手机图就绘制完成了。

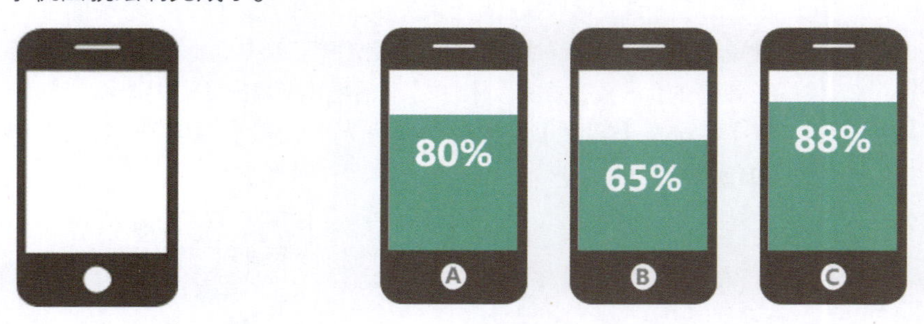

图 2-20　手机图素材　　　　图 2-21　手机图绘制过程 4

Mr. 林： 还可以根据需要将柱子设置成不同颜色，如图 2-22 所示，将项目 B、项目 C 分别设置成黄色（RGB：246，187，67）和蓝色（RGB：59，174，218）。

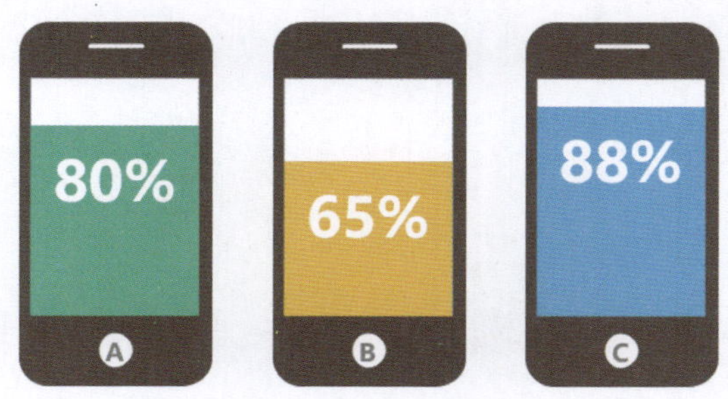

图 2-22　手机图绘制过程 5

小白： 原来手机图是这样绘制出来的，我也动手练习一下。

小白做好了图后，开心地和 Mr. 林说： 原来绘制手机图用到的技能都非常简单实用呢！

Mr. 林叮嘱道： 再简单的技巧也需要反复练习，可以发挥自己的想象力，这种图表可以更改成多种形式的填充图，非常实用。本例展现的是手机，你也可以换成电脑、电视等，根据实际需要调整即可。

2.2 小人图

Mr. 林： 小白，接下来将学习 KPI 达成分析第二个信息图——小人图。

小人图通常用在展示和对比人员的目标达成情况，例如各销售经理的销售达成情况对比，如图 2-23 所示，绿色填充的高度代表销售达成率，当整个小人都被绿色填满时，代表目标达成。

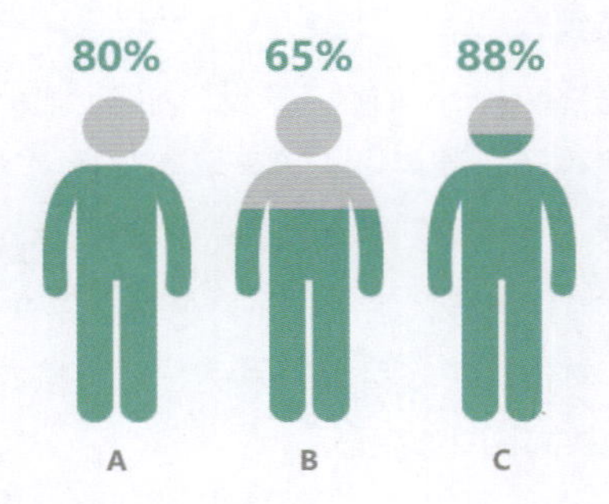

图 2-23 小人图示例

小白： Mr. 林，这个小人图非常直观形象啊，这个也是柱形图演变成的吧？

Mr. 林： 是的，这叫小人图，在柱形图的基础上，使用小人形状的图标作为辅助图形填充结合而成。

同样，我们先将它还原拆分，方便我们了解其构成，如图 2-24 所示。

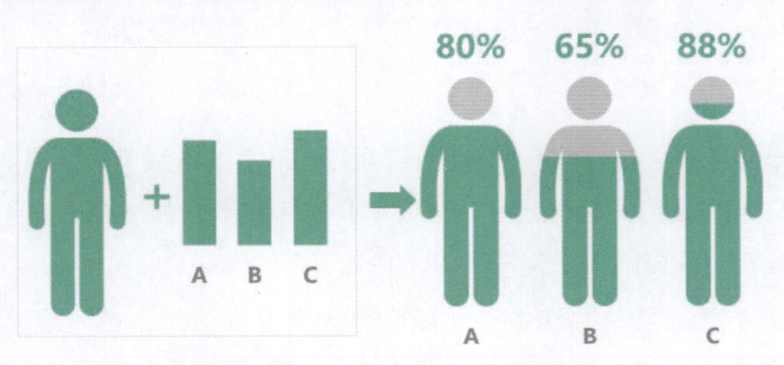

图 2-24 小人图拆分还原

小白：咦？这不是和手机图的拆分效果一样吗？只是图标不一样。

Mr. 林：哈哈，没错，小人图和手机图一样，拆分还原后都是柱形图。小人图 STEP 01 - STEP 04 绘制步骤和手机图都一样，这里就不再重复了，直接在手机图 STEP 01 - STEP 04 完成的图表基础上继续操作，如图 2-25 所示。

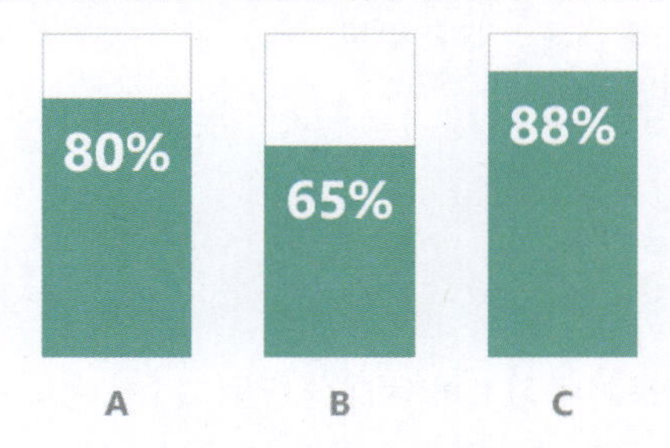

图 2–25　小人图绘制过程 1

下面我们介绍小人图标素材与柱形图在 Excel 里是如何组合的。

STEP 05　图标素材与图表组合

1) 素材准备：需要准备两个小人图标素材，如图 2-26 所示，灰色小人用来填充替换“目标”系列柱子，绿色小人用来填充替换“达成率”系列柱子。

2) 使用小人素材替换“达成率”和“目标”两列柱子：

① 用灰色小人替换“目标”系列柱子：单击选中灰色小人素材，按“Ctrl+C”快捷键复制，单击选中“目标”系列柱子，按“Ctrl+V”快捷键粘贴，设置完成后的效果如图 2-27 所示。

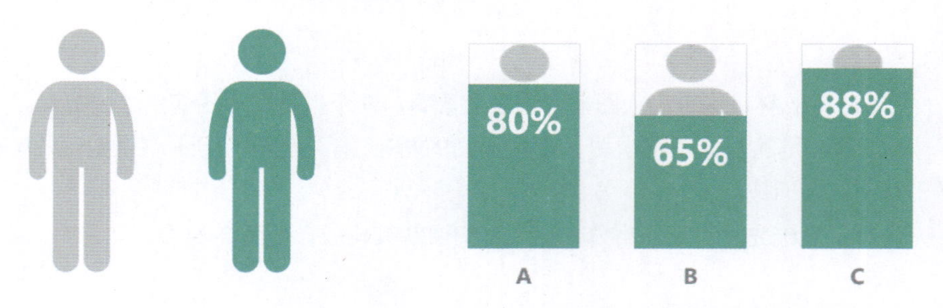

图 2–26　小人图素材　　　图 2–27　小人图绘制过程 2

② 用绿色小人替换“达成率”系列柱子：单击选中绿色小人素材，按“Ctrl+C”快捷键复制，单击选中“达成率”系列柱子，按“Ctrl+V”快捷键粘贴，设置完成后的效果如图 2-28 所示。

3) 通过调整图形层叠并缩放，使两个小人重叠在一起，更好地展示实际达成率完成情况：用鼠标右键单击绿色填充的“目标”系列柱子，从快捷菜单中选择【设置数据系列格式】，在弹出的【设置数据系列格式】对话框的【系列选项】中单击【图片或纹理填充】，选中【层叠并缩放】，如图 2-29 所示。

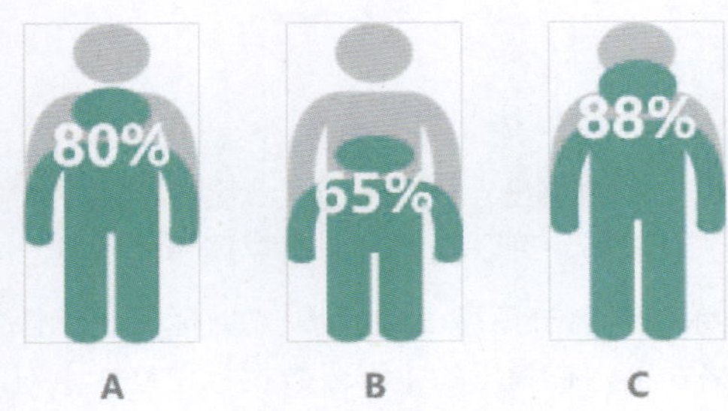

图 2–28　小人图绘制过程 3

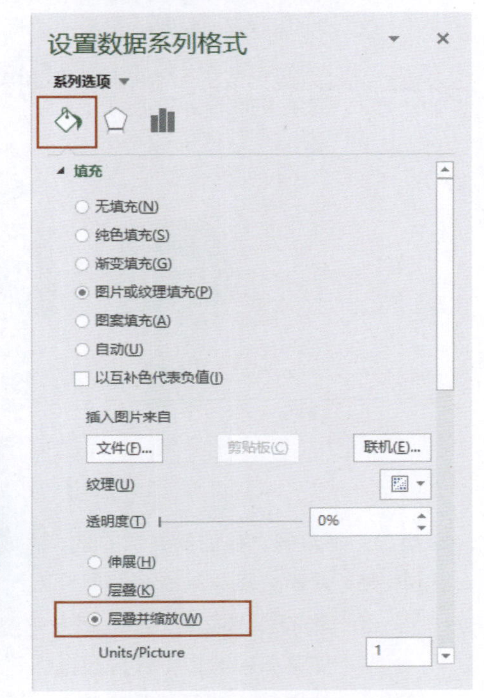

图 2–29　【设置数据系列格式】对话框

4) 去除“目标”系列边框：用鼠标右键单击“目标”系列，从快捷菜单中选择【设置数据系列格式】，对弹出的【设置数据系列格式】对话框【系列选项】中的【边框】，选择【无线条】，如图 2-30 所示，设置完成后的效果如图 2-31 所示。

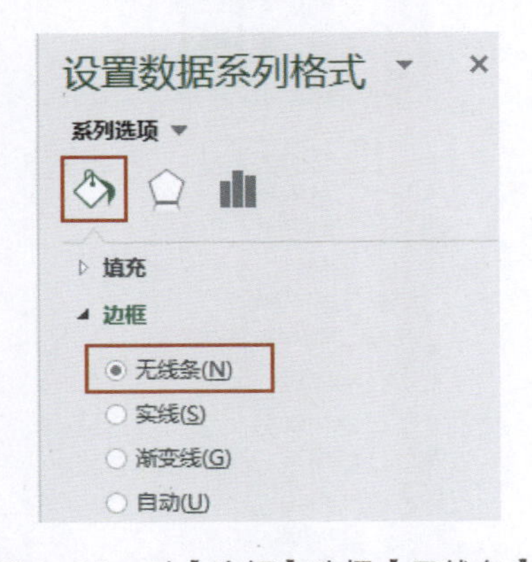

图 2–30　对【边框】选择【无线条】

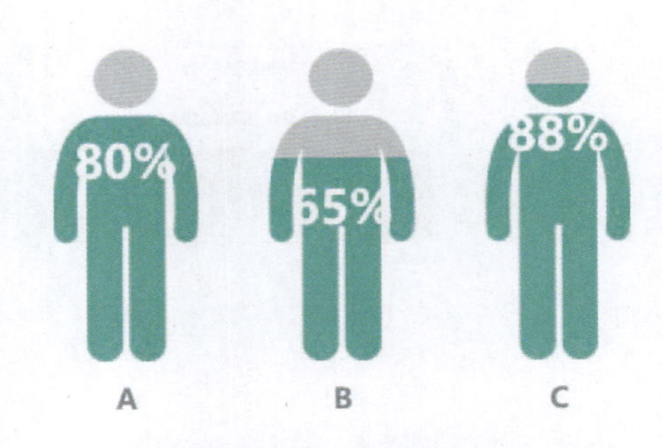

图 2–31　小人图绘制过程 4

5) 调整数据标签，使数据标签展示在小人的上方。

① 单击选中小人图上的数据标签，按 Delete 键删除。

② 为“目标”系列小人添加数据标签：用鼠标右键单击“目标”系列小人，从快捷菜单中选择【添加数据标签】中的【添加数据标签】，设置完成后的效果如图 2-32 所示。

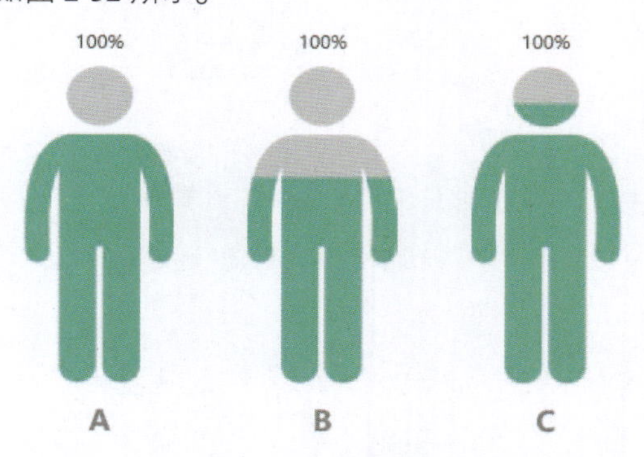

图 2-32　小人图绘制过程 5

小白：不对啊，我们要展示的是“达成率”的数据吧？现在数值全部是 100% 了。

Mr. 林：是的，这就是我将要教你的一个小技巧，可以设置任何需要展示的数据。

③ 展示“达成率”的数据：用鼠标右键单击任意“100%”数据标签，从快捷菜单中选择【设置数据标签格式】，在弹出的【设置数据标签格式】对话框的【标签选项】中勾选【单元格中的值】复选框，如图 2-33 所示，在弹出的【数据标签区域】输入框中，选择“达成率”所在的数据单元格区域 B2:B4。效果如图 2-34 所示。

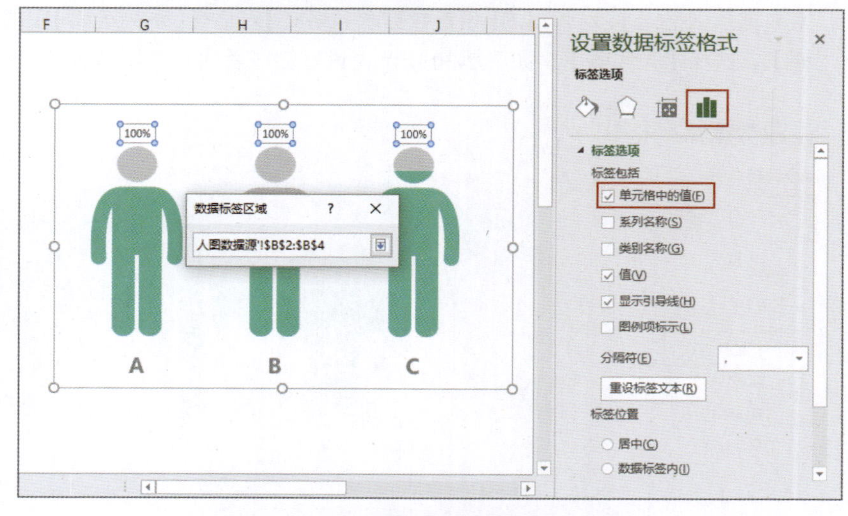

图 2-33　【设置数据标签格式】对话框

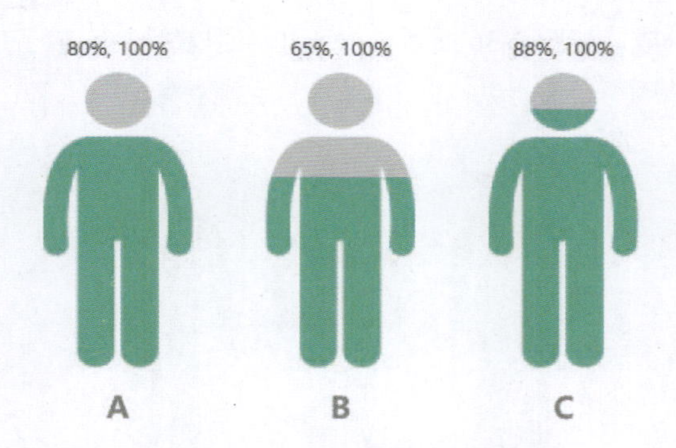

图 2–34　小人图绘制过程 6

再将“目标”系列的标签值“100%”去除：在【设置数据标签格式】对话框的【标签选项】中去除勾选【值】复选框，如图 2-35 所示，这样数据标签就变更为“达成率”的数值了。

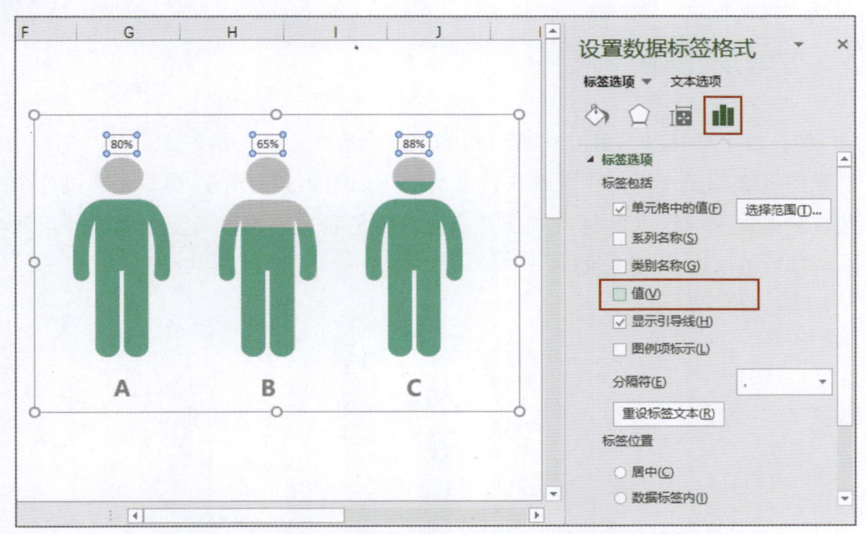

图 2–35　【设置数据标签格式】对话框

说明：【设置数据标签格式】对话框【标签选项】中【单元格中的值】自定义数据标签这个功能在 Excel 2013 及以上版本的 xlsx 文件中才能使用，否则就算使用 Excel 2013 及以上版本，若文件格式是 xls 文件，依旧无法使用该功能。

6) 美化图表：

① 将柱子分类间距【间隙宽度】设置为“30%”。

② 将数据标签的字体设置为“微软雅黑”，字号设置为“24”并选中“加粗”，字体颜色设置为绿色（RGB：54，188，155）。

③ 将 X 轴的【线条】选项设置为【无线条】。

Mr. 林：大功告成，如图 2-36 所示，一张小人图就绘制完成了！

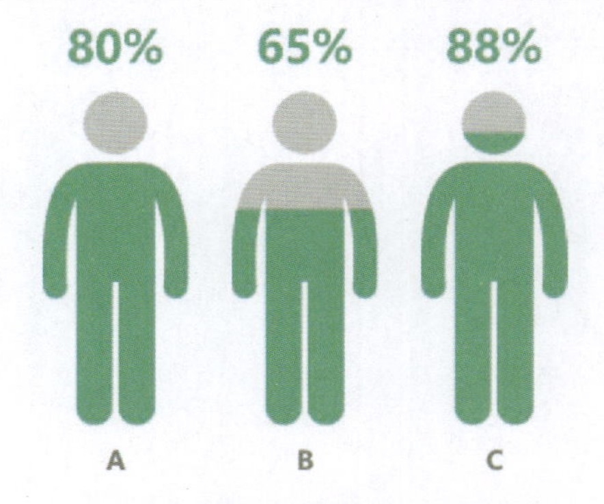

图 2-36　小人图绘制过程 7

小白：太棒了，很生动形象。

2.3　滑珠图

Mr. 林：接下来将学习 KPI 达成分析的第三个信息图——滑珠图。

滑珠图就像算盘一样，小圆珠在杆上滑动，如图 2-37 所示，滑珠图通过这个绿色填充圆珠的高度来呈现 KPI 达成情况，高度位置随着达成率数值变化而移动，清晰直观地展示项目的 KPI 完成进度。

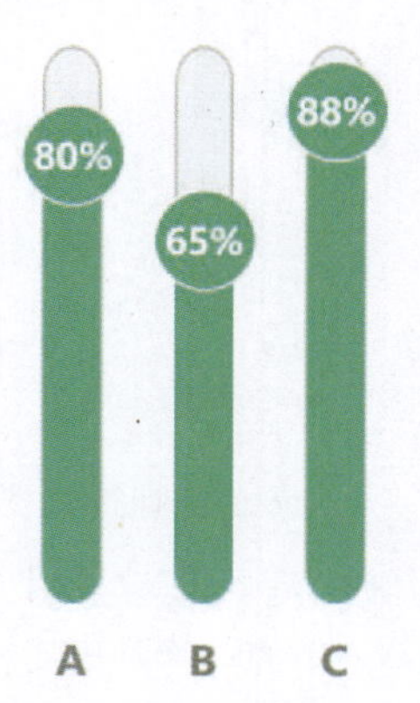

图 2-37　滑珠图示例

小白：这张图的基础图表是柱形图吧，但是上面的小圆珠是怎么画上去的呢？

Mr. 林：滑珠图的基础图表其实是线柱图，为了方便理解，我们还是先将它拆分还原一下。还原后的滑珠图是这样的，绿色填充代表实际达成率，灰色柱形代表目标，折线图中的数据标记用于定位滑珠位置，滑珠是用绿色填充圆形素材粘贴替换折线图中的数据标记得到的，如图 2-38 所示。

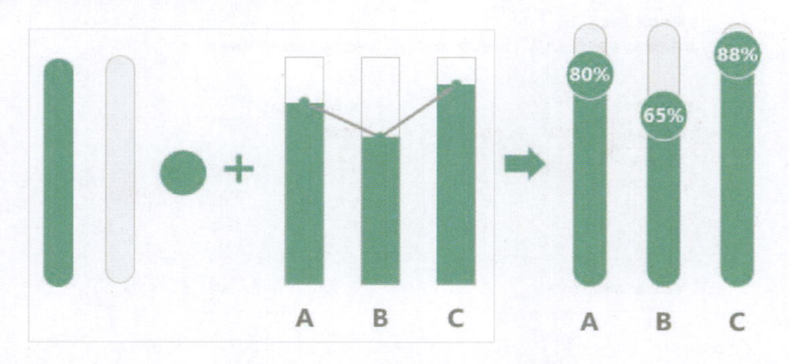

图 2-38　滑珠图拆分还原

这个线柱图就是在柱形图的基础上添加一条折线，绘制柱形图的方法已在手机图部分介绍过，STEP 01、STEP 02 两个步骤与手机图一样，这里就不再重复了，直接在手机图 STEP 01 - STEP 02 完成的图表基础上继续操作，如图 2-39 所示。

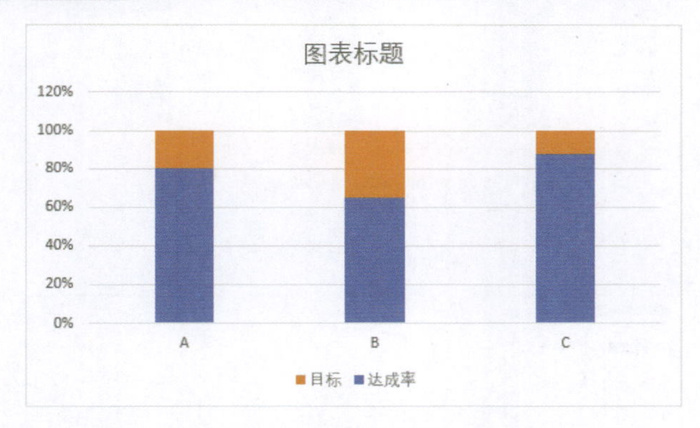

图 2-39　滑珠图绘制过程 1

STEP 03　图表处理

1) 柱形图完成后，需要在柱形图上再添加一个“达成率”数据系列，用于绘制折线图：用鼠标右键单击任意柱子，从快捷菜单中选择【选择数据】，在弹出的【选择数据源】对话框【图例项（系列）】中单击【添加】，如图 2-40 所示，【系列名称】选择“达成率”，【系列值】选择 B2:B4 单元格区域，单击【确定】按钮，添加了新系列数据的图表如图 2-41 所示。
2) 将新添加的“达成率”系列的柱子更改为折线：用鼠标右键单击新添加的“达成率”柱子，从快捷菜单中选择【更改图表类型】，在弹出的【更改图表类型】对话框中，将新的“达成率”系列的【图表类型】更改成【带数据标记的折线图】，如图 2-42 所示，单击【确定】按钮，设置完成后的效果如图 2-43 所示。

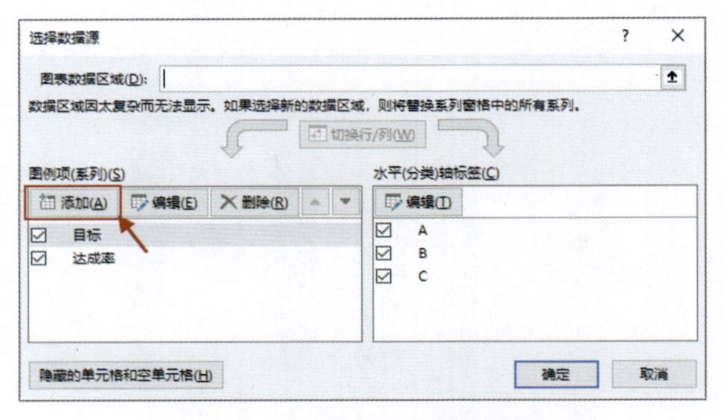

图 2-40 【选择数据源】对话框

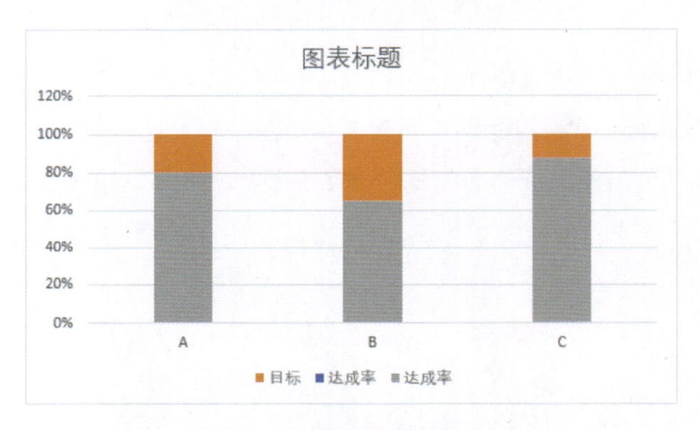

图 2-41 滑珠图绘制过程 2

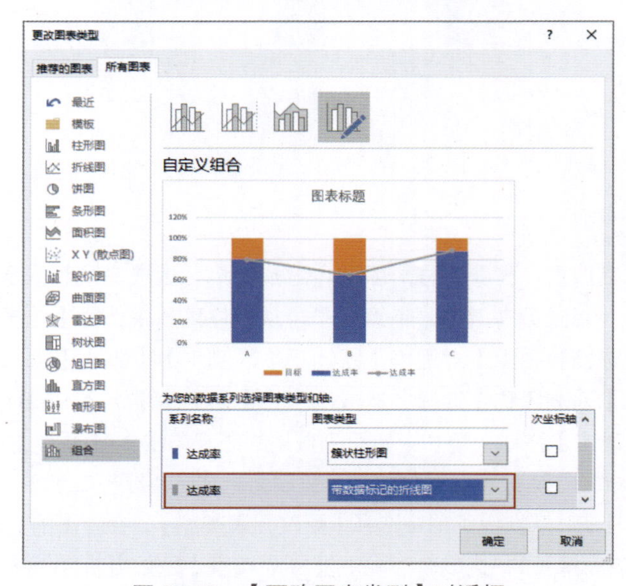

图 2-42 【更改图表类型】对话框

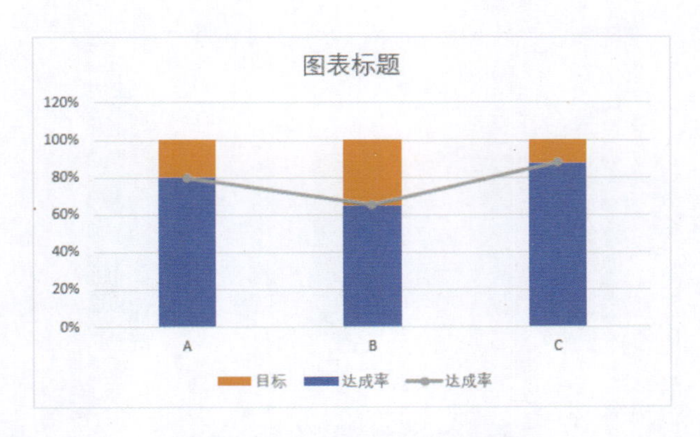

图 2-43 滑珠图绘制过程 3

STEP 04 美化图表

删除图表多余元素：分别选中“图表标题”“网格线”“*Y* 轴”“图例”，直接按 Delete 键删除，将坐标轴边框、图表区边框和填充均设置为无，设置完成后的效果如图 2-44 所示。

STEP 05 图标素材与图表结合

1) 准备好相关素材，需要准备 1 个绿色填充圆边长条素材，1 个灰色填充圆边长条素材，1 个绿色填充圆形素材，如图 2-45 所示。

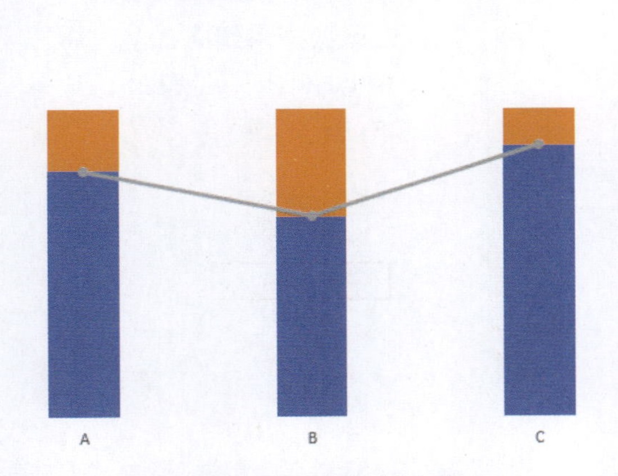

图 2-44 滑珠图绘制过程 4

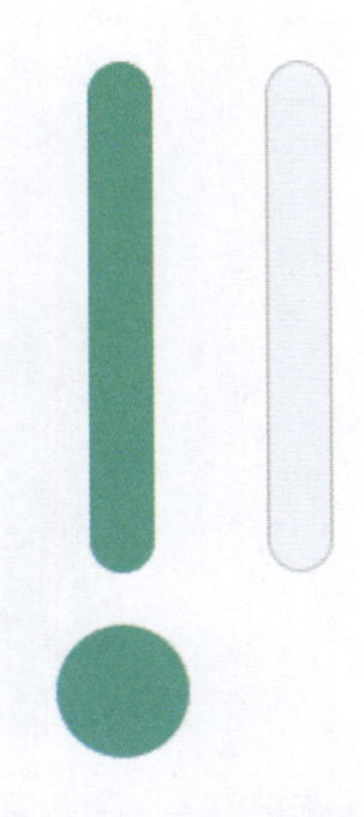

图 2-45 滑珠图素材

2) 使用素材更改替换“目标”和“达成率”系列：

① 选中灰色圆边长条素材，按“Ctrl+C”快捷键复制，单击“目标”系列任意柱子，按“Ctrl+V”快捷键粘贴。选中绿色圆边长条素材，按“Ctrl+C”快捷键复制，单击“达成率”系列任意柱子，按“Ctrl+V”快捷键粘贴，设置完成后的效果如图 2-46 所示。

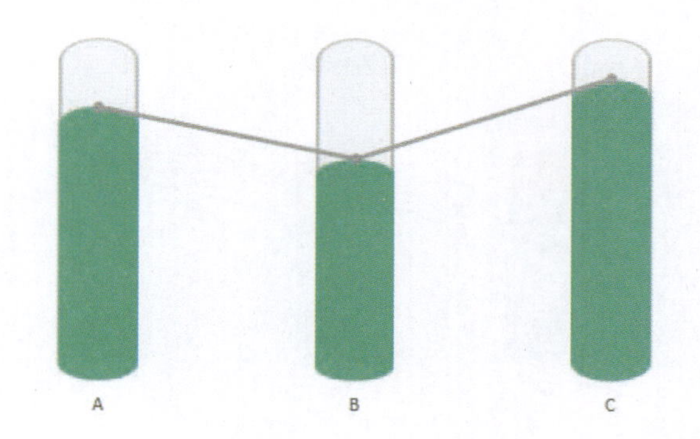

图 2-46　滑珠图绘制过程 5

② 调整绿色柱子的填充方式为【层叠并缩放】以展示实际达成率的数值大小，柱子的【层叠并缩放】填充方式的设置方法在绘制小人图时已详细介绍，这里不再赘述，设置完成后的效果如图 2-47 所示。

③ 选中绿色圆形素材，按“Ctrl+C”快捷键复制，单击折线上的圆点，按“Ctrl+V”快捷键粘贴，用鼠标右键单击折线，从快捷菜单中选择【设置数据系列格式】，在弹出的【设置数据系列格式】对话框【系列选项】中对【线条】选择【无线条】，如图 2-48 所示。

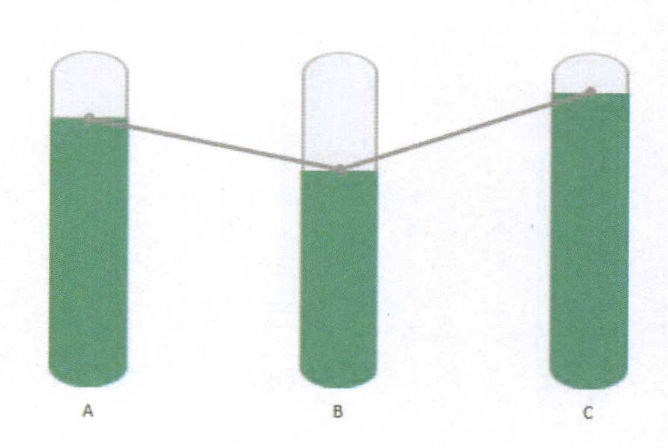

图 2-47　滑珠图绘制过程 6

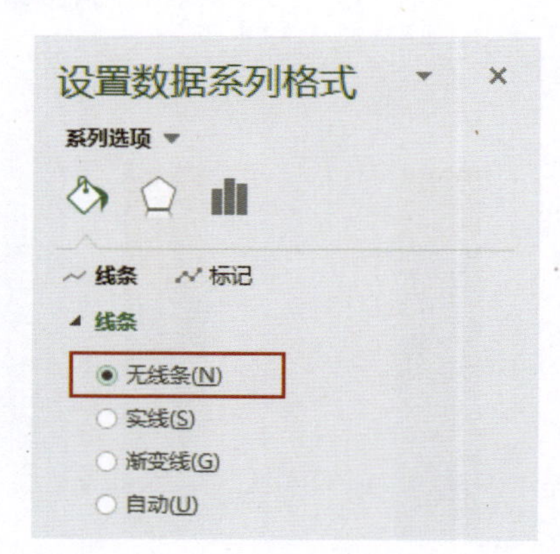

图 2-48　【设置数据系列格式】对话框

④ 用鼠标右键单击选中圆珠，从快捷菜单中选择【添加数据标签】，用鼠标右键单击图表上刚添加的【数据标签】，从快捷菜单中选择【设置标签数据格式】，将弹出的【设置标签数据格式】对话框的【标签选项】设置为【居中】，设置完成后的效果如图 2-49 所示。

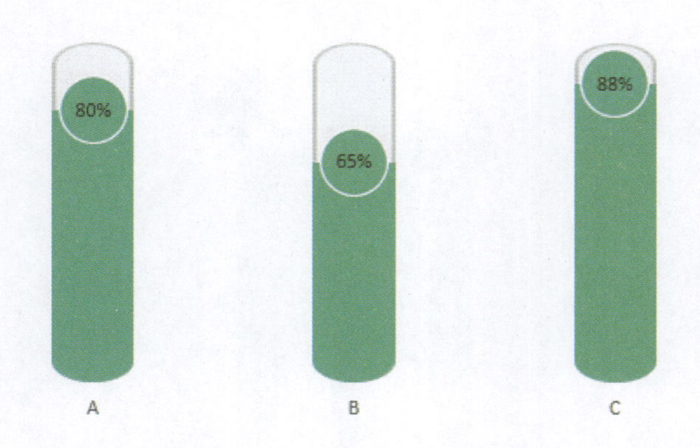

图 2-49　滑珠图绘制过程 7

3) 调整柱子宽度：选中图表，将鼠标光标移至图表右侧中间的小圆点上，按住鼠标左键往左拖动调整图表宽度，将图表宽度变小，如图 2-50 所示。然后调整柱子分类间距，设置柱子的【间隙宽度】为“120%”，设置完成后的效果如图 2-51 所示。

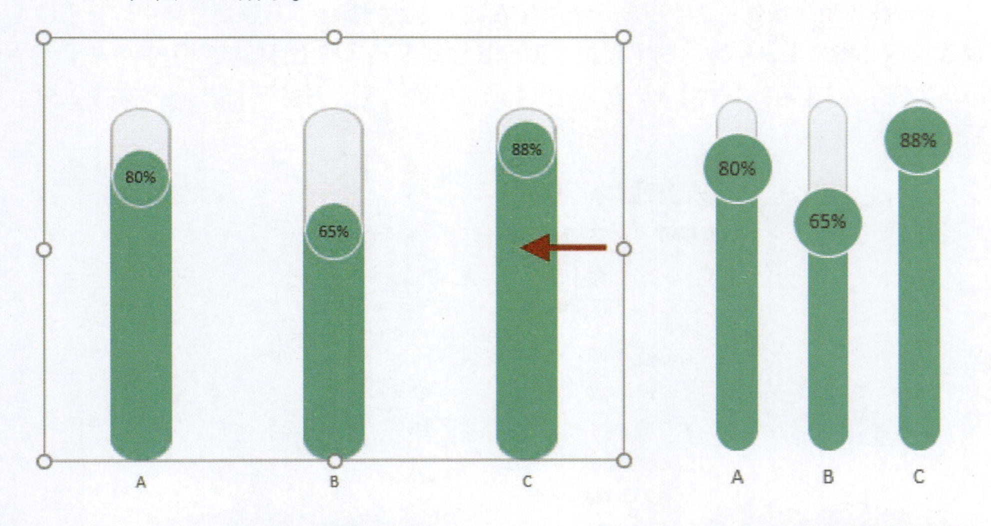

图 2-50　滑珠图绘制过程 8　　　　图 2-51　滑珠图绘制过程 9

4) 美化数据标签和 X 轴：选中 X 轴，将字体设置为“微软雅黑”，字号设置为“16”并选中“加粗”，颜色设置为深灰色（RGB：127，127，127）。选中滑珠上的数据标签，调整字体为“微软雅黑”，字号设置为“14”并选中“加粗”，颜色设置为白色，设置完成后的效果如图 2-52 所示。

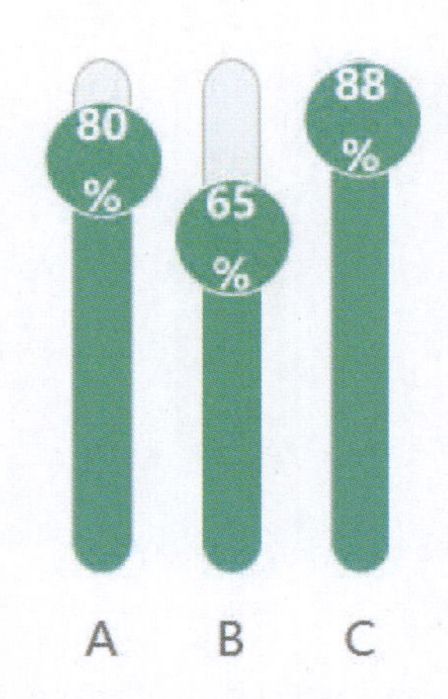

图 2–52　滑珠图绘制过程 10

小白指着圆珠上的标签问道：咦，数据标签自动换行了，这样不好看啊，怎么设置才能不换行呢？

Mr. 林边说边操作：这个不难，用鼠标右键单击数据标签，从快捷菜单中选择【设置数据标签格式】，在弹出的【设置数据标签格式】对话框【标签选项】中单击【大小与属性】，在【对齐方式】下，去除勾选【形状中的文字自动换行】复选框，如图 2-53 所示。

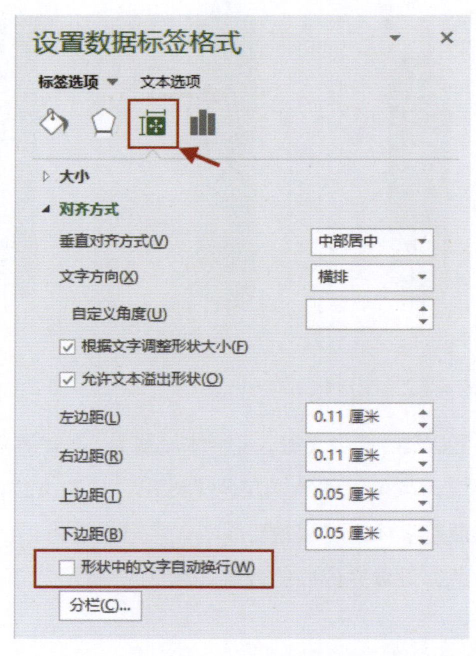

图 2–53　【设置数据标签格式】对话框

Mr. 林：滑珠图就绘制完成了（如图 2-54 所示），同样还可以根据需要将项目 B、项目 C 的颜色分别设置成黄色（RGB：246，187，67）和蓝色（RGB：59，174，218），设置完成后的效果如图 2-55 所示。

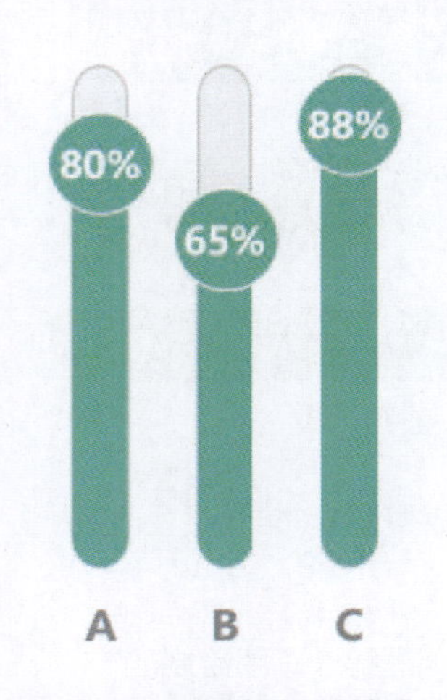

图 2-54　滑珠图绘制过程 11

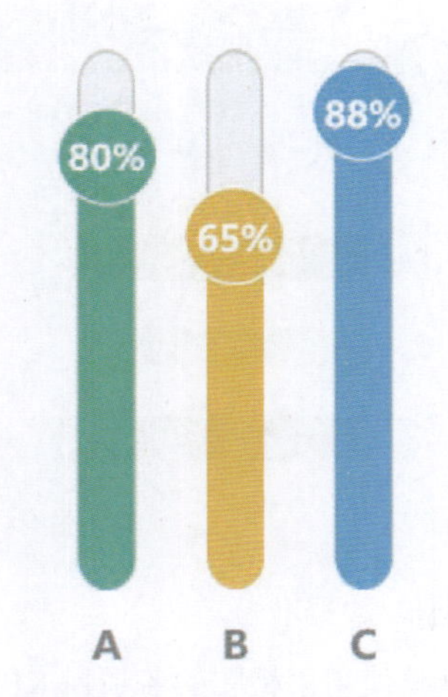

图 2-55　滑珠图绘制过程 12

2.4　卡车图

Mr. 林：接下来将学习 KPI 达成分析的第四个信息图——卡车图。

卡车图通过条形图和卡车头、轮胎图标素材的组合，让图表更加直观和形象，例如，当我们想要展示不同车队的目标达成情况时，就可以使用卡车图，如图 2-56 所示。

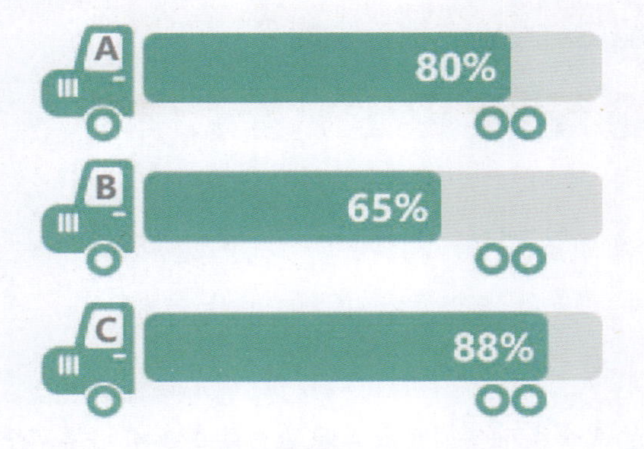

图 2-56　卡车图示例

Mr. 林：这类图表和图标素材的组合非常实用，并不局限于卡车的样子。根据需要选择其他图标素材进行组合，目的就是让图表更加直观地展现我们需要传递的信息。

下面我们来拆分还原一下卡车图，如图 2-57 所示，彩色填充代表实际达成率，灰色填充代表目标。

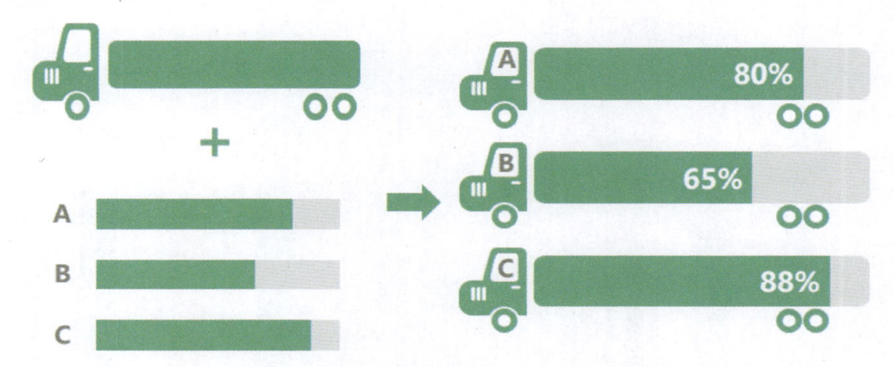

图 2-57　卡车图拆分还原示例

STEP 01　数据准备

继续使用手机图的各项目 KPI 数据（参见图 2-4）进行卡车图绘制。

STEP 02　绘制条形图

选择表中 A1:C4 单元格区域数据，单击【插入】选项卡，在【图表】组中单击【插入柱形图或条形图】中的【簇状条形图】，生成的图表如图 2-58 所示。

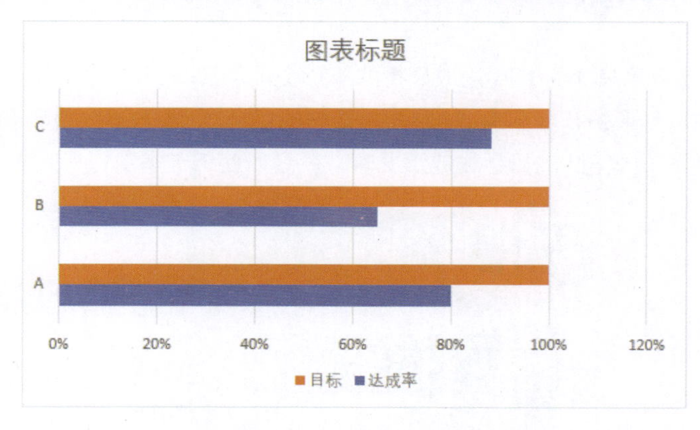

图 2-58　卡车图绘制过程 1

STEP 03　图表处理

1) 将条形图的两个系列条形重叠，具体方法与手机图将两个柱子重叠类似：设置【系列重叠】为“100%”，并通过【选择数据源】对话框调整“达成率”系列与“目标”系列顺序，使得“达成率”系列的条形在“目标”系列条形上方显示，设置完成后的效果如图 2-59 所示。

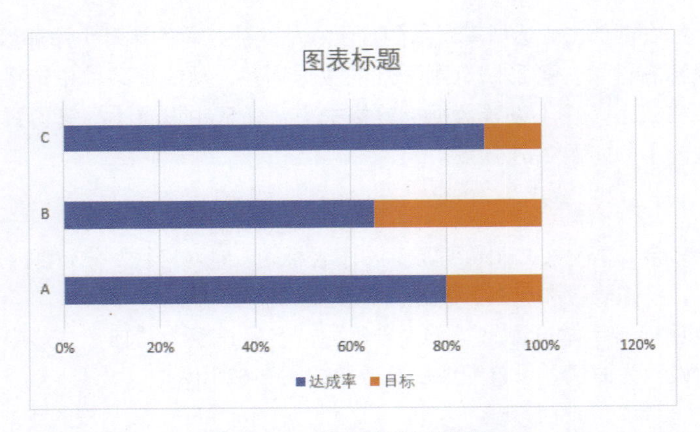

图 2-59　卡车图绘制过程 2

Mr. 林突然提问：小白，这里图表中项目的排列方式是从上到下依次为 C-B-A，但是我们想让它反过来，按 A-B-C 排列该怎么办呢？

小白信心满满地回答：这个难不倒我，可以使用【逆序类别】的功能。

Mr. 林满意地点了点头：是的，【逆序类别】可以调整坐标轴项目的排列顺序，操作也很简单。用鼠标右键单击纵坐标轴，从快捷菜单中选择【设置坐标轴格式】，在弹出的【设置坐标轴格式】对话框【坐标轴选项】中勾选【逆序类别】复选框，如图 2-60 所示。

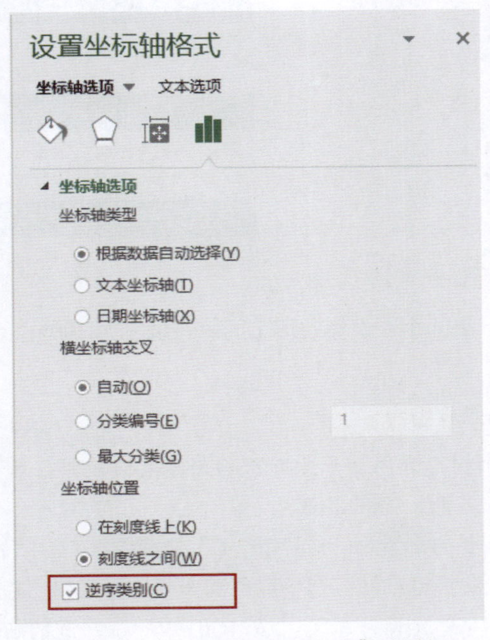

图 2-60　【设置坐标轴格式】对话框

2) 用鼠标右键单击“达成率”系列柱子，从快捷菜单中选择【添加数据标签】，用鼠标右键单击条形图上刚添加的数据标签，从快捷菜单中选择【设置数据标签格式】，在【设置数据标签格式】对话框中设置【标签位置】为【数据标签内】，如图 2-61 所示。

STEP 04 美化图表

1) 删除多余元素：按 Delete 键删除“图表标题”“网格线”“X 轴”“Y 轴”“图例”，将图表区和绘图区的边框和填充均设置为无。
2) 将数据标签字体设置为“微软雅黑”，字号设置为“18”并选中“加粗”，颜色设置为白色，设置完成后的效果如图 2-62 所示。

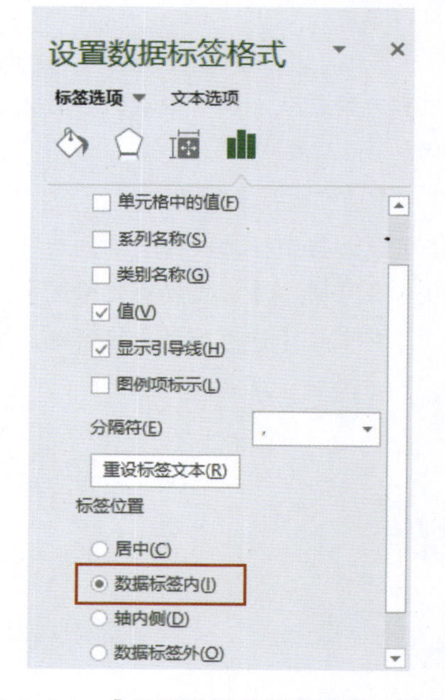

图 2-61 【设置数据标签格式】对话框

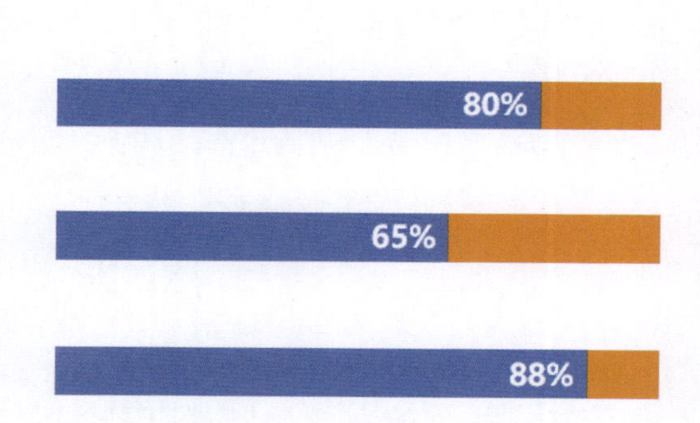

图 2-62 卡车图绘制过程 3

3) 设置条形图分类间距：设置条形【间隙宽度】为 100%，让项目条形间距离近一点。

STEP 05 图标素材与图表组合

1) 准备好相关素材：绿色卡车头形状的图标素材、绿色车轮、灰色圆角长方形和绿色圆角长方形，如图 2-63 所示。
2) 选中灰色圆角长方形素材，按“Ctrl+C”快捷键复制，然后选中“目标”系列，按“Ctrl+V”快捷键粘贴。选中绿色圆角长方形素材，按“Ctrl+C”快捷键复制，然后选中“达成率”系列，按“Ctrl+V”快捷键粘贴，将绿色条形的填充设置为【层叠并缩放】，设置完成后的效果如图 2-64 所示。

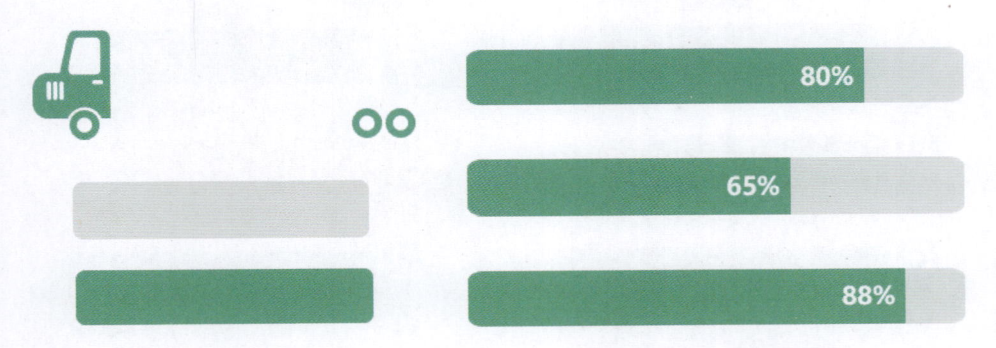

图 2–63　卡车图素材　　　　图 2–64　卡车图绘制过程 4

3) 将“绿色卡车头图标”“绿色车轮”素材移至第一个条形的相应位置，进行拼图组合成卡车，如图 2-65 所示。选中“绿色卡车头图标”“绿色车轮”素材后按“Ctrl+C”快捷键复制，再按“Ctrl+V”快捷键粘贴，复制粘贴出两组一样的“绿色卡车头图标”“绿色车轮”素材，并移至另两个条形的相应位置，进行拼图组合成卡车，设置完成后的效果如图 2-66 所示。

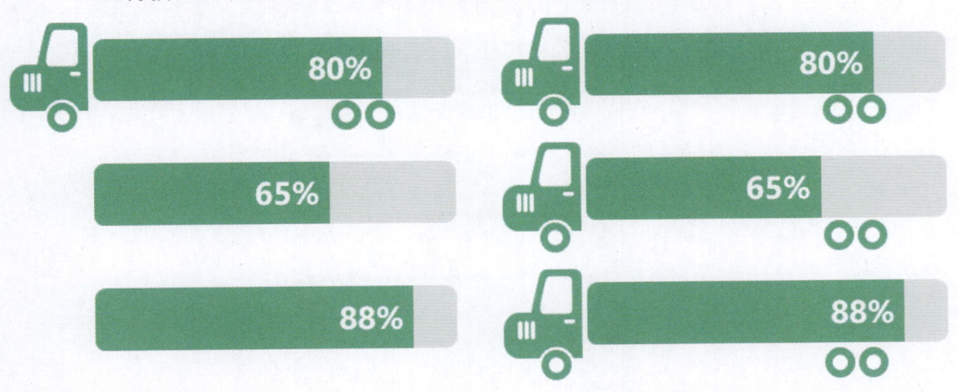

图 2–65　卡车图绘制过程 5　　　　图 2–66　卡车图绘制过程 6

4) 添加项目名称的文本框：单击【插入】选项卡，在【文本】组中选择【文本框】，在文本框中输入“A”，将其移动到卡车头窗户位置，并设置字体为“微软雅黑”，字号设置为“14”并选中“加粗”，颜色设置为深灰色（RGB：127，127，127）。复制调整后的“A”文本框并粘贴两个，分别输入项目名称“B”和“C”。

最后，将所有元素组合到一起，设置完成后的效果如图 2-67所示。

Mr. 林：好了，一张卡车图就绘制完成了，我们也可以根据需要，将卡车 B、卡车 C 的颜色分别设置成黄色（RGB：246，187，67）和蓝色（RGB：59，174，218），设置完成后的效果如图 2-68 所示。

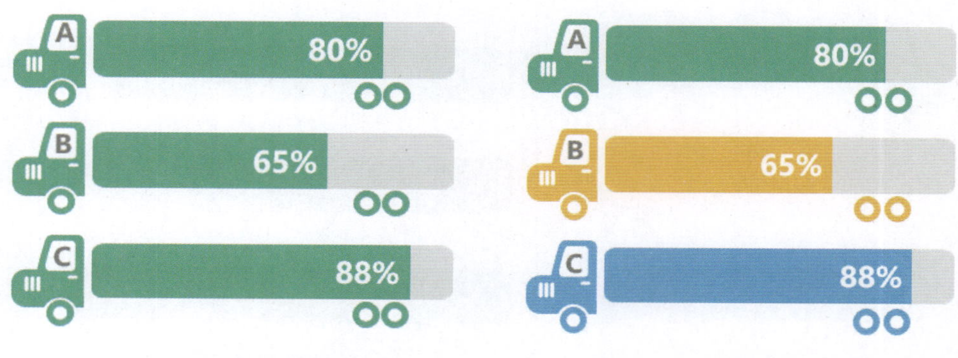

图 2-67　卡车图绘制过程 7　　图 2-68　卡车图绘制过程 8

小白： 好酷呀！

2.5　电池图

Mr. 林： 小白，我们继续学习 KPI 达成类信息图——电池图，电池图是通过电量的多少来展示和对比 KPI 达成情况的信息图，很有趣，实用性也很高，如图 2-69 所示。

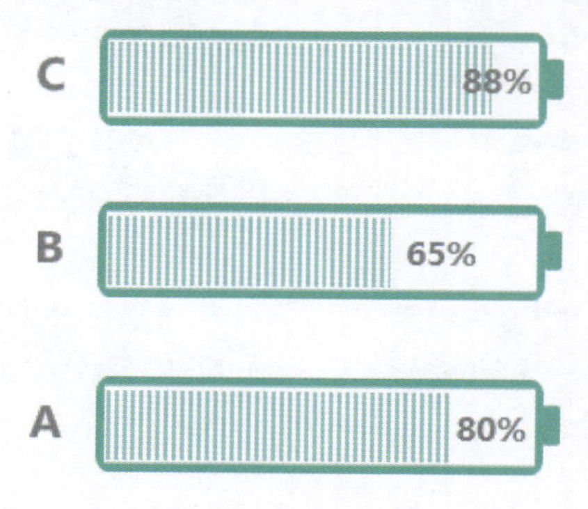

图 2-69　电池图示例

小白： 经过前面的学习，我知道绘制信息图需要先拆分还原它的基础图，这个电池图应该是一个电池的图标素材和条形图组合成的吧，而且这个条形图和卡车图类似，是条形填充图。

Mr. 林： 不错，我们现在将它拆分还原一下，绿色竖纹填充代表实际达成率，数值就等于达成率，相当于电池图中的电池电量，条形图中灰色边框用于电池边框的参考线，代表目标，数值等于 100%，如图 2-70 所示。

电池图 STEP 01 - STEP 03 绘制步骤和卡车图相同，这里不再重复，直接在卡车图 STEP 01 - STEP 03 完成的图表基础上继续操作，如图 2-59 所示。

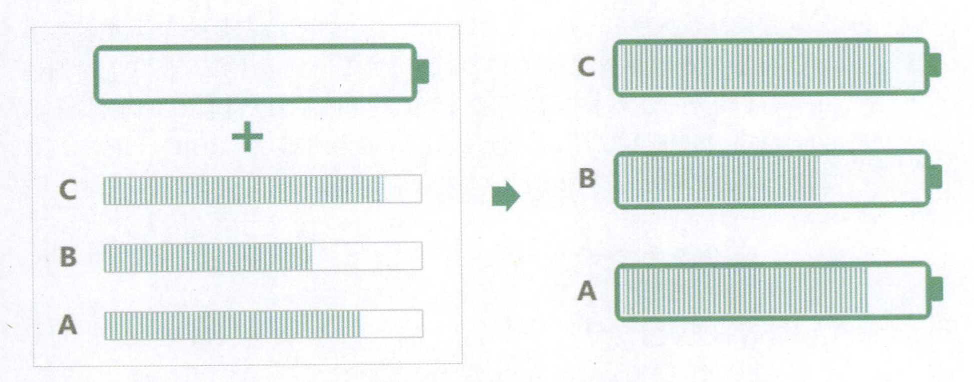

图 2–70　电池图拆分还原

STEP 04　图表处理

1)　条形图填充设置

①　“目标”系列柱子：用鼠标右键单击“目标”系列柱子，从快捷菜单中选择【设置数据系列格式】，在弹出的【设置数据系列格式】对话框【填充与线条】中将【填充】设置为【无填充】，【边框】设置为【实线】，颜色选择浅灰色（RGB：191，191，191），如图 2-71 所示。

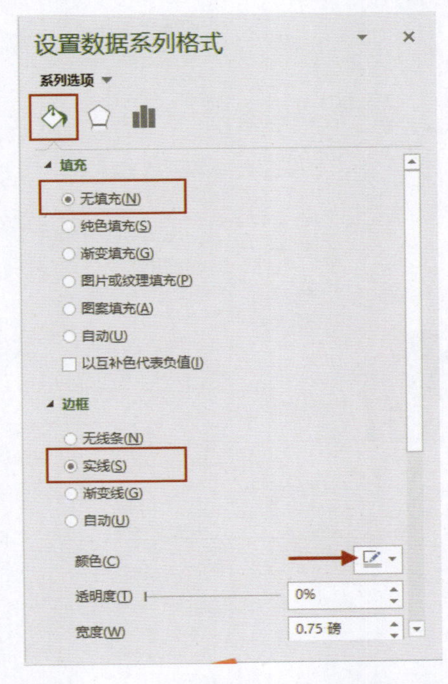

图 2–71　【设置数据系列格式】对话框

② “达成率”系列柱子：用鼠标右键单击“达成率”系列柱子，从快捷菜单中选择【设置数据系列格式】，在弹出的【设置数据系列格式】对话框中，将【填充与线条】中的【填充】设置为【图案填充】，图案选择为【深色竖线】，如图 2-72 所示。前景颜色设置为浅绿色（RGB：139，221，201），设置如图 2-73 所示。

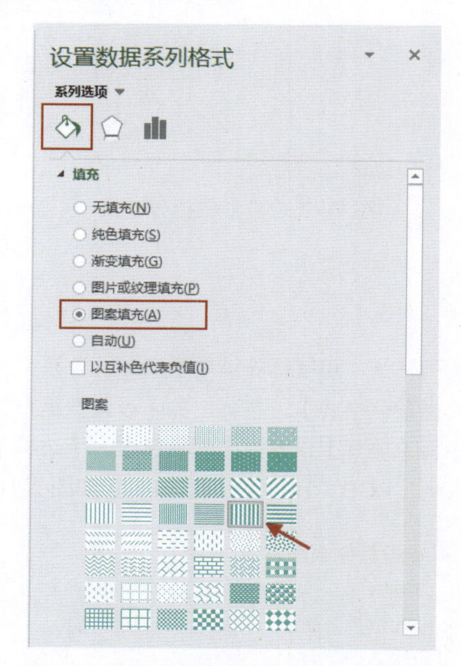

图 2-72 【设置数据系列格式】对话框

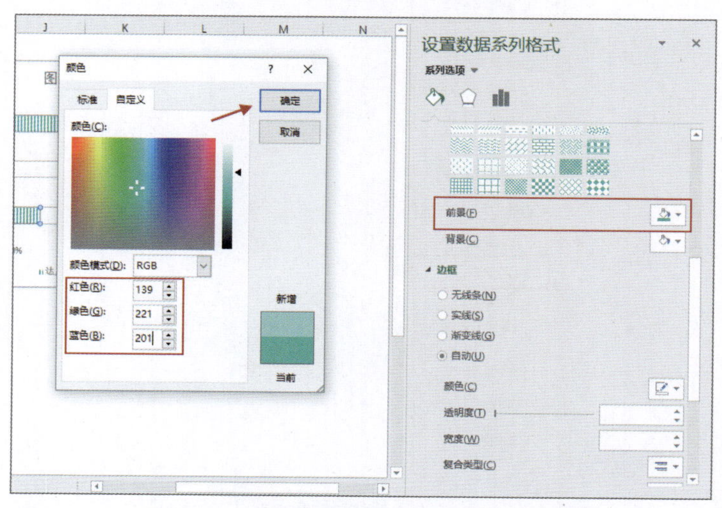

图 2-73 【设置数据系列格式】对话框

2）选中“达成率”系列柱子，添加数据标签，设置完成后的效果如图 2-74 所示。

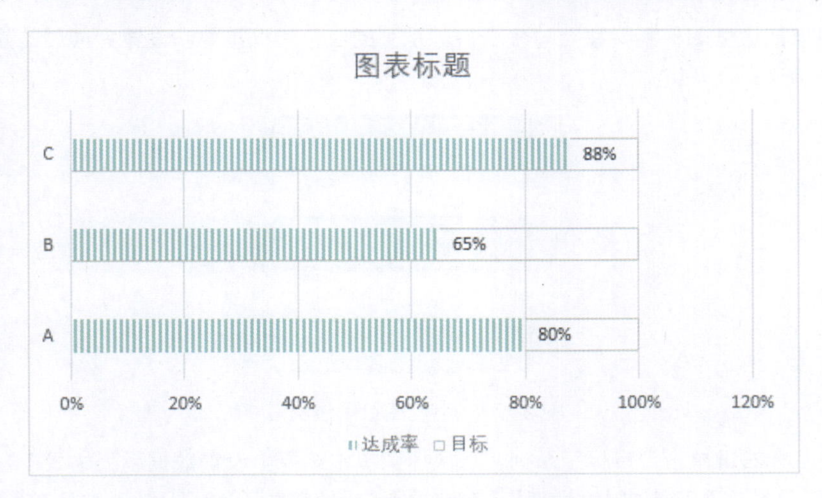

图 2–74　电池图绘制过程 1

STEP 05　美化图表

1）删除多余元素：按 Delete 键删除“图表标题”“网格线”“*X* 轴”“图例”。将 *Y* 轴边框设置为无，将图表区和绘图区的边框和填充均设置为无。将 *Y* 轴字体设置为“微软雅黑”，字号设置为“16”并选中“加粗”，字体颜色设置为浅灰色（RGB：191，191，191）。用同样方法将数据标签字体设置为“微软雅黑”，字号设置为“12”并选中“加粗”，字体颜色设置为浅灰色（RGB：191，191，191），设置完成后的效果如图 2-75 所示。

2）设置条形图分类间距：将条形的【间隙宽度】设置为“150%”，如图 2-76 所示。

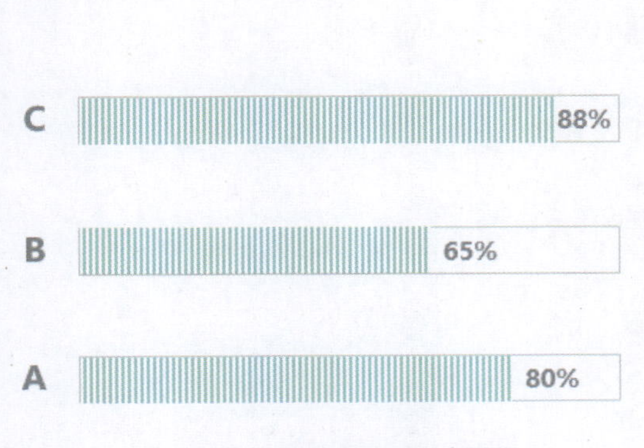

图 2–75　电池图绘制过程 2

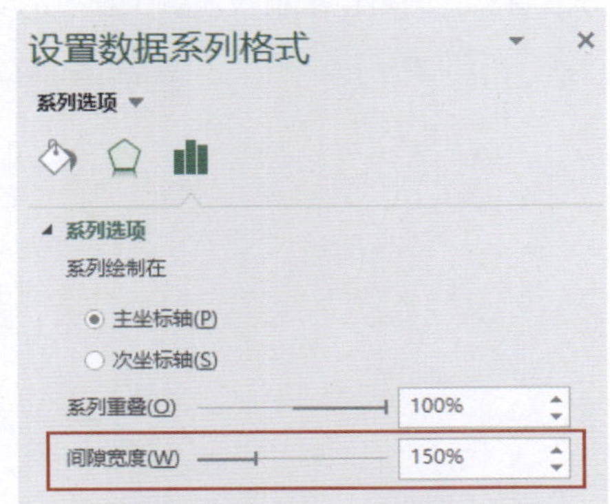

图 2–76　【设置数据系列格式】对话框

STEP 06 图标素材与图表组合

将电池边框图标素材移至与代表目标系列的灰色边框重叠，设置完成后的效果如图 2-77 所示。

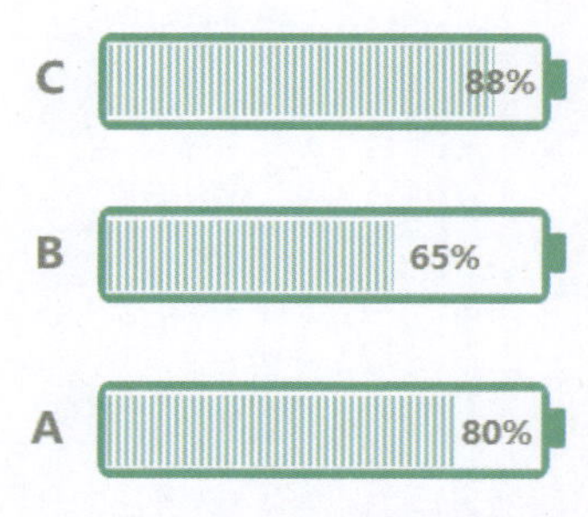

图 2-77　电池图绘制过程 3

用鼠标右键单击“目标”系列，从快捷菜单中选择【设置数据系列格式】，在弹出的【设置数据系列格式】对话框【系列选项】下设置【边框】为无，然后按住“Ctrl”键，将图表和电池边框图标素材依次选中，单击【格式】选项卡，单击【排列】组下的【组合】，将电池边框图标和图表组合起来。

Mr. 林： 好了，电池图绘制完成了，完成后的效果如图 2-69 所示。

小白： 效果还不错呢。

2.6　五星评分图

Mr. 林： 我们常常需要对比不同项目的得分情况，五星评分图就是一个能直观展示得分情况的信息图，在商品评论得分中经常看到这样的图，如图 2-78 所示。五星评分图中点亮的黄色星星代表各个项目的实际得分，五颗星为满分，非常直观形象。

图 2-78　五星评分图示例

小白得意地说：哈哈，这个图我知道是怎么做的，基础图表是条形图，然后和五星图标组合起来。

Mr. 林：不错，看来你对信息图有点感觉了，看到图就知道先还原到基础图。五星评分图的基础图就是条形图，这里就不再拆分还原啦。

下面我们一起来学习在 Excel 中绘制五星评分图。

STEP 01　数据准备

五星评分图数据源为不同交通方式满意度的综合评分，满分为 5 分，如图 2-79 所示。

	A	B	C
1	交通方式	综合评分	满分
2	飞机	5	5
3	巴士	4	5
4	动车	3	5
5	轮船	2	5
6	摩托车	1	5

图 2-79　一季度各种交通方式满意度综合评分数据

STEP 02　绘制基础图表

绘制条形图，选择表中 A1:C6 单元格区域数据，单击【插入】选项卡，在【图表】组中单击【插入柱形图或条形图】中的【簇状条形图】，生成的图表如图 2-80 所示。

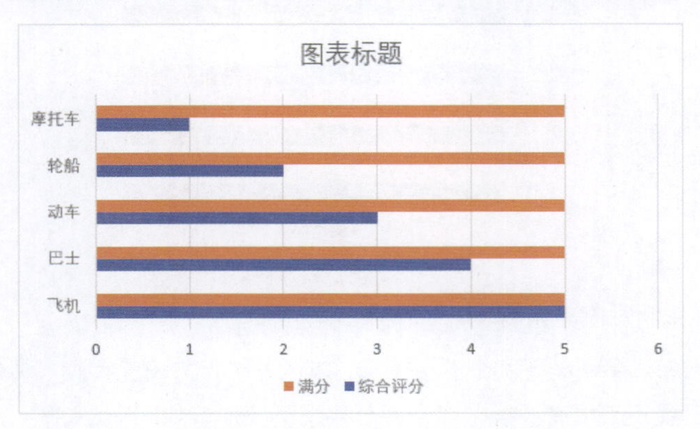

图 2-80　五星评分图绘制过程 1

STEP 03　图表处理

将条形图的两个系列条形重叠，与手机图两个柱子重叠类似：设置条形的【系列重叠】为“100%”，通过【选择数据源】对话框调整“综合评分”系列与“满分”系列顺序，使得“综合评分”系列的条形在“满分”系列条形上方显示，设置完成后的效果如图 2-81 所示。

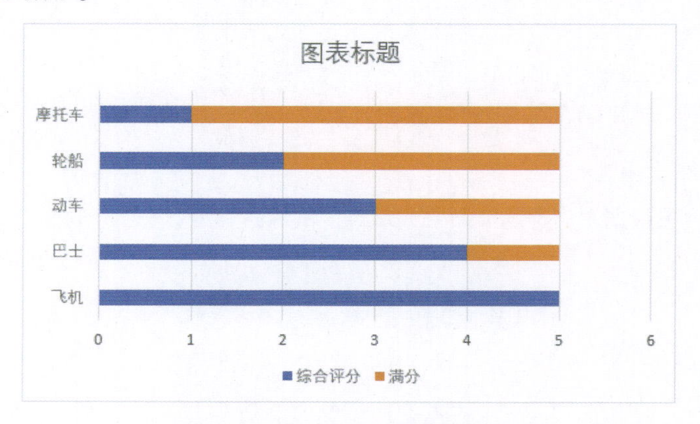

图 2–81　五星评分图绘制过程 2

STEP 04　美化图表

删除多余元素：按 Delete 键删除“图表标题”“网格线”“*X* 轴”“图例”。将 *Y* 轴边框设置为无，将图表区和绘图区的边框和填充均设置为无。将 *Y* 轴字体设置为“微软雅黑”，字号设置为“12”并选中“加粗”，字体颜色设置为深灰色（RGB：127，127，127），设置完成后的效果如图 2-82 所示。

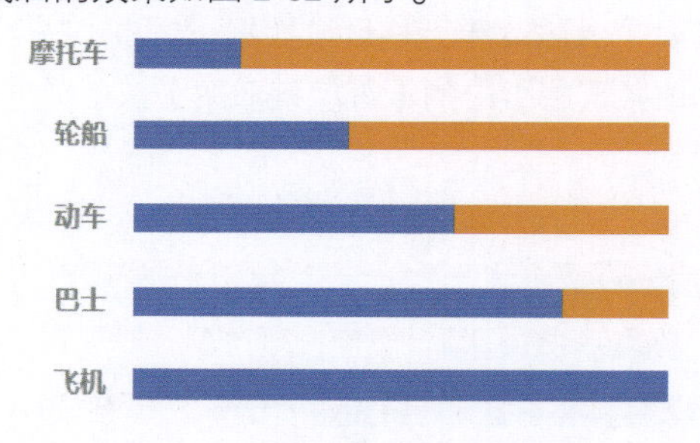

图 2–82　五星评分图绘制过程 3

STEP 05　图标素材与图表组合

1) 素材准备：需要准备两个五星图标，灰色五星用来填充替换“满分”系列条形，黄色五星用来填充替换“综合评分”系列条形，如图 2-83 所示。

图 2–83　五星图素材

2) 复制灰色五星并粘贴替换“满分”系列，复制黄色五星并粘贴替换“综合评分”系列，设置完成后的效果如图 2-84 所示。

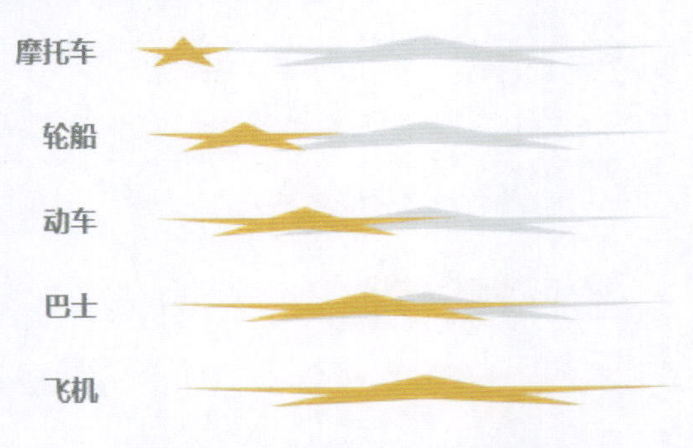

图 2–84　五星评分图绘制过程 4

3) 调整“综合评分”“满分”系列条形的【填充与线条】为【层叠并缩放】来展示“综合评分”“满分”的数值大小，设置完成后的效果如图 2-85 所示。

4) 调整纵轴顺序，使评分值从上往下依次降序排列：用鼠标右键单击 *Y* 轴，从快捷菜单中选择【设置坐标轴格式】，在弹出的【设置坐标轴格式】对话框【坐标轴选项】下勾选【逆序类别】复选框，如图 2-86 所示。

图 2–85　五星评分图绘制过程 5　　　图 2–86　【设置坐标轴格式】对话框

5) 设置条形图分类间距：设置条形【间隙宽度】为“50%”，然后用鼠标拖动图表边框适当调整图表大小，确保五星不变形，设置完成后的效果如图 2-87 所示。

图 2-87　五星评分图绘制过程 6

Mr. 林：好了，一张五星评分图就绘制好了。

小白：嗯嗯！

2.7　仪表盘

Mr. 林：仪表盘图表是模拟汽车速度表盘的一种图表，通常用来反映完成率、增长率等指标，是 KPI 达成分析中常用的一种图形。仪表盘图表效果简单、直观，给人一种操控的感觉。

图 2-88 所示的就是用仪表盘展示的目标完成率，在这个仪表盘中，左边的绿色填充代表销售达成率，灰色区域的最右端代表 100% 达成目标，下方的数字就是达成率。

小白：这个图好酷啊！我猜下它的基础图表是不是圆环图啊，不过圆环图是整个圆形啊？

Mr. 林：没错，仪表盘图的基础图表是圆环图，这里我们要一点障眼法，将下面的半圆隐藏起来。为了方便理解，我们先将这个仪表盘进行初步的还原，如图 2-89 所示。

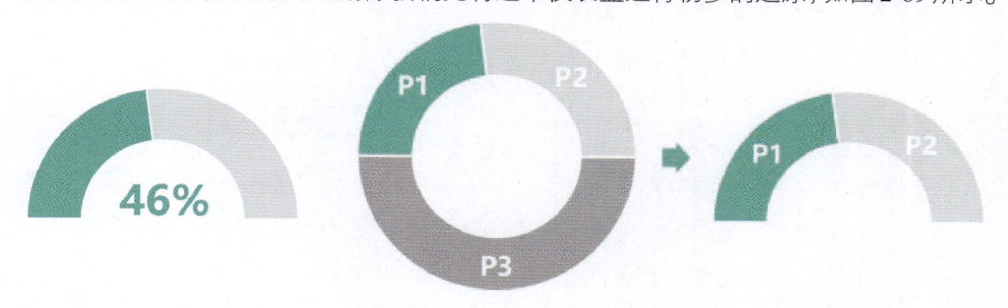

图 2-88　仪表盘图示例

图 2-89　仪表盘图拆分还原

下面我们一起来学习在 Excel 中绘制仪表盘。

STEP 01 数据准备

实际上我们要绘制的圆环图如图 2-90 所示。圆环图由 P1、P2、P3 三部分数据组成，其中 P1 部分代表销售达成率，由于仪表盘是个半圆环，所以 P1 的数值需要缩小一半，也就是销售达成率 /2。

P1+P2 部分代表总目标，数值为 100%，同样需要缩小为一半，也就是 50%，所以 P2 的数值为 50%−P1，P3 部分的数值等于 50%。

案例中达成率为 46%，所以达成率绘图数据 P1=46%/2=23%，P2=50%−P1=27%，P3=50%，如图 2-91 所示。

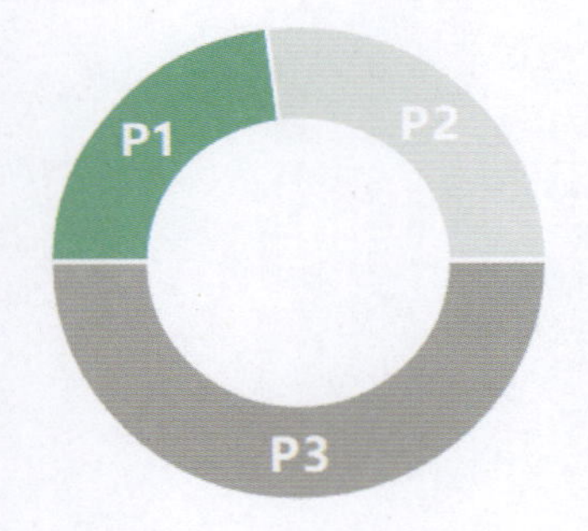

图 2-90 仪表盘还原圆环图

	A	B	C	D
1	达成率	P1	P2	P3
2	46%	23%	27%	50%

图 2-91 某公司季度 KPI 达成情况数据

STEP 02 绘制基础图表

绘制圆环图，选择表中 B1:D2 单元格区域数据，单击【插入】选项卡，在【图表】组中单击【插入饼图或圆环图】中的【圆环图】，单击【确定】按钮，生成的图表如图 2-92 所示。

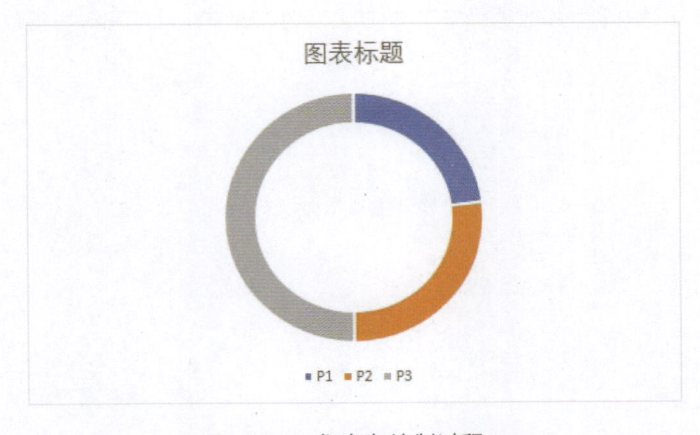

图 2-92 仪表盘绘制过程 1

STEP 03 图表处理

1) 设置圆环图第一扇区起始位置：用鼠标右键单击任意圆环，从快捷菜单中选择【设置数据系列格式】，在弹出的【设置数据系列格式】对话框中将【系列选项】中的【第一扇区起始角度】改为“270°”，设置【圆环图圆环大小】为“60%”，如图 2-93 所示。

2) 将圆环 P3 部分隐藏不显示：单击圆环，然后用鼠标右键单击 P3 部分，从快捷菜单中选择【设置数据点格式】，在弹出的【设置数据点格式】对话框【系列选项】中将【填充】【边框】分别设置为【无填充】【无线条】，如图 2-94 所示。

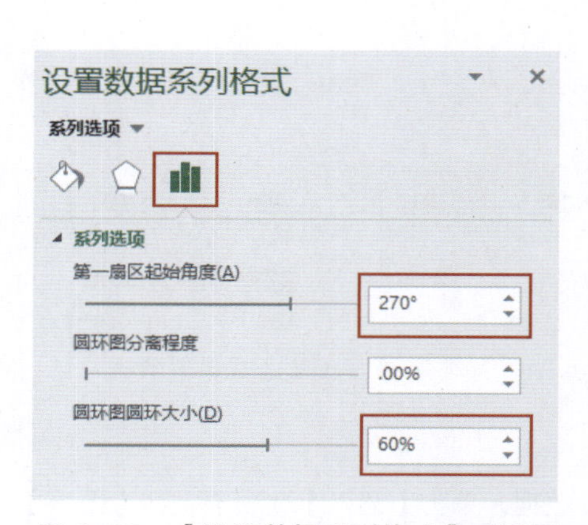

图 2-93 【设置数据系列格式】对话框

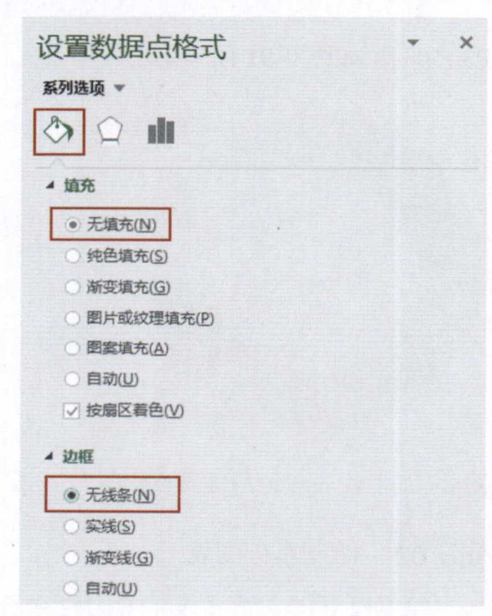

图 2-94 【设置数据点格式】对话框

3) 添加“达成率”数据标签：单击圆环，然后用鼠标右键单击 P1 部分，从快捷菜单中选择【添加数据标签】，数据显示为“23%”，设置完成后的效果如图 2-95 所示。

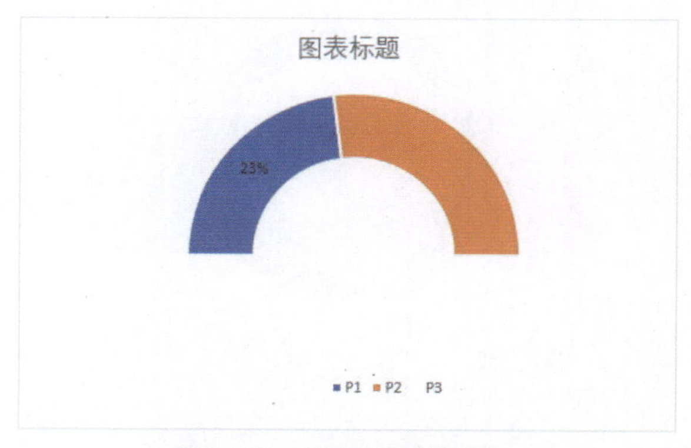

图 2-95 仪表盘绘制过程 2

Mr. 林：小白，你还记得之前学习过的修改数据标签的小技巧吗？现在仪表盘“达成率”的数值是“23%”，我们如何让它显示“46%”呢？

小白：哈哈，我记得呀，通过【单元格中的值】设置就能让数据标签显示任何想显示的数值，对不对？

Mr. 林：是的，有两种方法可以修改这里的数值。

① 方法 1 为使用【单元格中的值】设置：在【设置数据标签格式】对话框【标签选项】中单击【单元格中的值】，然后选择达成率所在的单元格 A2，去除勾选【值】和【显示引导线】复选框，将标签拖曳到圆环中间合适的位置，设置完成后的效果如图 2-96 所示。

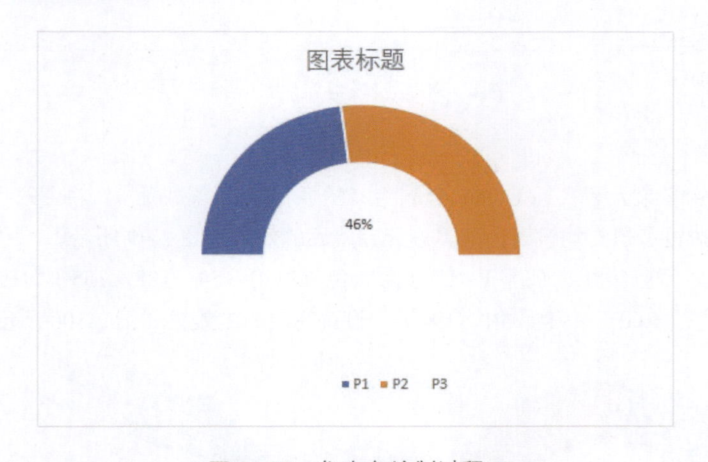

图 2-96　仪表盘绘制过程 3

② 方法 2 为先删除原来的数据标签，使用【文本框】自定义编辑：单击【插入】选项卡，单击【文本框】后选择【绘制横排文本框】，如图 2-97 所示。

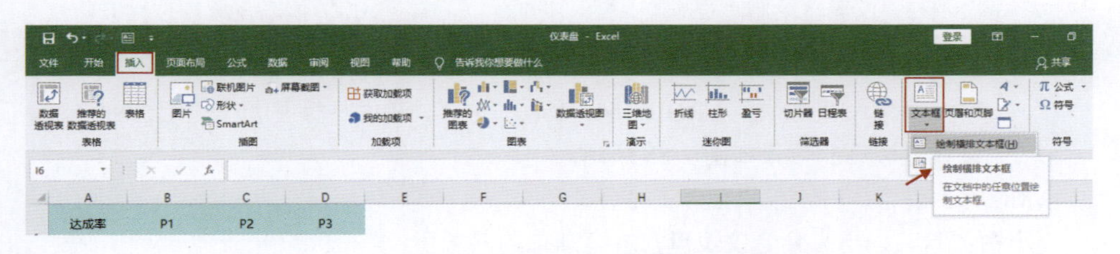

图 2-97　选择【绘制横排文本框】

选中文本框，然后在编辑栏中输入“=”及达成率所在的单元格 A2，按回车键，设置完成后的效果如图 2-98 所示。

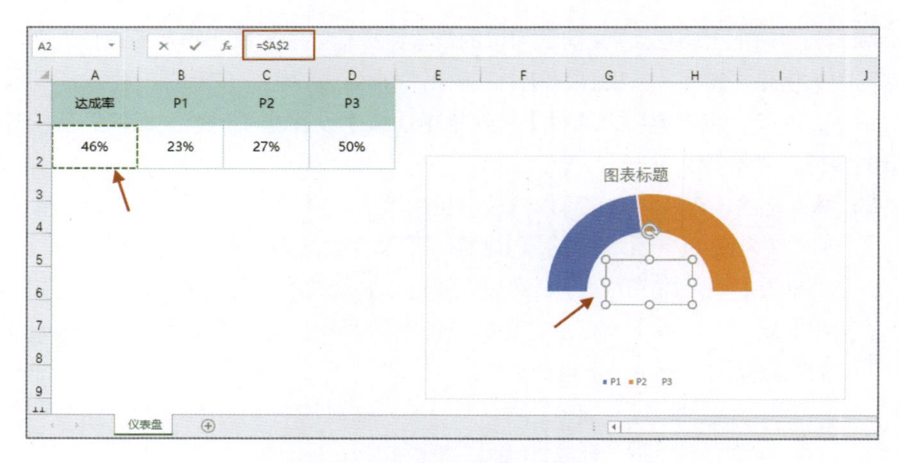

图 2–98　仪表盘绘制过程 4

STEP 04　美化图表

1) 删除多余元素：按 Delete 键删除“图表标题”“图例”，将图表区和绘图区的边框和填充均设置为无，设置完成后的效果如图 2-99 所示。

2) 圆环颜色美化：调整 P1 部分为绿色（RGB：54，188，155），P2 部分为浅灰色（RGB：191，191，191），设置完成后的效果如图 2-100 所示。

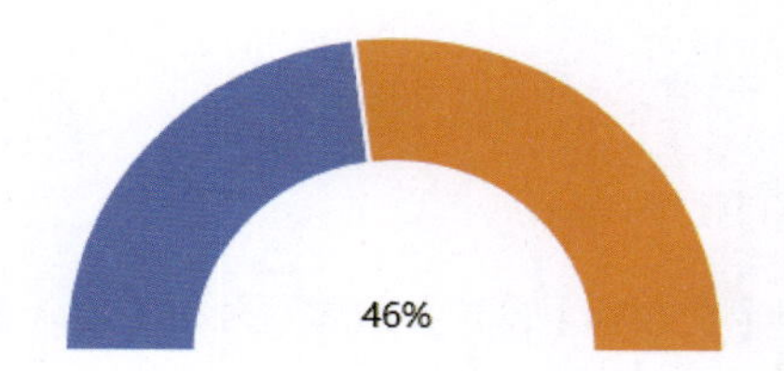

图 2–99　仪表盘绘制过程 5

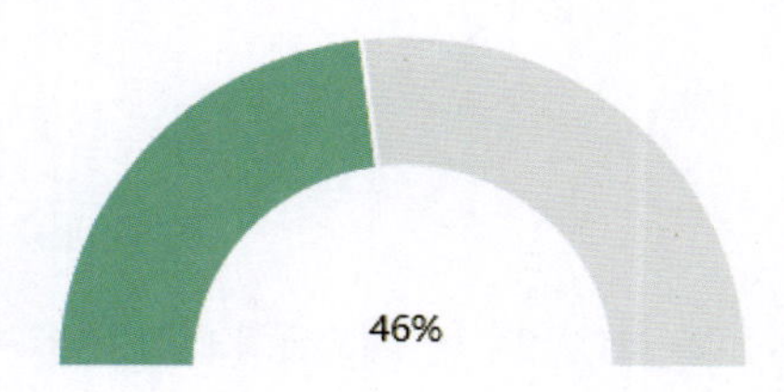

图 2–100　仪表盘绘制过程 6

3) 调整标签：将标签字体设置为“微软雅黑”，字号设置为“32”并选中“加粗”，字体颜色设置为绿色（RGB：54，188，155），最后将标签和图表组合到一起，设置完成后的效果如图 2-88 所示。

Mr. 林：好了，一个仪表盘就完成了。

小白：哈哈，再来几个仪表盘，就有开车的感觉了。

2.8　跑道图

Mr. 林：跑道图，顾名思义就是通过圆环展示不同项目的 KPI 完成进度，通过圆环的长度可以非常直观地了解各项目的达成情况。

跑道图可以算是 KPI 达成类信息图中比较洋气的一类图表，我们可以在很多信息图报告中看到它的身影。在图 2-101 所示的这个图表中，用三个圆环的长度代表三个项目的达成情况，既直观，又有趣。

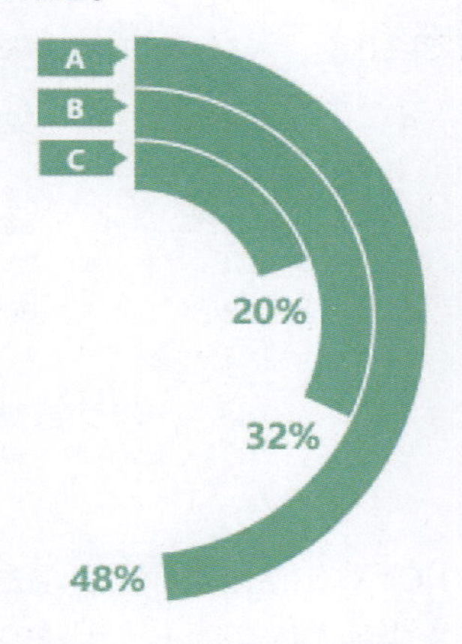

图 2-101　跑道图示例

小白：按之前的介绍，我们也是需要先绘制它的基础图表对不对？这个图的基础图表应该是圆环图吧？

Mr. 林：没错，它的基础图表是圆环图，先将跑道图拆分还原成圆环图看一下，可以发现跑道图就是圆环图将灰色部分隐藏后的部分，如图 2-102 所示。

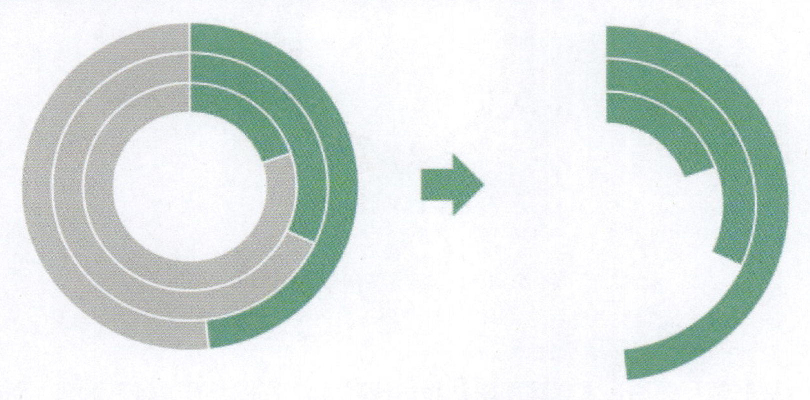

图 2-102　跑道图拆分还原

下面我们一起来学习在 Excel 中如何绘制跑道图。

STEP 01　数据准备

仔细观察一下，这张圆环图是由 3 个绿色圆环和 3 个灰色圆环组合成的，绿色圆环数值 + 灰色圆环数值 =100%。其中绿色圆环长度代表三个项目的实际 KPI 完成情况，数值即等于实际的达成率，灰色就是未完成的 KPI 比例，数值 =100%− 达成率。

绘制数据源如图 2-103 所示，第一列为项目名称，第二列为各个项目的达成率，第三列就是灰色的部分，我们一般称它为辅助列，数值 =100%- 达成率。

	A	B	C
1	项目名称	达成率	辅助列
2	A	48%	52%
3	B	32%	68%
4	C	20%	80%

图 2-103　某公司各项目 KPI 达成情况数据

STEP 02　绘制基础图表

绘制圆环图：选择表中 A1:C4 单元格区域数据，单击【插入】选项卡，在【图表】组中单击【插入饼图或圆环图】中的【圆环图】，生成的图表如图 2-104 所示。

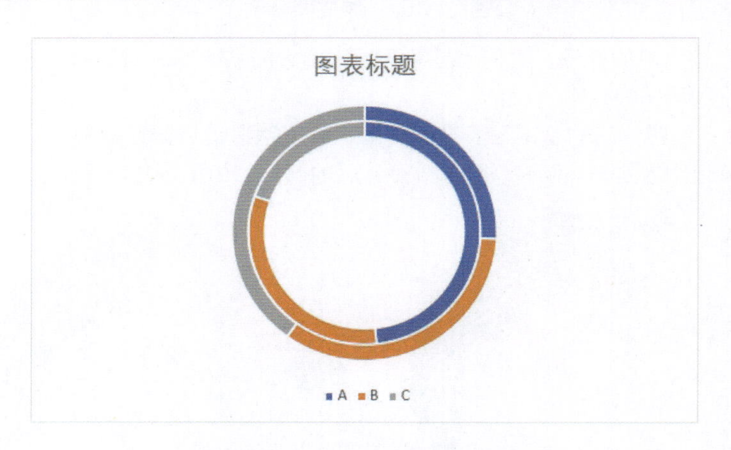

图 2-104　跑道图绘制过程 1

STEP 03　图表处理

1) 绘制圆环图后，发现该图默认将达成率和辅助列当成了两个系列，而不是按照项目名称区分成三个系列。这时只需要在【选择数据源】对话框中选择【切换行 / 列】将圆环图按项目 A、B、C 三个系列展示圆环，设置完成后的效果如图 2-105 所示。
2) 调整圆环宽度：用鼠标右键单击任意圆环，从快捷菜单中选择【设置数据系列格式】，在弹出的【设置数据系列格式】对话框中将【系列选项】中的【圆环图圆环大小】设置为“45%”，设置完成后的效果如图 2-106 所示。

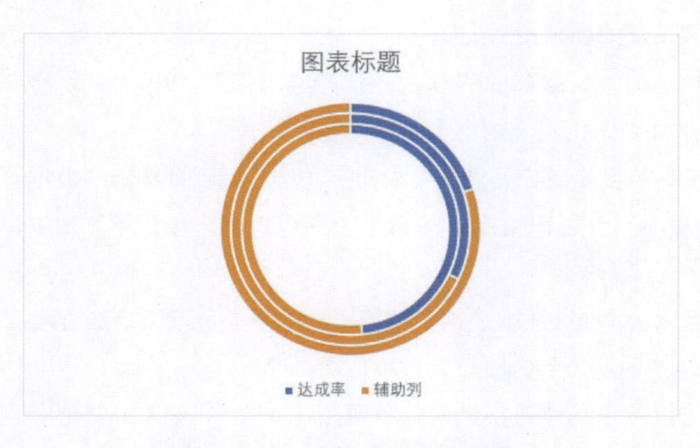

图 2–105　跑道图绘制过程 2

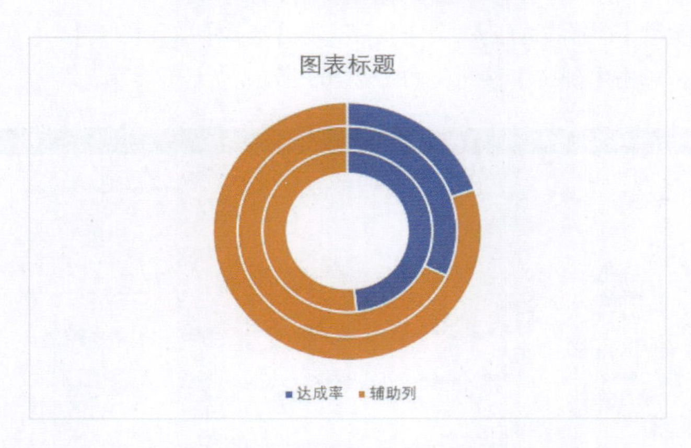

图 2–106　跑道图绘制过程 3

3) 将辅助列圆环部分隐藏：选中需要隐藏的圆环部分，将圆环填充和边框均设置为无，设置完成后的效果如图 2-107 所示。

图 2–107　跑道图绘制过程 4

4) 设置圆环从外到内按从大到小依次排序。

Mr. 林： 到这一步，跑道图的基本形状已经出来了。小白，考考你，如何让这个圆环图的圆环从外到内按从大到小依次排序呢?

小白: 排序吗？我知道工具栏有个“排序”功能，可以直接选中数据源进行排序吗？让作图数据源从小到大进行排序，然后跑道图也自动排序，不知道 Excel有没有这么智能?

Mr. 林： 可以的！ Excel 就是这么智能，这么强大。我演示给你看看，这里有两种方法可以实现让条形从外到内按从大到小依次排序。

① 通过【排序】功能直接调整数据源顺序：选中 A2:C4 单元格区域，单击菜单栏的【排序和筛选】，选择【自定义排序】，在弹出的【排序】对话框中，【主要关键字】选择“达成率”，【排序依据】选择【单元格值】，【次序】改为【升序】，单击【确定】按钮，如图 2-108 所示。

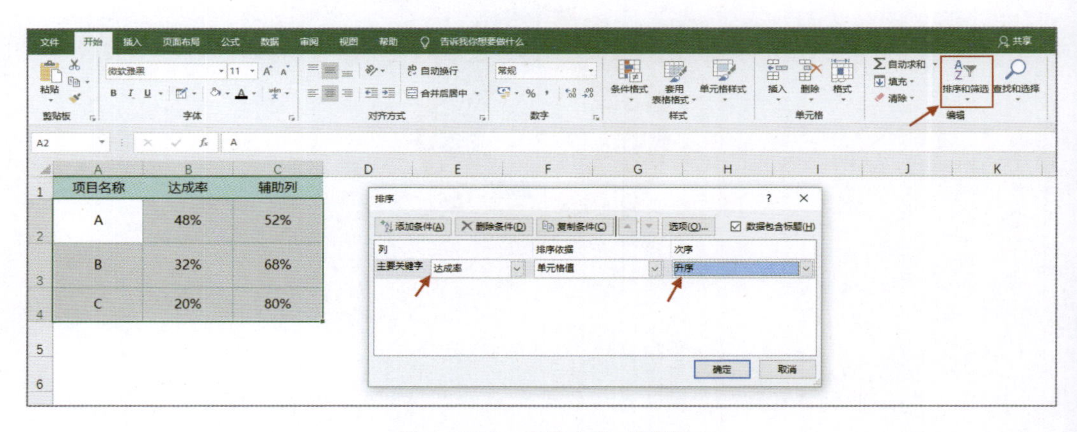

图 2-108 【排序】对话框

② 通过【选择数据源】对话框手动调整系列位置：这个技巧之前也学过，用鼠标右键单击图表任意区域，从快捷菜单中选择【选择数据】，在弹出的【选择数据源】对话框的【图例项（系列）】中选中项目“A”系列，单击【向下】箭头，移至最后，然后单击项目“B”，同样单击向下的箭头，移至项目“A”前面，单击【确定】按钮，如图 2-109 所示，此方法适合项目数较少的情况。

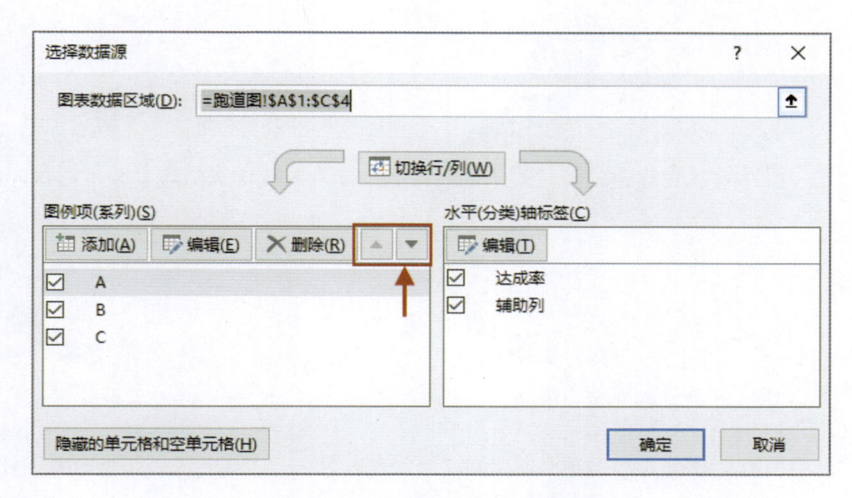

图 2-109　【选择数据源】对话框

STEP 04　美化图表

1) 设置圆环颜色：设置三个圆环填充色为绿色（RGB：54，188，155），设置完成后的效果如图 2-110 所示。

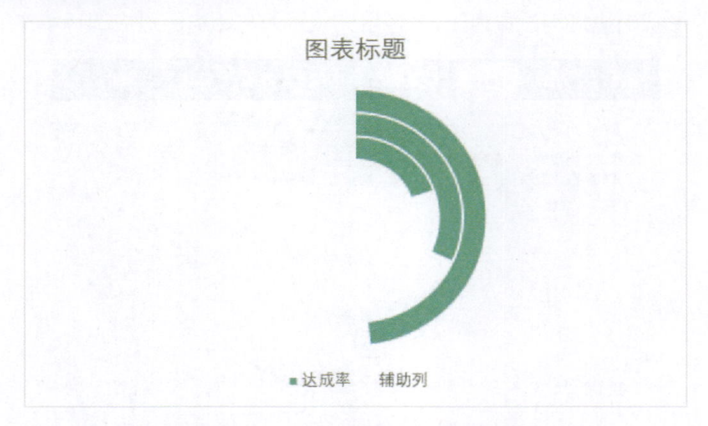

图 2-110　跑道图绘制过程 5

2) 添加数据标签：选中任意圆环，单击鼠标右键，从快捷菜单中选择【添加数据标签】，将达成率标签字体设置为“微软雅黑”，字号设置为“14”并选中“加粗”，字体颜色设置为绿色（RGB：54，188，155），将三个标签分别拖至对应圆环尾部。如出现引导线，可将其删除。将隐藏圆环部分的数据标签选中并按 Delete 键删除，设置完成后的效果如图 2-111 所示。

3) 删除图表多余元素：删除“图表标题”“图例”，将图表区和绘图区的边框和填充均设置为无，设置完成后的效果如图 2-112 所示。

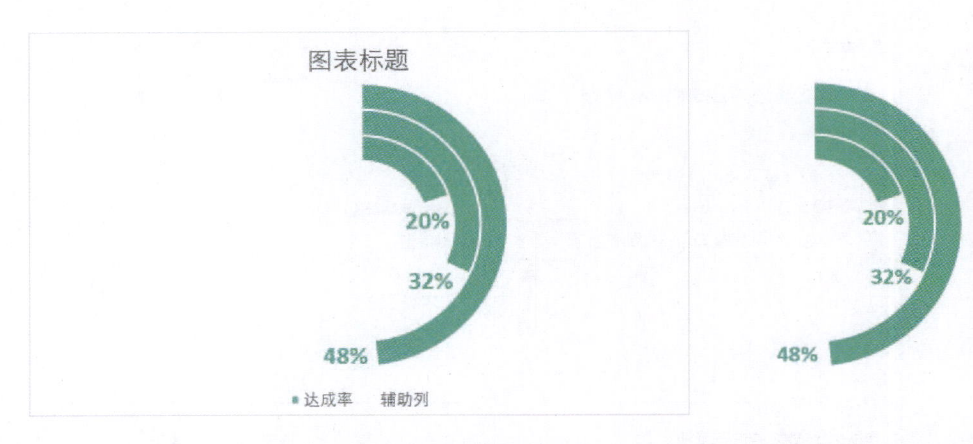

图 2–111　跑道图绘制过程 6　　　　图 2–112　跑道图绘制过程 7

4) 添加项目标签：

① 绘制项目标签形状：单击【插入】选项卡，在【插图】组中，单击【形状】并选中【矩形】里面的“矩形”形状，如图 2-113 所示。以同样的操作再次插入【基本形状】中的等边“三角形”形状，将“矩形”和“三角形”两个形状的边框均设置为无，颜色填充设置为与跑道图对应圆环填充的颜色一致。

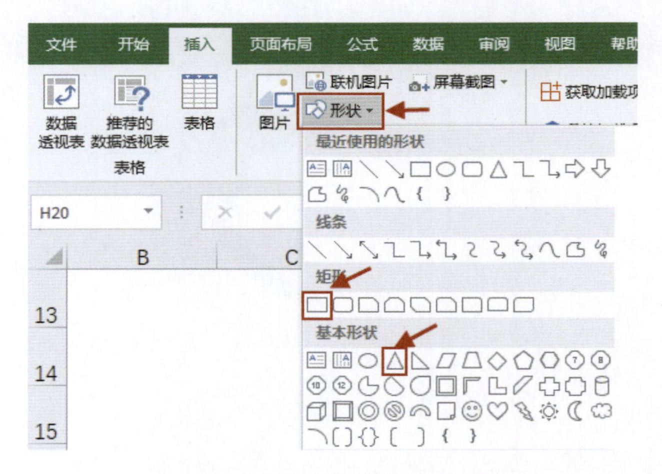

图 2–113　【形状】选项

② 将“矩形”和“三角形”形状组合在一起：调整“三角形”形状的角度，使“三角形”左侧与矩形齐平，“三角形”顶点朝水平右侧，按图 2-101 所示项目标签摆放。然后按住 Shift 键，依次单击“矩形”“三角形”，选中两个形状后，在【格式】选项卡【排列】组中单击【组合】，如图 2-114 所示，最后选中“矩形”，单击鼠标右键，从快捷菜单中选择【编辑文字】，输入“A”。

③ 单击项目标签“A”，字体设置为“微软雅黑”，字号设置为“11”并选中“加粗”，字体颜色设置为白色。复制刚制作好的项目标签“A”，粘贴两次，分别将标签改为“B”和“C”，如图 2-115 所示。

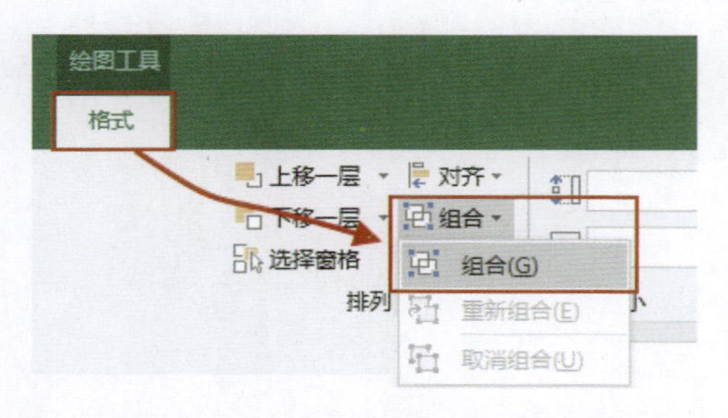

图 2–114 【格式 – 组合】菜单项

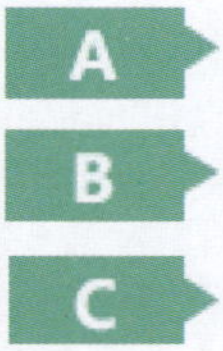

A
B
C

图 2–115 跑道图绘制过程 8

④ 将绘制好的项目标签拖动到合适的位置，最后将项目标签和图表组合到一起，最终效果如图 2-101 所示。

Mr. 林：好了，一张跑道图就完成了。

小白：真棒！

2.9 飞机图

Mr. 林：小白，接下来教你一个我非常喜欢使用的展示 KPI 达成情况的信息图——飞机图。如图 2-116 所示，飞机图很有一种销售冲刺的感觉，简单直观。

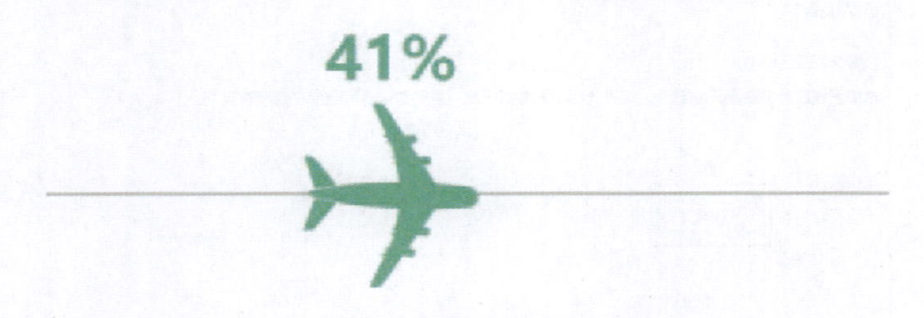

图 2–116 飞机图示例

小白：嗯，确实很酷。可是我一点也没看出来它的基础图表是什么。

Mr. 林：飞机图其实非常容易绘制，它使用的基础图表是散点图，下面我们一起来学习在 Excel 中绘制飞机图。

STEP 01 数据准备

根据销售人员的实际达成情况，算出达成率，如图 2-117 所示。

STEP 02 绘制基础图表

绘制散点图，选择表中 A2 单元格数据，单击【插入】选项卡，在【图表】组中单击【插入散点图或气泡图】中的【散点图】，生成的图表如图 2-118 所示。

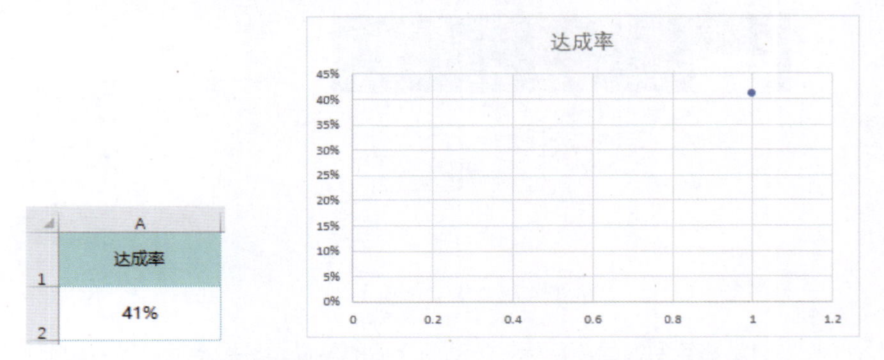

图 2-117　公司某销售人员 KPI 达成率数据　　　图 2-118　飞机图绘制过程 1

STEP 03 图表处理

Mr. 林：小白，通过图 2-118 所示的散点图可以发现散点的纵坐标值是 41%，而飞机图应该是飞机越往前达成率越高，跟高度无关，如何将散点落在 *X* 轴上呢？

小白挠了挠头，吐了吐舌头说：这个我也不知道，还请 Mr. 林指教。

Mr. 林：将横、纵坐标值调整一下就 OK 了，具体步骤如下：

用鼠标右键单击图表，从快捷菜单中选择【选择数据】，在弹出的【选择数据源】对话框中，单击选中“达成率”系列，然后单击【编辑】，如图 2-119 所示。

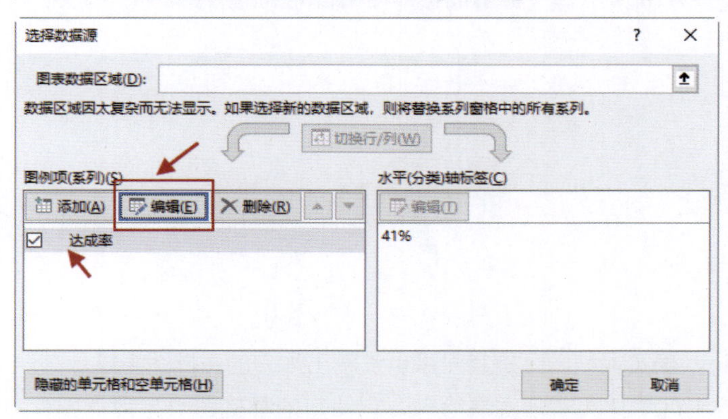

图 2-119　【选择数据源】对话框

在弹出的【编辑数据系列】对话框中，【系列名称】不变，【X 轴系列值】选择“达成率”值所在的单元格 A2，【Y 轴系列值】更改为“0”，单击【确定】按钮，如图 2-120 所示。

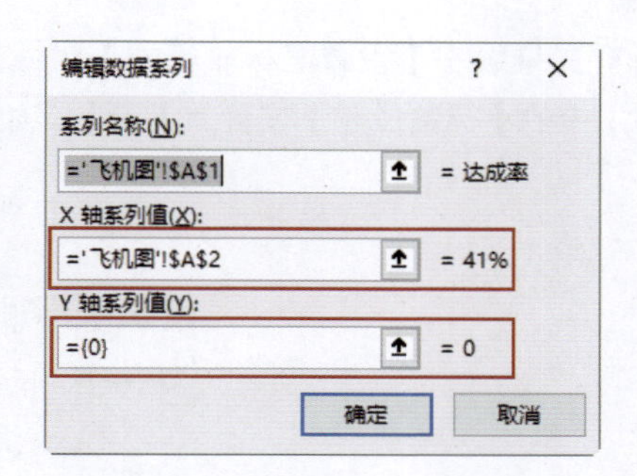

图 2-120　【编辑数据系列】对话框

这时我们可以看到“达成率”的散点落在了 *X* 轴上，横坐标值就等于达成率，设置完成后的效果如图 2-121 所示。

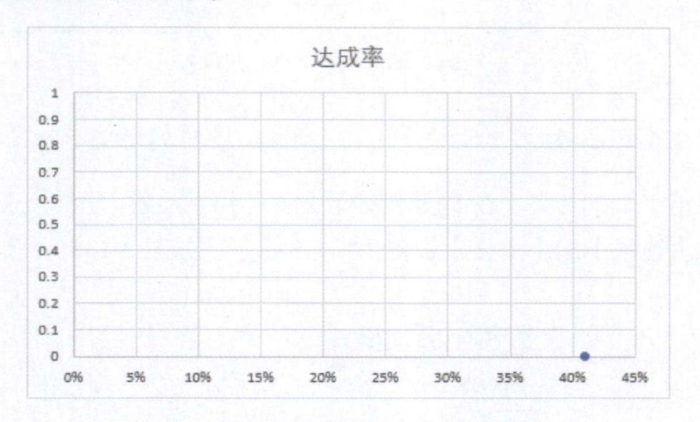

图 2-121　飞机图绘制过程 2

STEP 04　美化图表

1) 删除多余的元素，按 Delete 键删除“图表标题”“网格线”“*Y* 轴”，将图表区和绘图区的边框和填充均设置为无，设置完成后的效果如图 2-122 所示。

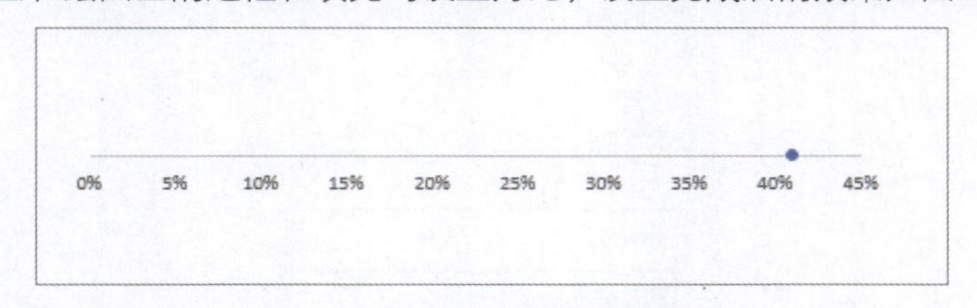

图 2-122　飞机图绘制过程 3

2) 调整 *X* 轴，直接利用 *X* 轴绘制飞机飞行轨迹。

① 将 *X* 轴的最大值调整为 100%：用鼠标右键单击横坐标轴，从快捷菜单中选择【设置坐标轴格式】，在弹出的【设置坐标轴格式】对话框的【坐标轴选项】区域，将【边界】的【最大值】更改为“1”，如图 2-123 所示。

② 隐藏 X 轴标签：继续在【设置坐标轴格式】对话框的【坐标轴选项】区域将【标签】中的【标签位置】设置为【无】，如图 2-124 所示。

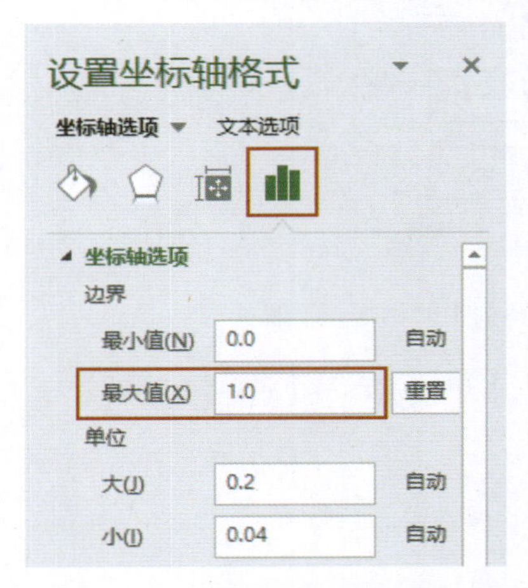

图 2-123 【设置坐标轴格式】对话框 1

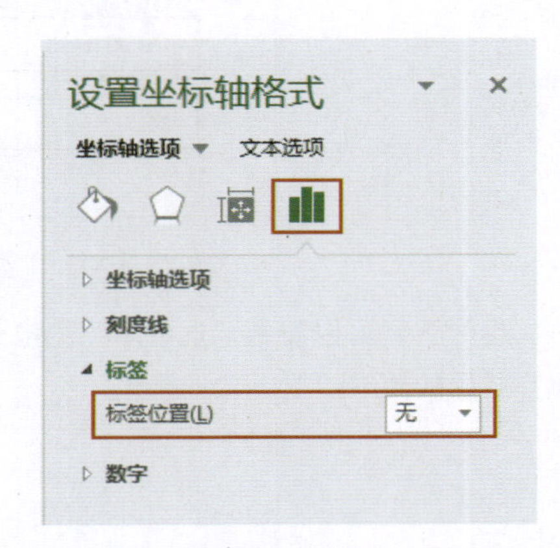

图 2-124 【设置坐标轴格式】对话框 2

③ 加粗 X 轴的线条：在【设置坐标轴格式】对话框中切换至【填充与线条】，将【线条】的【宽度】设置为“1.5 磅”，如图 2-125 所示。

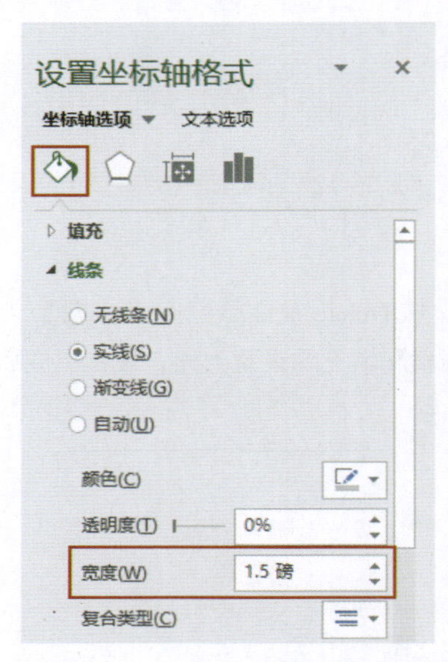

图 2-125 【设置坐标轴格式】对话框 3

STEP 05 图标素材与图表组合

1) 准备飞机图标素材，设置填充颜色为绿色（RGB：54，188，155），如图 2-126 所示。

图 2–126　飞机图素材

2)　复制飞机图标素材，粘贴替换图中小圆点，设置完成后的效果如图 2-127 所示。

图 2–127　飞机图绘制过程 4

小白: 咦？这个飞机有部分被遮住了，无论我怎么拖、拉图表都没用，这该怎么办？

Mr. 林: 这是因为绘图区部分被图表区遮住了，选中绘图区，如图 2-128 所示，单击绘图区任意一个角原点并向绘图区中央拖，缩小绘图区区域，飞机图标就露出来啦，设置完成后的效果如图 2-129 所示。

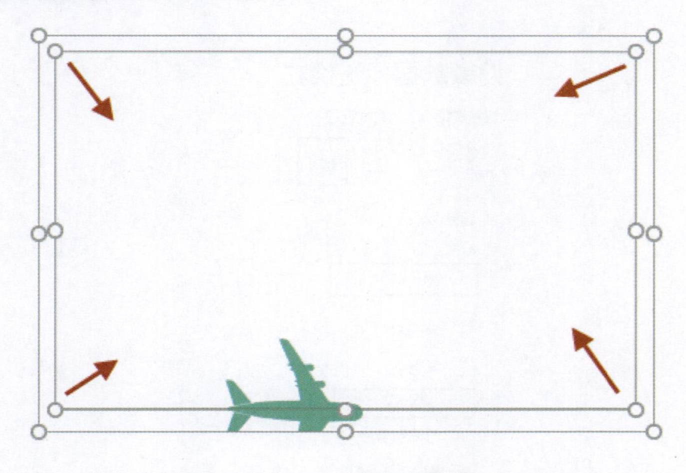

图 2–128　飞机图绘制过程 5

图 2–129　飞机图绘制过程 6

3) 添加数据标签：用鼠标右键单击飞机，从快捷菜单中选择【添加数据标签】，然后用鼠标右键单击选择刚添加的数据标签，在弹出的【设置数据标签格式】对话框的【标签选项】区域将【标签位置】选为【靠上】，设置完成后的效果如图 2-130 所示，数值显示是“0”。

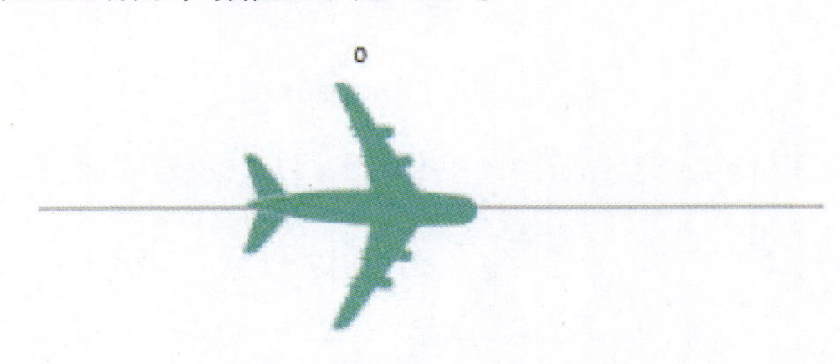

图 2-130　飞机图绘制过程 7

这是因为 XY 散点图默认显示的是 *Y* 轴数值，这时可以使用【单元格中的值】重新设置显示的数值标签：继续在【设置数据标签格式】对话框【标签选项】下勾选【单元格中的值】复选框，在弹出的【数据标签区域】选择“达成率”所在单元格 A2，单击【确定】按钮，接下来去除勾选【Y 值】复选框，如图 2-131 所示，数据标签的值就设置好了。

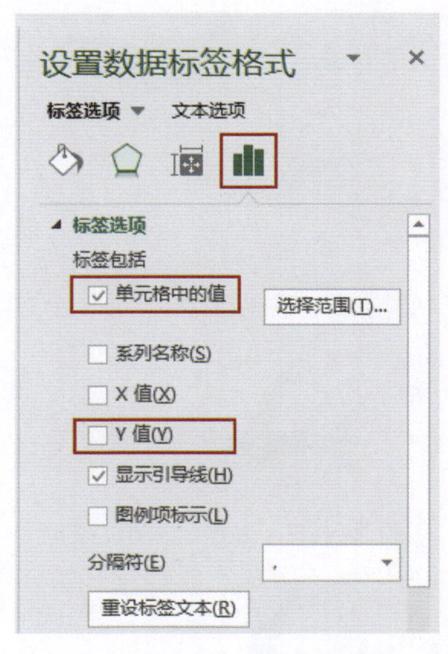

图 2-131　【设置数据标签格式】对话框

最后将标签字体设置为“微软雅黑”，字号设置为“28”并选中“加粗”，字体颜色设置为绿色（RGB：54，188，155），设置完成后的效果如图 2-116 所示。

Mr. 林：好啦，一张飞机图就绘制完成了，是不是一点都不难呢？

小白：经您这么一介绍，确实不难。

2.10　本章小结

Mr. 林：小白，今天主要介绍了常见的 KPI 达成分析类信息图的绘制方法，我们一起来回顾一下今天所学的主要内容：

1) KPI 达成分析常用的基础图表以柱形图、条形图、圆环图为主。
2) 介绍了柱子重叠的技巧、图形【层叠并缩放】的功能使用、巧用【单元格中的值】功能设置数据标签等方法。
3) 介绍了美化图表的基本步骤，如去除图表标题、网格线、将图表区和绘图区的边框和填充均设置为无，调整字体、字号、颜色等。
4) 介绍了图标素材与基础图表组合技巧，手工制作项目标签的方法。

小白：原来这些绘制精良、令人赏心悦目而又极其专业的信息图表，在 Excel 中就能轻松绘制，而且使用的技巧都很简单，真的太好了。

Mr. 林: 再简单的技巧也需要反复练习，离你越近的地方，路途越远。最简单的音调，需要最艰苦的练习！快动起手来吧！

第3章

对比分析

小白学习了 KPI 达成分析类的信息图后，在上个月的经分报告（经营分析报告的简称）中使用手机图和滑珠图展示了公司 KPI 的完成情况，牛董看完报告后感觉清晰直观有趣，表扬了小白。

小白开心极了，迫不及待地来到 Mr.林办公桌前告诉他： Mr. 林，谢谢您！我将您教的信息图用在了经分报告上，牛董还夸我呢！现在继续来学习其他信息图的绘制。

Mr. 林开心地说： 真高兴你这么快就学以致用了，那我们今天来学习一下对比分析类的信息图是怎么绘制的。

对比分析，也称为比较分析，它是指将两个或者两个以上的数据进行比较，分析它们的差异，从而揭示事物发展变化和规律性。从对比分析可以非常直观地看出事物某方面的变化或差距，并且可以准确、量化地表示出这种变化或差距是多少。

对比分析常见的信息图有手指饼图、箭头图、排行图、山峰图、小人对比图和雷达图等，可以根据实际需要选择相应的图形。

3.1　手指饼图

Mr. 林： 小白，我们先来学习手指饼图，顾名思义，它是由类似“手指饼干”的柱子组成的，通过手指饼干的高度呈现、对比数据的大小，如图 3-1 所示。

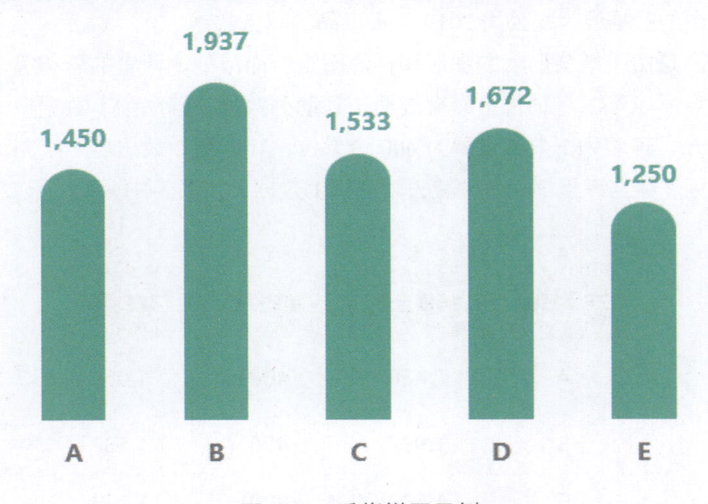

图 3–1　手指饼图示例

小白： 哇，这个手指饼图虽然只是在柱形图上稍微做了一下美化，但是比呆呆的柱形图就生动有趣多了。

Mr. 林： 是的，这个手指饼图绘制起来也很简单，我们先将它拆分还原，方便我们了解其构成，如图 3-2 所示。

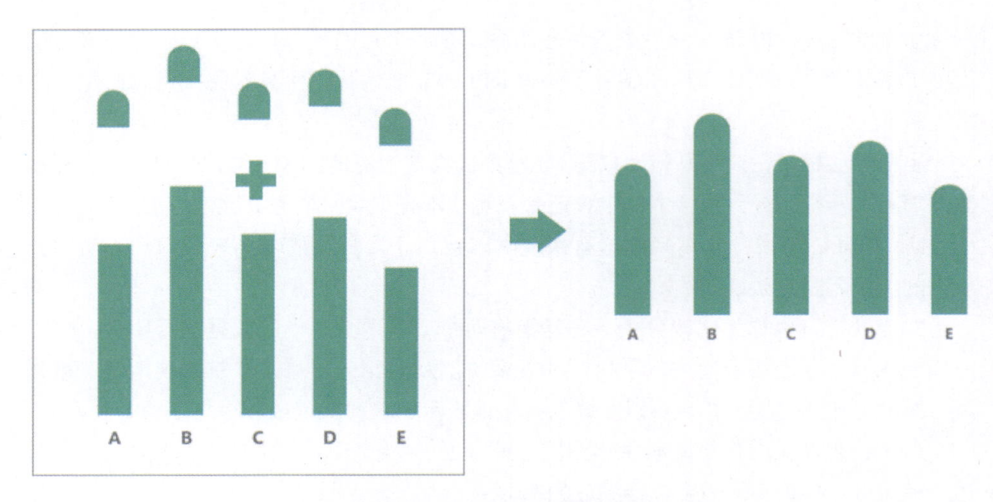

图 3-2　手指饼图的拆分还原

小白： 上面的手指头和下面的柱子堆起来就可以啦。

Mr. 林： 嗯，是的，这个手指饼图的基础图表是堆积柱形图。下面我们一起来学习在 Excel 中如何绘制手指饼图。

STEP 01　数据准备

手指饼图的数据源为某公司 2019 年各产品的销售数据。

手指饼图是由手指头形状的图形和柱形图组合而成的，两者的总和等于对应产品的销售金额，所以可以将销售金额拆成两个辅助列数据，辅助列 1 数据用于绘制上面的手指头部分，辅助列 1 数据设置为 400 个单位，辅助列 2 数据用于绘制下面的柱形部分，辅助列 2 数据等于销售金额减去辅助列 1 数据，如图 3-3 所示。

	A	B	C	D
1	产品名称	销售金额	辅助列1	辅助列2
2	A	1,450	400	1,050
3	B	1,937	400	1,537
4	C	1,533	400	1,133
5	D	1,672	400	1,272
6	E	1,250	400	850

图 3-3　某公司 2019 年各产品的销售数据

STEP 02 绘制基础图表

绘制堆积柱形图，先选中 A1:A6 单元格区域数据，然后按住 Ctrl 键，再选中 C1:D6 单元格区域数据，单击【插入】选项卡，在【图表】组中单击【插入柱形图或条形图】中的【堆积柱形图】，生成的图表如图 3-4 所示。

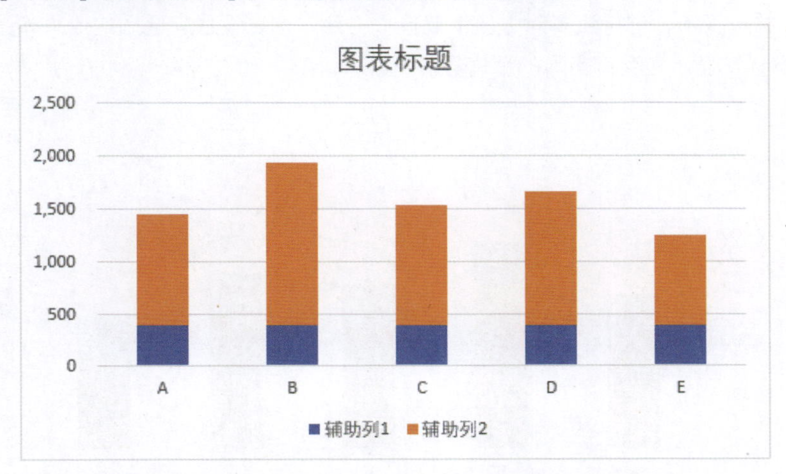

图 3-4 手指饼图绘制过程 1

STEP 03 图表处理

通过【选择数据】对话框调整“辅助列 1”系列与“辅助列 2”系列顺序，使“辅助列 1”系列柱子处于“辅助列 2”系列柱子上方。然后用鼠标右键单击“辅助列 1”，从快捷菜单中选择【数据标签】下的【数据标签】，以添加数据标签，设置完成后效果如图 3-5 所示。

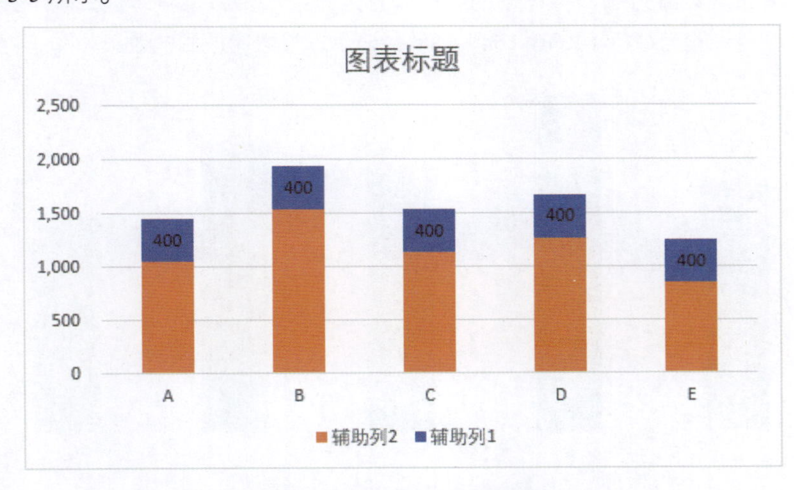

图 3-5 手指饼图绘制过程 2

Mr. 林：小白，“辅助列 1”的数据标签显示的值都是“400”，要显示各项目实际的销售额，还记得怎么操作吗?

小白: 这个我会，通过【设置数据标签格式】对话框【标签选项】中的【单元格中的值】进行设置。

Mr. 林：没错，记得还要对【值】复选框去除勾选，设置完成后的效果如图 3-6 所示，数据标签显示各项目实际的销售额。

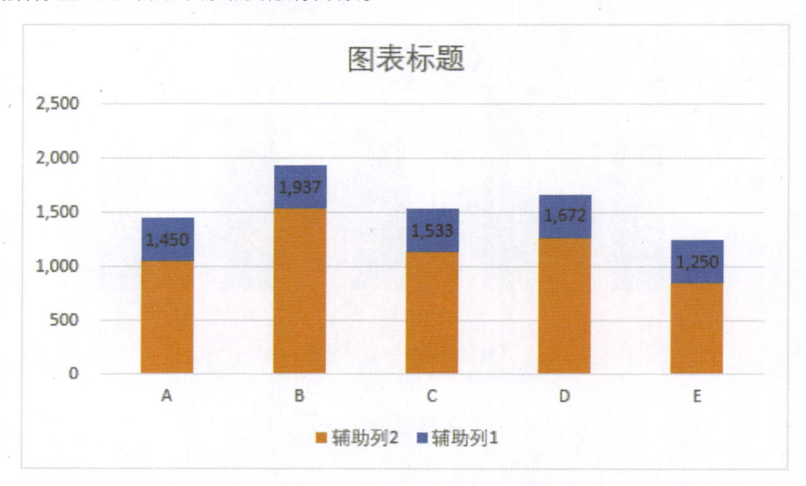

图 3–6　手指饼图绘制过程 3

STEP 04　美化图表

1) 删除“图表标题”“图例”“网格线”“*Y* 轴”，将图表区和绘图区的边框和填充均设置为无，将 *X* 轴的线条设置为无线条，将“辅助列 2”的柱子填充颜色设置为绿色（RGB：54，188，155），设置完成后的效果如图 3-7 所示。

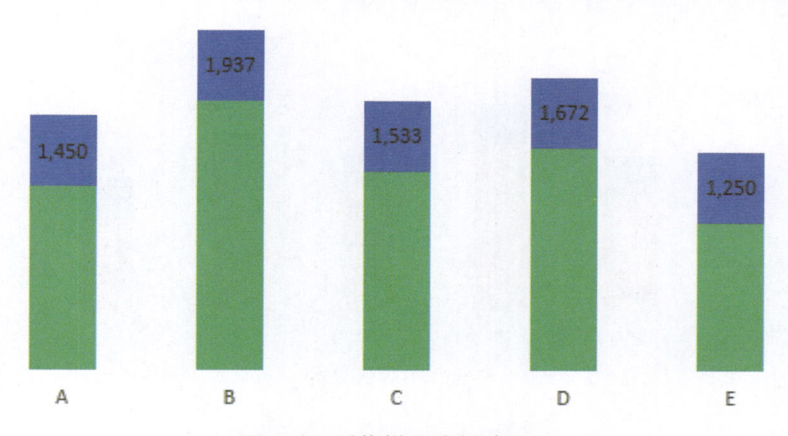

图 3–7　手指饼图绘制过程 4

2) 设置数据标签、X 轴标签字体：设置数据标签、X 轴标签字体为“微软雅黑”，字号为“12”并选中“加粗”，将 X 轴标签字体颜色设置为深灰色（RGB：127，127，127），将数据标签字体颜色设置为绿色（RGB：54，188，155），将各个柱子的数据标签拖动至蓝色柱子上方，设置完成后的效果如图 3-8 所示。

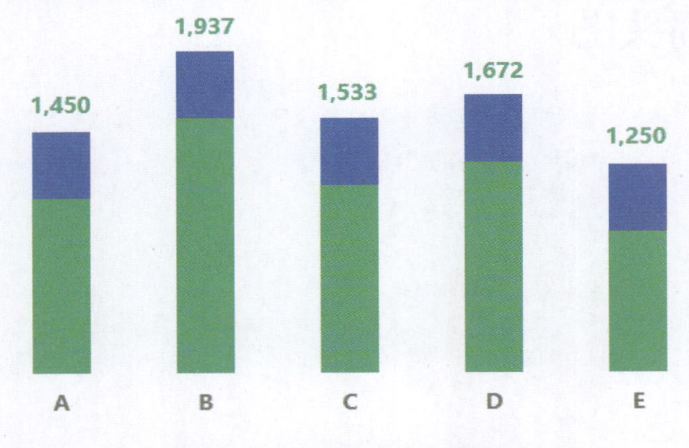

图 3-8　手指饼图绘制过程 5

STEP 05　图标素材与图表组合

1) 准备一个手指头图标素材用于替换“辅助列 1”柱子，将填充色设置为绿色（RGB：54，188，155），设置完成后的效果如图 3-9 所示。
2) 按“Ctrl+C”快捷键复制手指头图标素材，单击选中“辅助列 1”系列柱子，按“Ctrl+V”快捷键粘贴，手指饼图就绘制完成了，如图 3-10 所示。

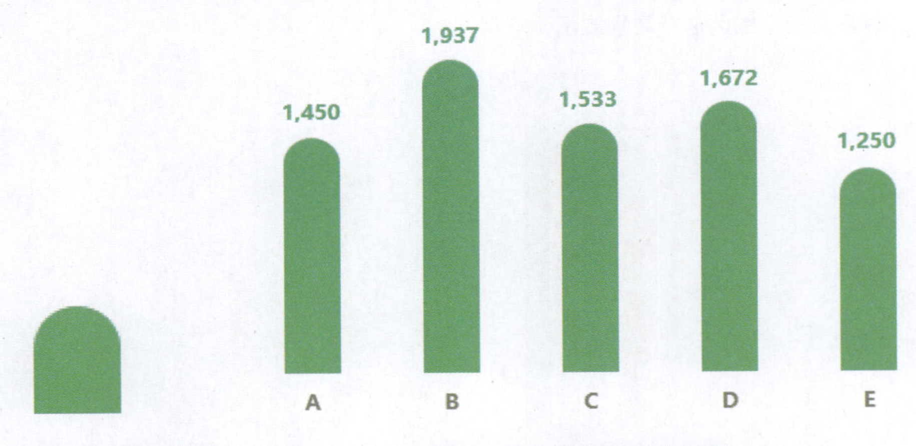

图 3-9　手指头素材

图 3-10　手指饼图绘制过程 6

小白擦了口水后说：好像抹茶味的手指饼，好想咬一口，哈哈！

Mr. 林笑道：你这个小吃货，在这提醒一点，如果数值太小，无法放置辅助列的手指头，那么这个时候就不建议使用手指饼图进行展示了。

小白：好的。

3.2 箭头图

Mr. 林：小白，手指饼图还可以绘制成箭头形状的柱形图，通过箭头高度对比数据的大小，因此称它为箭头图，如图 3-11 所示。

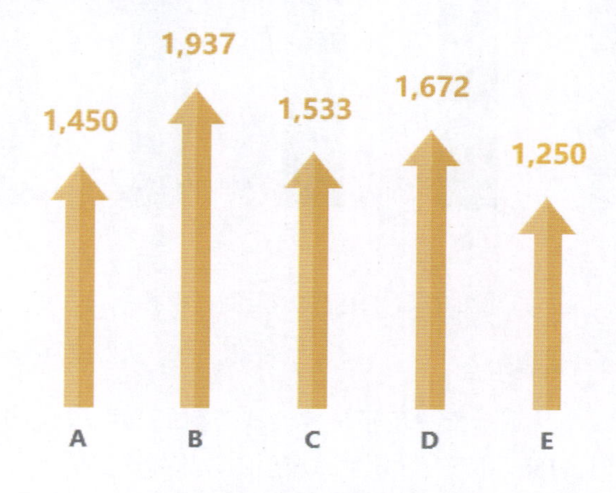

图 3-11 箭头图示例 1

我们还可以根据需要设置不同的颜色，如图 3-12 所示，这个箭头图中对数值最大的 B 项目用了绿色进行区别展示，非常直观。

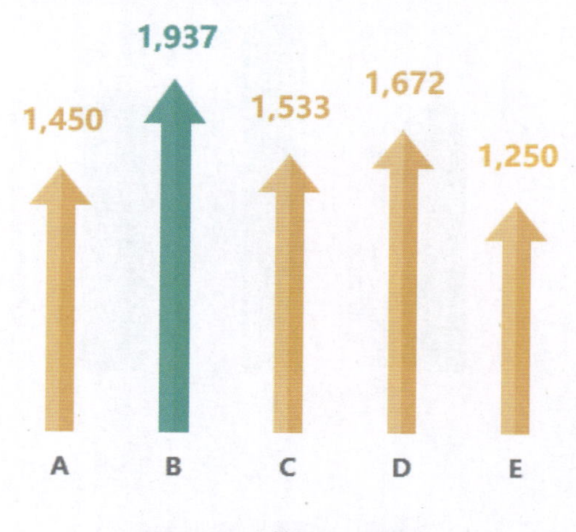

图 3-12 箭头图示例 2

接下来我们一起学习在 Excel 中绘制箭头图，先来拆分还原一下，如图 3-13 所示。

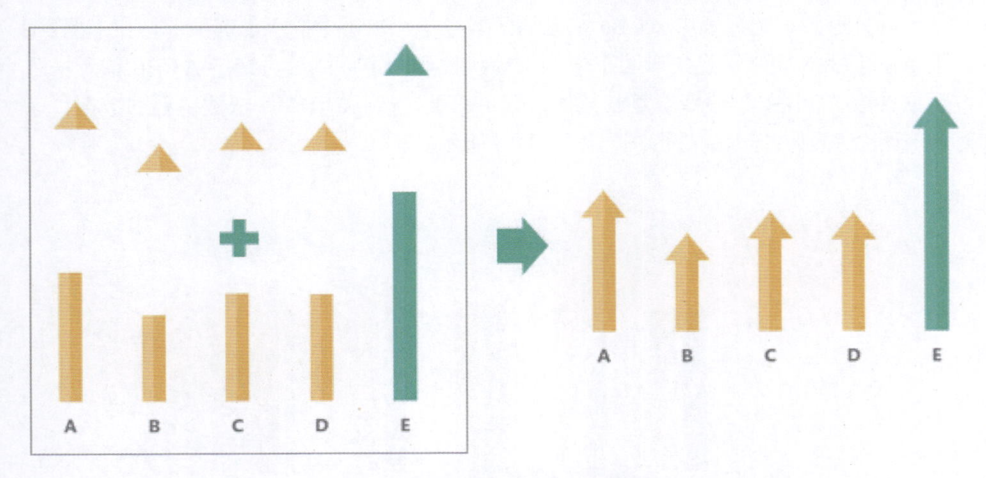

图 3-13　箭头图拆分还原

小白：果然，拆分后的箭头图和手指饼图非常类似，箭头图是由三角形和柱形组合而成的。

Mr. 林：没错，这个类型的信息图除了可以用堆积柱形图作为基础图表外，还可以使用线柱图作为基础图表。刚介绍的手指饼图就是用堆积柱形图绘制的，现在我们就来学习如何用线柱图绘制箭头图。

STEP 01　数据准备

我们继续使用手指饼图的数据作为箭头图绘制的数据源，如图 3-14 所示，本例不需要使用辅助列。

	A	B
1	项目名称	销售金额
2	A	1,450
3	B	1,937
4	C	1,533
5	D	1,672
6	E	1,250

图 3-14　某公司 2019 年各产品的销售数据

STEP 02 绘制基础图表

绘制柱形图，选择表中 A1:B6 单元格区域数据，单击【插入】选项卡，在【图表】组中单击【插入柱形图或条形图】中的【簇状柱形图】，然后再选中 A1:B6 单元格区域数据，按“Ctrl+C”快捷键复制数据，选中图表，按“Ctrl+V”快捷键粘贴数据，这时生成两个系列一样大的柱形图，如图 3-15 所示。

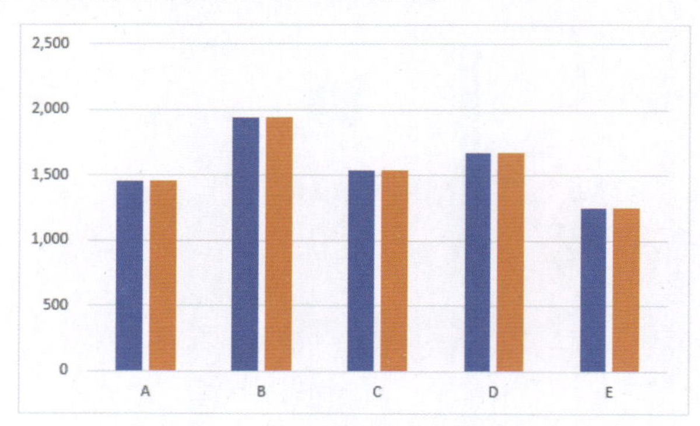

图 3-15 箭头图绘制过程 1

STEP 03 图表处理

1) 将其中一个系列柱形图更改为折线图：用鼠标右键单击任意柱子，从快捷菜单中选择【更改系列图表类型】，在弹出的【更改图表类型】对话框中，将橙色的“销售金额”系列的【图表类型】更改为【带数据标记的折线图】，单击【确定】按钮，如图 3-16 所示。

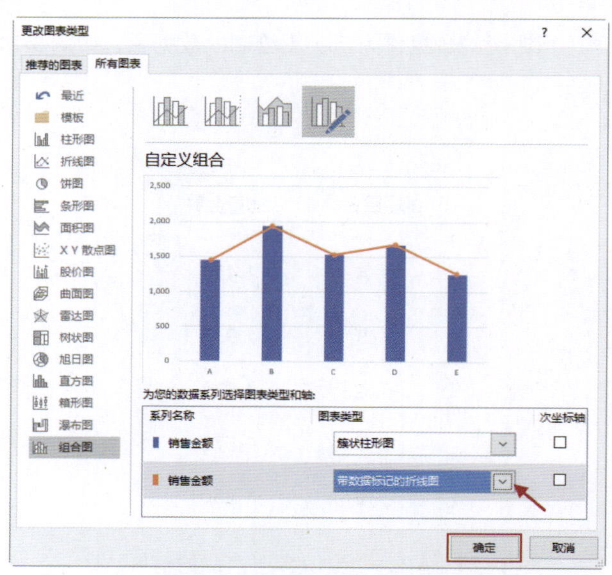

图 3-16 【更改图表类型】对话框

2) 用鼠标右键单击任意折线，从快捷菜单中选择【数据标签】中的【数据标签】，并设置【标签位置】为【靠上】，设置完成后的效果如图 3-17 所示。

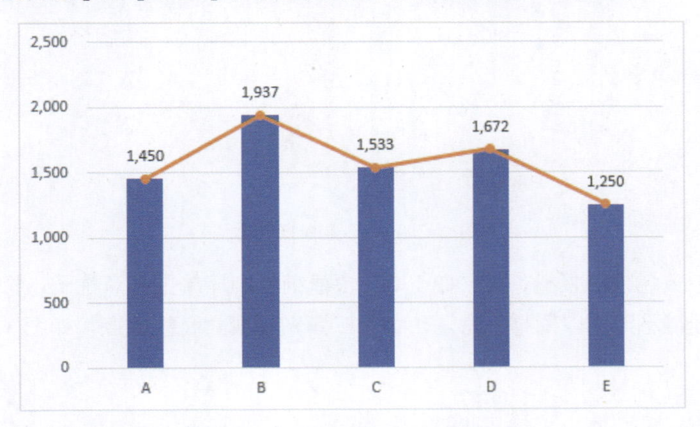

图 3–17　箭头图绘制过程 2

STEP 04　美化图表

删除“网格线”“*Y* 轴”，将图表区和绘图区的边框和填充均设置为无。将 *X* 轴、折线的线条设置为无线条。将 *X* 轴标签字体设置为“微软雅黑”，字号设置为“12”并选中“加粗”，字体颜色设置为深灰色（RGB：127，127，127）。将数据标签字体设置为“微软雅黑”，字号设置为“14”并选中“加粗”，设置完成后的效果如图 3-18 所示。

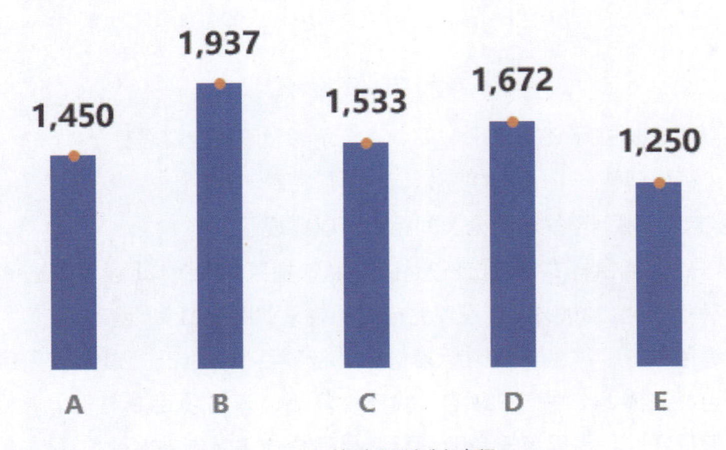

图 3–18　箭头图绘制过程 3

STEP 05　图标素材与图表组合

1) 准备好需要替换柱子和圆点的图标素材，如图 3-19 所示。

图 3-19　箭头图标素材

2) 选中黄色柱形素材，按“Ctrl+C”快捷键复制，单击任意柱子，按“Ctrl+V”快捷键粘贴，以同样的方法用黄色三角图标素材替换圆点，如图 3-20 所示。

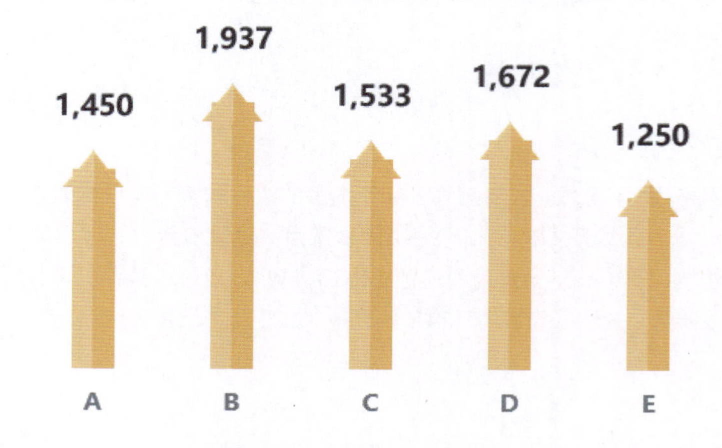

图 3-20　箭头图绘制过程 4

小白：咦？怎么柱子还露出来一点点，三角形没有完全覆盖柱子？

Mr. 林：稍微调整一下柱子的宽度，让柱子变窄一些。

小白抢着说：那调整柱子的分类间距就可以实现了。

Mr. 林：是的，用鼠标右键单击任意柱子，从快捷菜单中选择【设置数据系列格式】，设置【间隙宽度】为“300%”，设置完成后的效果如图 3-21 所示。

3) 用绿色柱形、绿色三角图标素材来替换项目 B，以凸显最大值项目 B：单击绿色柱形素材，按“Ctrl+C”快捷键复制，双击项目 B 柱子，按“Ctrl+V”快捷键粘贴。将绿色三角形图标素材同样使用复制粘贴的方法替换项目 B 柱子上的黄色三角形。最后将项目 B 的数据标签字体颜色设置为绿色（RGB：54，188，155），项目 A、C、D、E 的数字标签字体颜色设置为黄色（RGB：246，187，67），设置完成后的效果如图 3-22 所示。

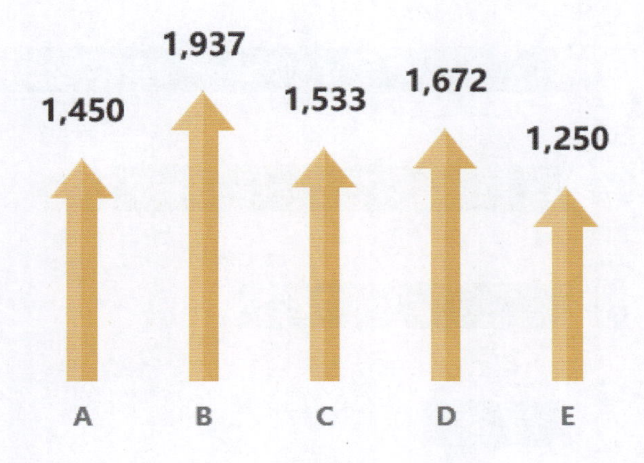

图 3-21　箭头图绘制过程 5

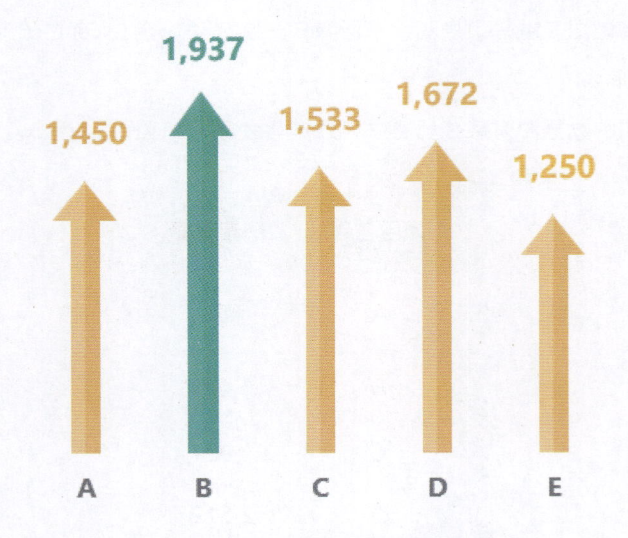

图 3-22　箭头图绘制过程 6

Mr. 林：好了，这个箭头图就绘制完成了。

3.3　排行图

Mr. 林：接下来将学习对比分析的第三个信息图——排行图。

排行图就是通过条形图与呈现内容相关的图标结合，让普通的条形图更加生动，看起来有一种排行榜的感觉，如图 3-23 所示。

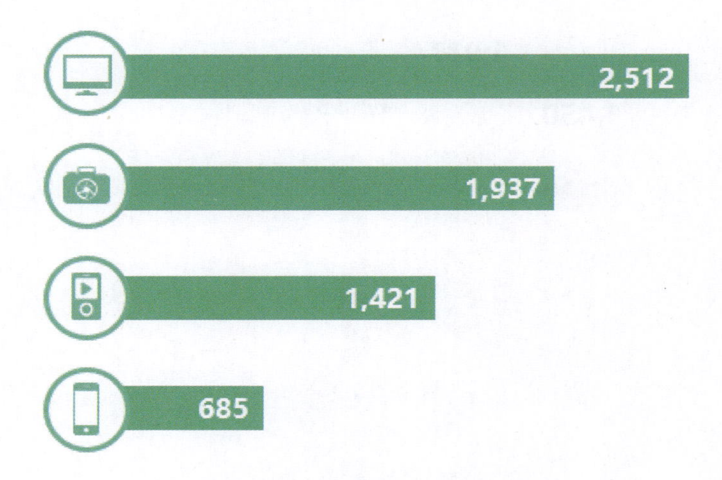

图 3-23　排行图示例

排行图的基础图表就是条形图，下面我们一起来学习在 Excel 中绘制排行图。

STEP 01　数据准备

绘制排行图的数据源为某公司各项目的销售金额，如图 3-24 所示。

	A	B
1	项目名称	销售金额
2	A	685
3	B	1,421
4	C	1,937
5	D	2,512

图 3-24　某公司各项目销售情况

STEP 02　绘制基础图表

绘制条形图，选择表中 A1:B5 单元格区域数据，单击【插入】选项卡，在【图表】组中单击【插入柱形图或条形图】中的【簇状条形图】，生成的图表如图 3-25 所示。

STEP 03　图表处理

用鼠标右键单击任意条形，从快捷菜单中选择【数据标签】中的【数据标签】，并设置【标签位置】为【数据标签内】，如图 3-26 所示。

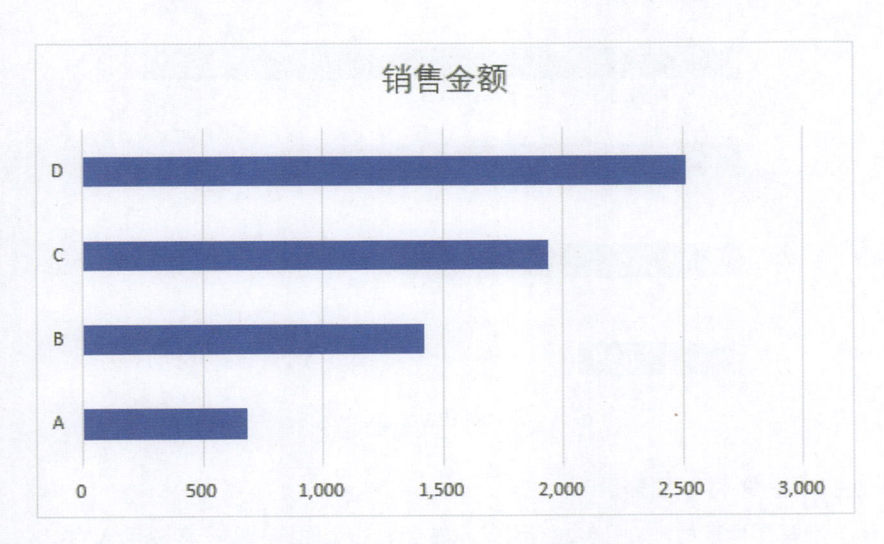

图 3-25　排行图绘制过程 1

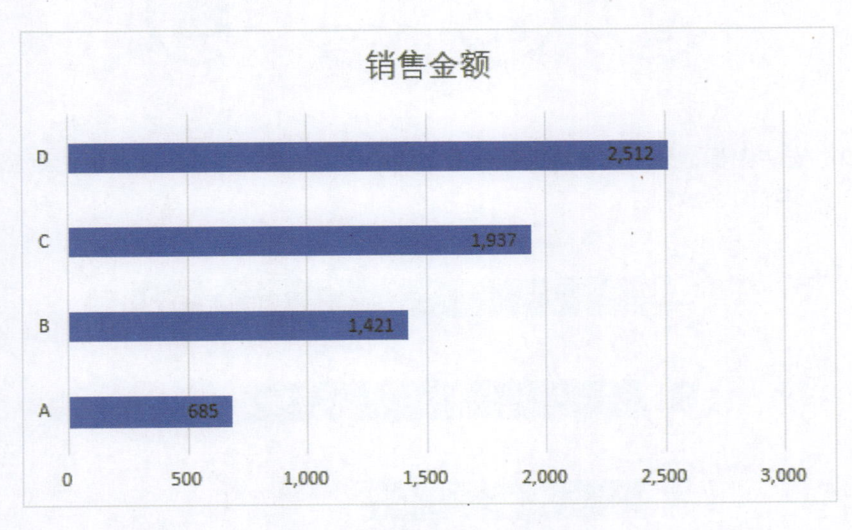

图 3-26　排行图绘制过程 2

STEP 04　美化图表

1) 删除“图表标题”“网格线”“*X* 轴”“*Y* 轴”，将图表区和绘图区的边框和填充均设置为无，将条形填充色设置为绿色（RGB：54，188，155）。

2) 将数据标签字体设置为“微软雅黑”，字号设置为“12”并选中“加粗”，字体颜色设置为白色，设置完成后的效果如图 3-27 所示。

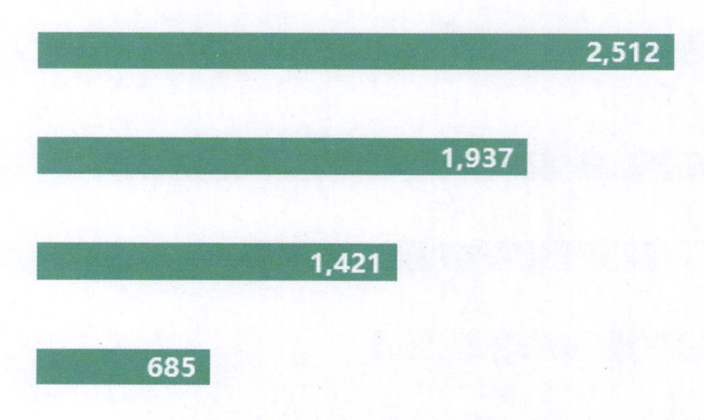

图 3-27　排行图绘制过程 3

STEP 05　图标素材与图表组合

1) 准备图标素材，如图 3-28 所示，从左到右四个图标分别代表项目 A、B、C、D。

图 3-28　图标素材

2) 选中图标，分别移至对应条形左侧边缘位置，然后将图标和条形图组合，效果如图 3-29 所示。

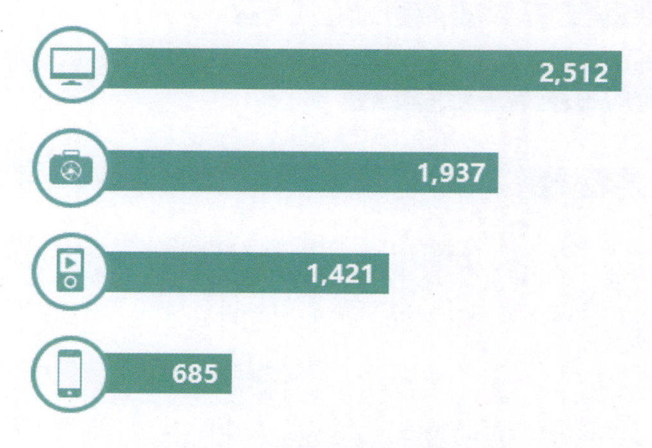

图 3-29　排行图绘制过程 4

Mr. 林：排行图就绘制好了。

小白：排行图绘制起来还是挺简单的。

3.4　山峰图

Mr. 林： 接下来将学习对比分析的第四个信息图——山峰图。

山峰图通过山峰的高度展示数据的大小。山峰图可以按数据大小进行排序。另外，在数据个数较少的情况下，也可以把最大的那个数据放中间，这样更直观形象，如图 3-30 所示。

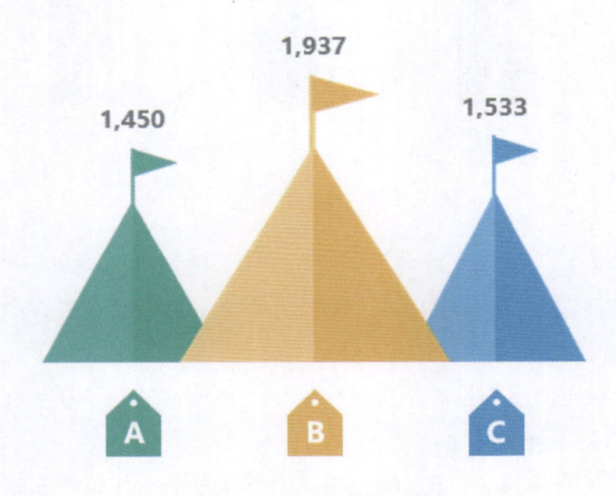

图 3–30　山峰图示例

山峰图的基础图表就是柱形图，柱形图绘制完成后，使用山峰形状的图标素材替换柱子即可。下面我们一起来学习在 Excel 中绘制山峰图。

STEP 01　数据准备

绘制山峰图的数据源为某公司 2019 年各项目的销售金额，如图 3-31 所示。

	A	B	C	D
1	项目名称	A	B	C
2	销售金额	1,450	1,937	1,533

图 3–31　某公司 2019 年各项目销售金额

STEP 02　绘制基础图表

绘制柱形图，选择表中 A1:D2 单元格区域数据，单击【插入】选项卡，在【图表】组中单击【插入柱形图或条形图】中的【簇状柱形图】，生成的图表如图 3-32 所示。

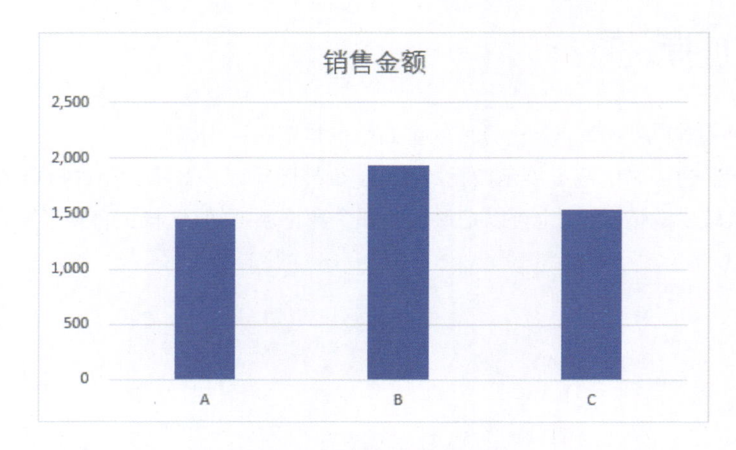

图 3-32　山峰图绘制过程 1

STEP 03　图表处理

小白：山峰图是重叠在一起的，而柱形图的柱子都是独立分开的，怎么设置才能让中间的柱子覆盖到其他柱子上面啊?

Mr. 林：这里需要使用的技能是次坐标轴，让 B 项目的柱子展示在次坐标轴上，A、C 项目的柱子展示在主坐标轴上。

1) 首先需要设置项目 A、B、C 为独立的数据系列：用鼠标右键单击图表，从快捷菜单中选择【选择数据】，在弹出【选择数据源】对话框中，单击【切换行/列】，单击【确定】按钮，如图 3-33 所示。

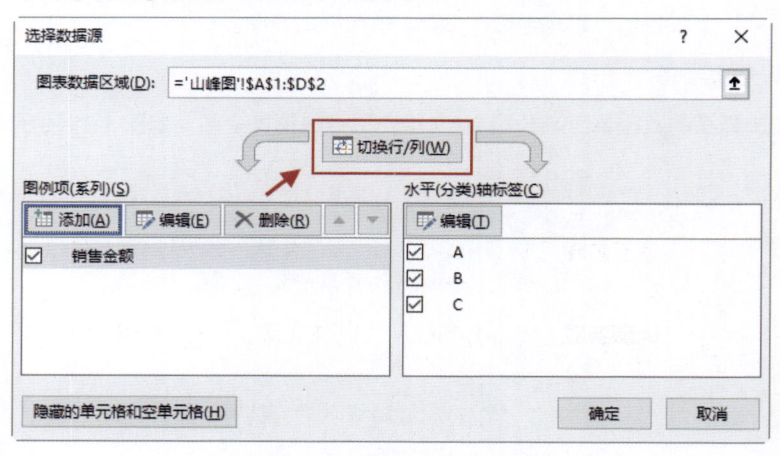

图 3-33　【选择数据源】对话框

2) 设置项目 B 为次坐标轴：用鼠标右键单击图表，从快捷菜单中选择【更改系列图表类型】，在弹出的【更改图表类型】对话框中，在 B 项目后勾选【次坐标轴】复选框，如图 3-34 所示。

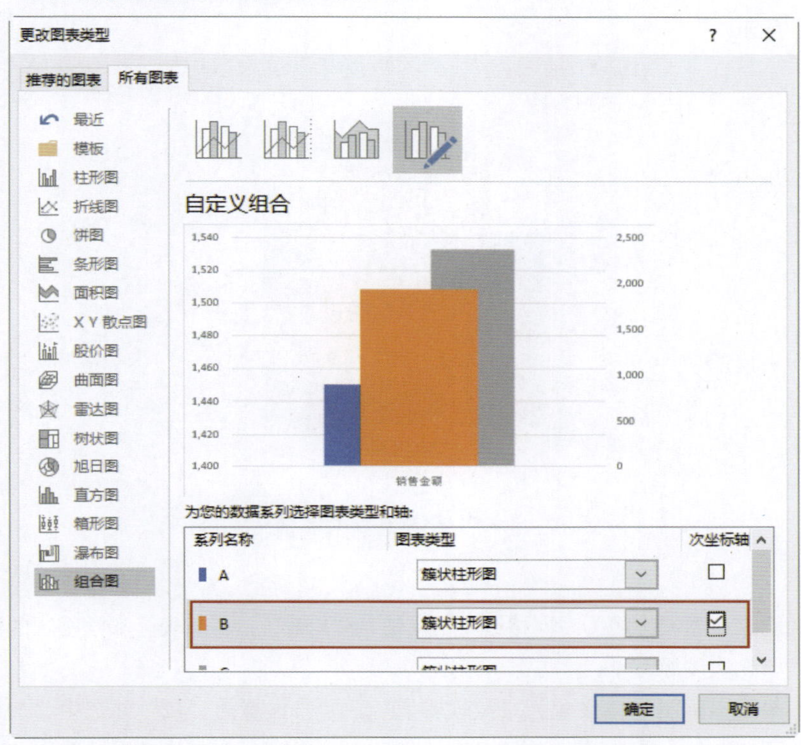

图 3–34　【更改图表类型】对话框

3) 调整主、次坐标轴的最大值、最小值范围，使主、次坐标轴的最大值、最小值范围一致，将主、次坐标轴的最大值调整成“2500”、最小值调整成“0”，设置完成后的效果如图 3-35 图示。

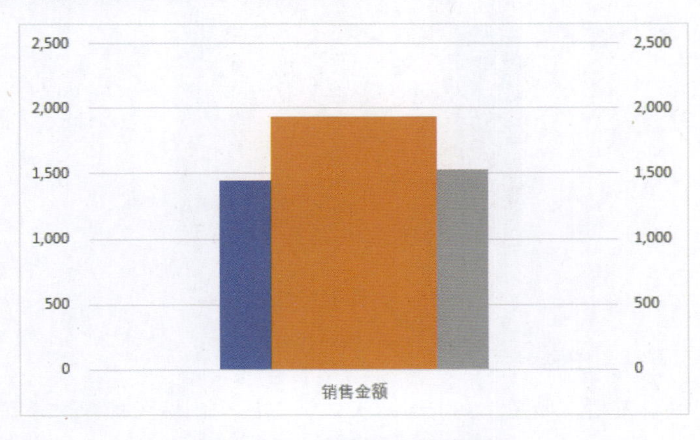

图 3–35　山峰图绘制过程 2

4) 分别添加项目 A、B、C 数据系列柱子的数据标签，设置完成后的效果如图 3-36 所示。

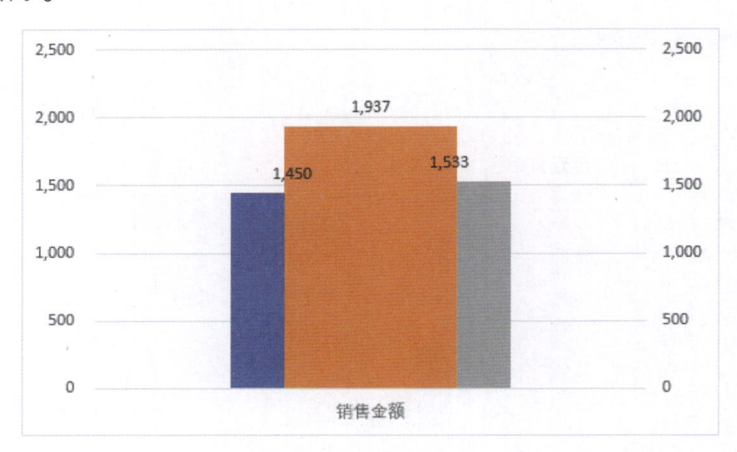

图 3-36 山峰图绘制过程 3

STEP 04 美化图表

1) 删除“图表标题”“网格线”“*X* 轴”“*Y* 轴”，将图表区和绘图区的边框和填充均设置为无。
2) 将数据标签字体设置为“微软雅黑”，字号设置为“12”并选中“加粗”，字体颜色设置为深灰色（RGB：127，127，127），设置完成后的效果如图 3-37 所示。

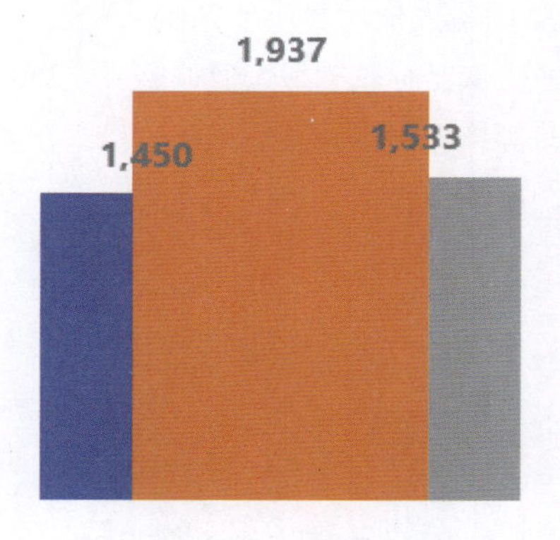

图 3-37 山峰图绘制过程 4

STEP 05 图标素材与图表组合

1) 准备图标素材，如图 3-38 所示，从左到右三个山峰图标素材分别用于替换项目 A、B、C。

图 3-38　山峰图标素材准备

2）使用准备好的三个山峰图标素材，分别通过复制、粘贴的方式依次替换 A、B、C 三个柱子，设置完成后的效果如图 3-39 所示。

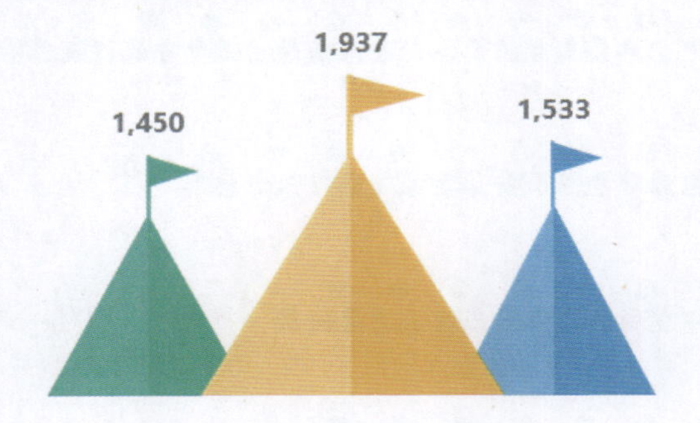

图 3-39　山峰图绘制过程 5

3）手工绘制项目标签，用长方形和三角形组合起来，然后填充与项目柱子对应的颜色，如图 3-40 所示，手工绘制项目标签的方法在第 2 章中已经详细介绍了，这里不再赘述。

4）将项目标签和图表组合起来，绘制完成的山峰图如图 3-41 所示。

图 3-40　山峰图绘制过程 6

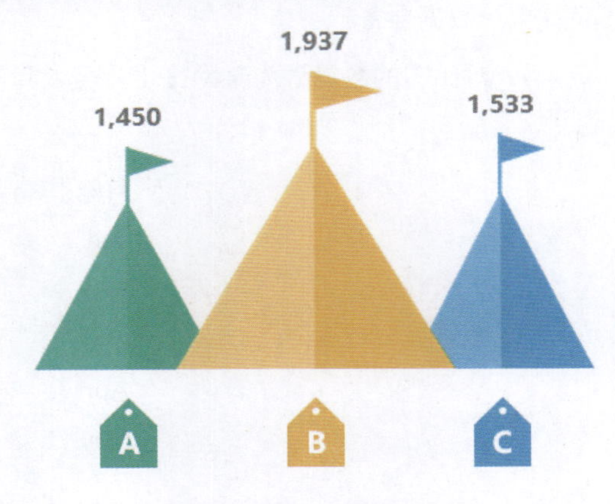

图 3-41　山峰图绘制过程 7

Mr. 林： 好了，一个山峰图就绘制完成了。

小白： 嗯嗯！山峰图绘制起来也挺简单的。

3.5 小人对比图

Mr. 林： 接下来将学习对比分析的第五个信息图，小人对比图，如图 3-42 所示。小人对比图通常在展现、对比用户数或人流量等情况下使用。

图 3-42　小人对比图示例

小白： 小人对比图的基础图表是条形图吧?

Mr. 林： 没错，下面我们一起来学习在 Excel 中绘制小人对比图。

STEP 01　数据准备

小人对比图的数据源为某网站 1 月至 5 月的浏览人次，如图 3-43 所示。

	A	B
1	月份	浏览人次
2	Jan	1,500
3	Feb	2,000
4	Mar	1,400
5	Apr	1,200
6	May	1,600

图 3-43　某网站 1 月至 5 月浏览人次

STEP 02　绘制基础图表

绘制条形图，选择表中 A1:B6 单元格区域数据，单击【插入】选项卡，在【图表】组中单击【插入柱形图或条形图】中的【簇状条形图】，生成的图表如图 3-44 所示。

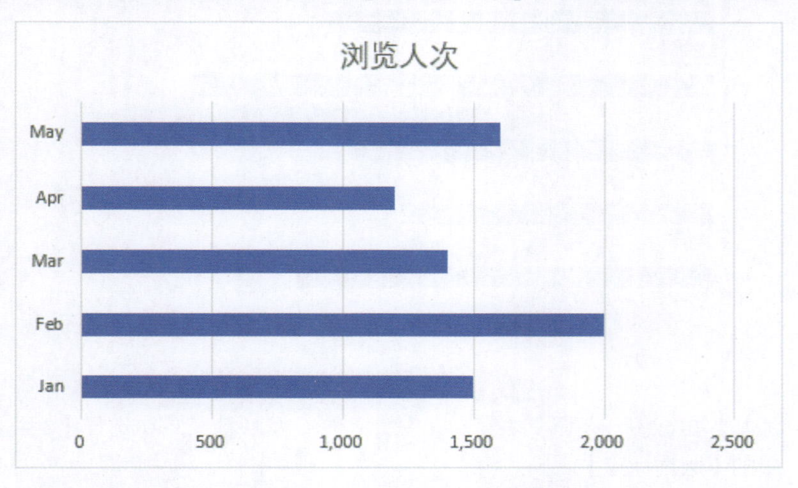

图 3-44　小人对比图绘制过程 1

STEP 03　图表处理

1) 调整月份顺序：用鼠标右键单击纵坐标轴，从快捷菜单中选择【设置坐标轴格式】，在弹出的【设置坐标轴格式】对话框的【坐标轴选项】中勾选【逆序类别】，如图 3-45 所示，设置好后的效果如图 3-46 所示。

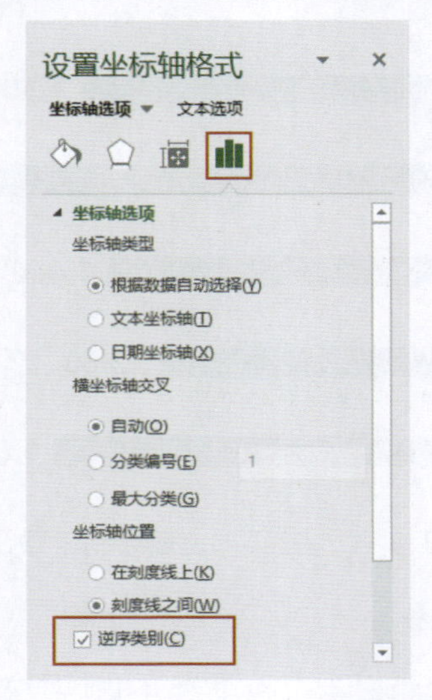

图 3-45　【设置坐标轴格式】对话框

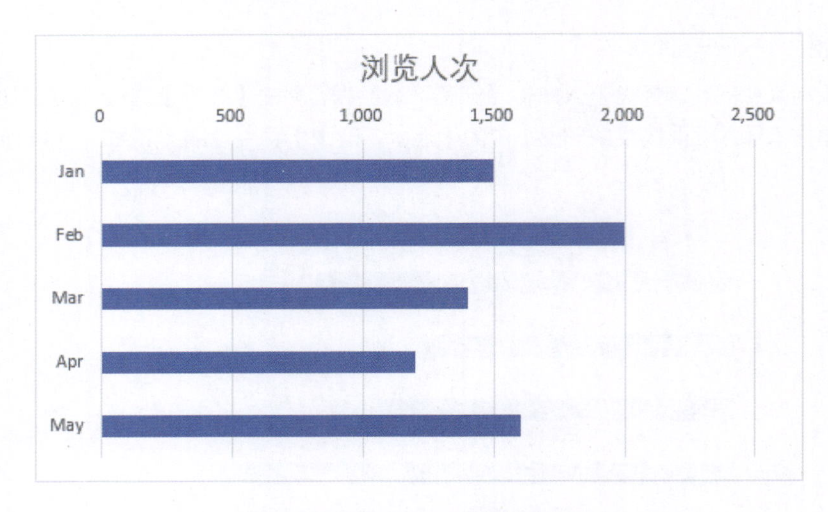

图 3-46　小人对比图绘制过程 2

2) 添加数据标签：用鼠标右键单击任意条形，从快捷菜单中选择【数据标签】中的【数据标签】。

STEP 04　美化图表

1) 删除“图表标题”“网格线”“*X* 轴”，将图表区和绘图区的边框和填充均设置为无。
2) 将数据标签、*X* 轴的标签字体设置为“微软雅黑”，字号设置为“14”并选中“加粗”，字体颜色设置为深灰色（RGB：127，127，127），设置完成后的效果如图 3-47 所示。

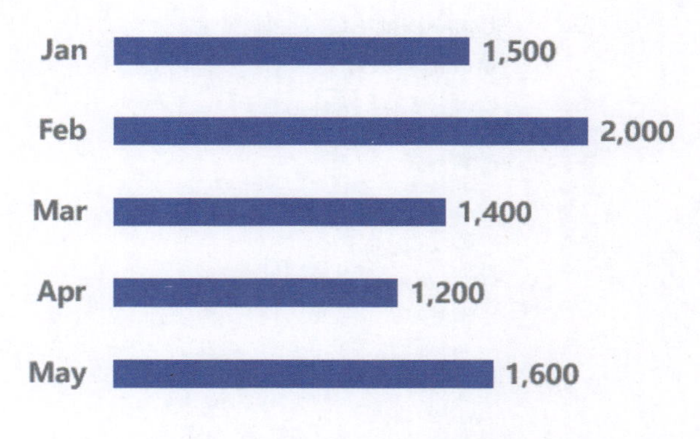

图 3-47　小人对比图绘制过程 3

STEP 05　图标素材与图表组合

1) 图标素材准备，如图 3-48 所示，准备好用于替换条形的小人图标，并设置填充色为绿色（RGB：54，188，155）。

2) 选中绿色小人图标素材，按“Ctrl+C”快捷键复制，然后选中图表任意条形，按“Ctrl+V”快捷键粘贴，设置完成后的效果如图 3-49 所示。

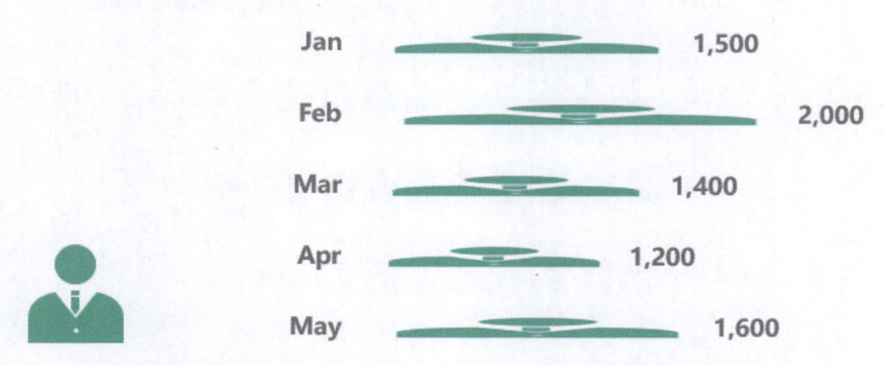

图 3-48　小人对比图图标素材　　　图 3-49　小人对比图绘制过程 4

3) 用鼠标右键单击任意条形，从快捷菜单中选择【设置数据系列格式】，在弹出的【设置数据系列格式】对话框【系列选项】中勾选【填充】下面的【层叠】，如图 3-50 所示。

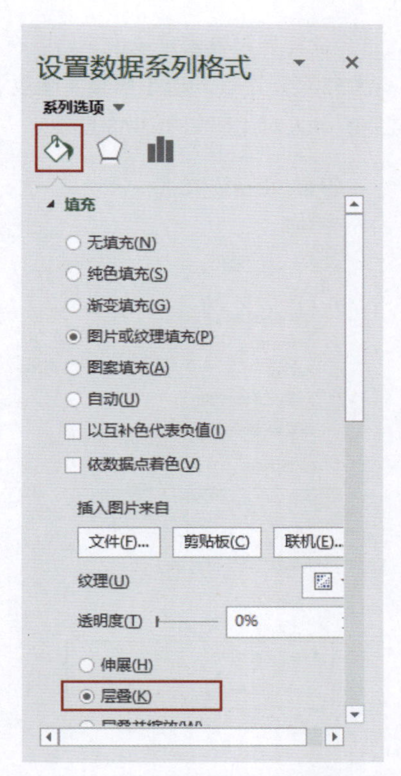

图 3-50　【设置数据系列格式】对话框

Mr. 林：好了，小人对比图就绘制完成了，如图 3-51 所示。

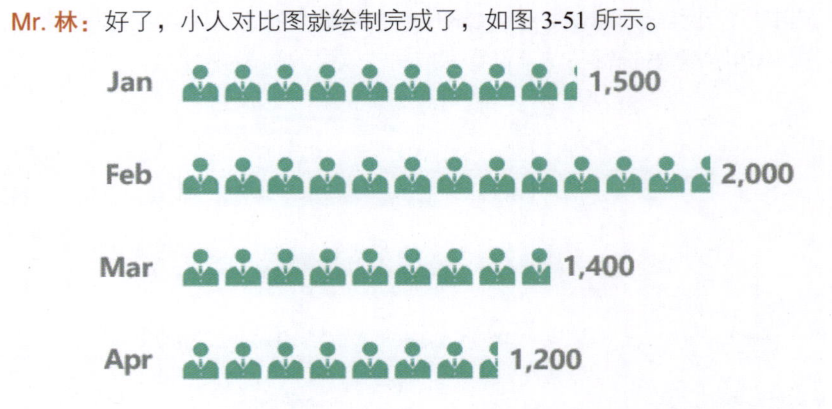

图 3-51　小人对比图绘制过程 5

小白：Mr. 林，这里能不能设置每个小人代表一定的数值呢？例如一个小人代表 150，10 个小人就是 1500。

Mr. 林：嗯，可以的，这个功能叫设置固定单位，可以在上一步操作的【设置数据系列格式】对话框中（如图 3-52 所示），勾选【层叠并缩放】，且在【Units/Picture】中输入“150”，设置完成后的小人对比图如图 3-53 所示。

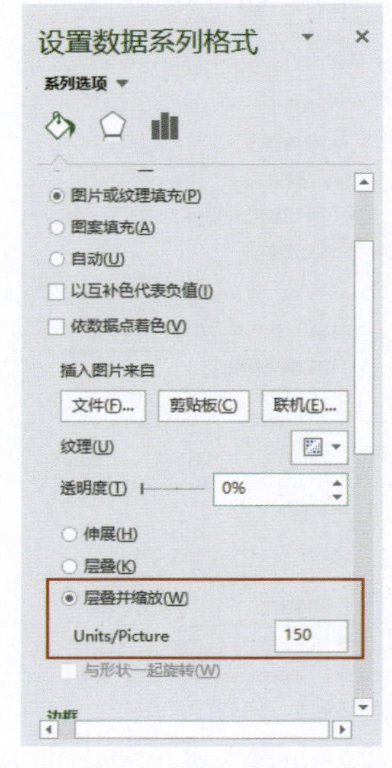

图 3-52　【设置数据系列格式】对话框

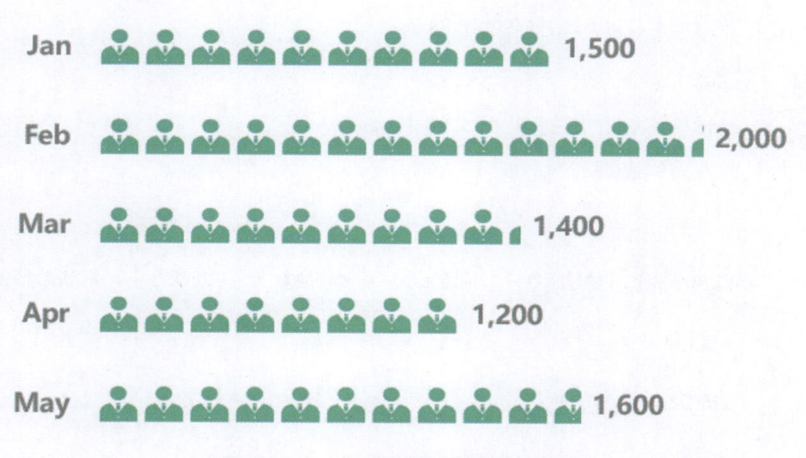

图 3-53　小人对比图绘制过程 6

小白高兴地拍了拍手：太棒了！

3.6　雷达图

Mr. 林：接下来将学习对比分析的第六个信息图，雷达图。雷达图又称为网络图、星图、蜘蛛网图。

雷达图用于多指标、多对比对象的分析上，通常在进行综合评价分析时使用。雷达图最开始时主要应用于企业财务指标综合评价方面，随着计算机的发展，应用越来越广泛。

例如城市发展综合评价、企业经营状况综合评价、渠道贡献综合评价、产品贡献综合评价、员工能力综合评价、游戏角色战力综合评价等等方面的应用。

图 3-54 所示是员工能力综合评价雷达图，直观地展示了甲、乙两名员工在领导能力、沟通能力、协调能力、执行能力和学习能力五个方面的表现评分，方便我们了解每个员工的长处与短板。

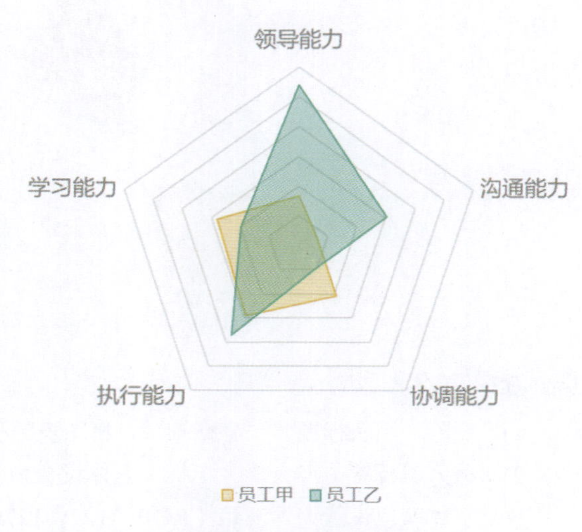

图 3-54　雷达图示例

雷达图绘制其实很简单，关键在“美化图表”这一步，下面我们一起来学习在 Excel 中如何绘制雷达图。

STEP 01　数据准备

雷达图数据源为员工甲和员工乙在领导能力、沟通能力、协调能力、执行能力和学习能力五大方面的表现评分，如图 3-55 所示。

	A	B	C	D	E	F
1	员工能力评分	领导能力	沟通能力	协调能力	执行能力	学习能力
2	员工甲	3	1	4	6	6
3	员工乙	11	6	2	7	4

图 3-55　员工综合能力评分数据

STEP 02　绘制基础图表

绘制雷达图，选择表中 A1:F3 单元格区域数据，单击【插入】选项卡，在【图表】组中单击【插入曲面图或雷达图】中的【填充雷达图】，生成的图表如图 3-56 所示。

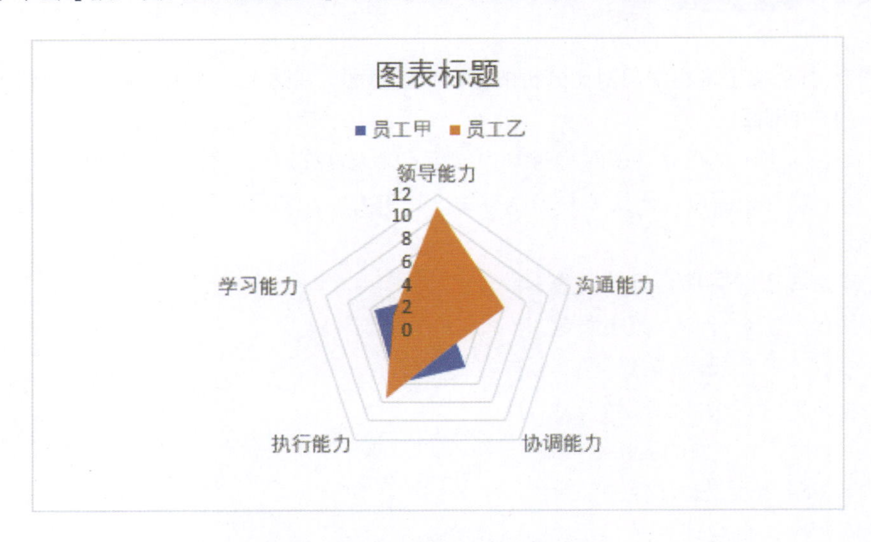

图 3-56　雷达图绘制过程 1

STEP 03　美化图表

1) 删除“图表标题”“坐标轴”，将图表区和绘图区的边框和填充均设置为无。
2) 将分类标签（五大能力指标）字体设置为“微软雅黑”，字号设置为“12”，字体颜色设置为深灰色（RGB：127，127，127）。

3) 将图例字体设置为“微软雅黑”，字号设置为“10”并选中“加粗”，颜色设置为深灰色（RGB：127，127，127）。
4) 将网格线颜色设置浅灰色（RGB：217，217，217），设置完成后的效果如图 3-57 所示。

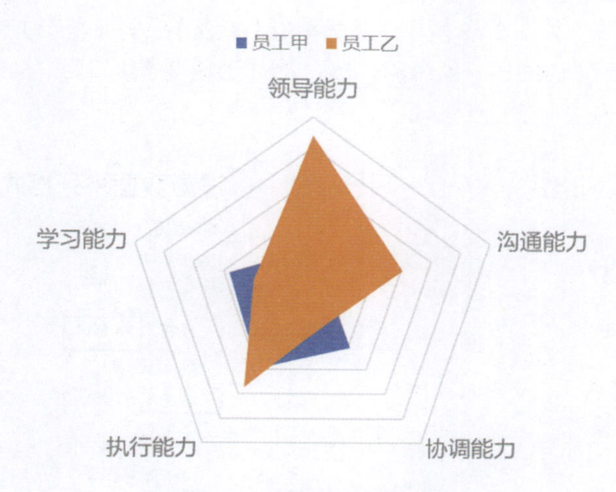

图 3-57　雷达图绘制过程 2

5) 图例位置调整到图表区底部：用鼠标右键单击图例，从快捷菜单中选择【设置图例格式】，在弹出【设置图例格式】对话框【图例选项】中选中【靠下】，如图 3-58 所示。

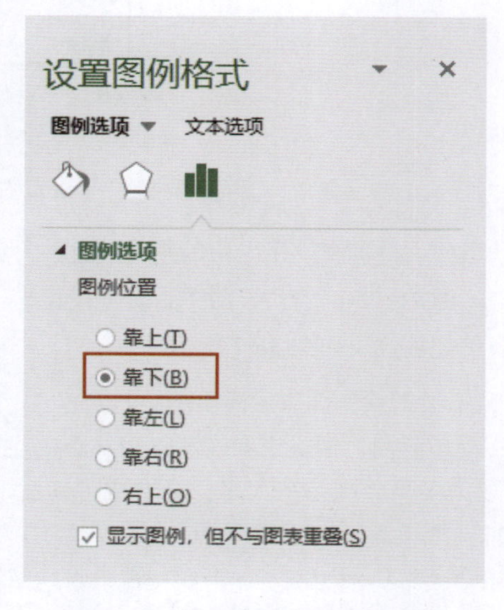

图 3-58　【设置图例格式】对话框

6) 调整雷达图填充颜色：

a) 首先调整“员工乙”系列，用鼠标右键单击“员工乙”系列区域内任意位置，从快捷菜单中选择【设置数据系列格式】，在弹出的【设置数据系列格式】对话框中，将【线条】中的【颜色】设置为绿色（RGB：54，188，155），如图 3-59 所示；然后单击【标记】，将【填充】的【颜色】设置为绿色（RGB：54，188，155），【透明度】设置为“60%”，如图 3-60 所示。

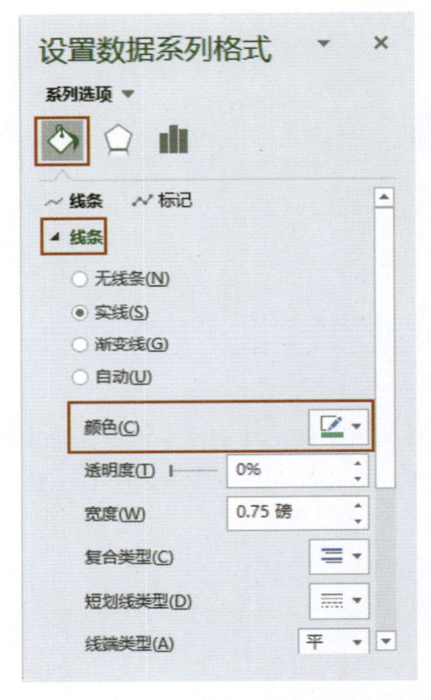

图 3-59 【设置数据系列格式】对话框 1

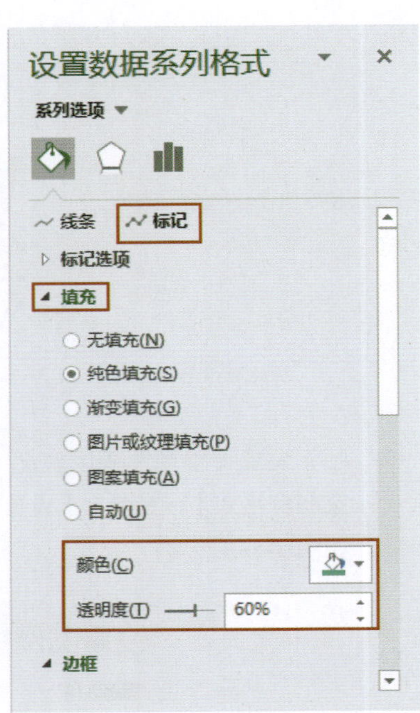

图 3-60 【设置数据系列格式】对话框 2

b) 使用同样的操作方法调整“员工甲”系列的线条，线条与标记填充颜色均设置为黄色（RGB：246，187，67），其他设置与“员工乙”系列的设置一致，图表美化后效果如图 3-61 所示。

小白：效果不错呀，雷达图绘制确实挺简单的。

Mr. 林：雷达图虽然简单易用，但是也要注意以下几点：

★ 对比的指标不要太多，否则信息太多，会造成可读性下降，使图表给人感觉很复杂，就很难发现重点。

★ 对比的对象也不要太多，例如员工能力综合评价雷达图，如果对比 10 个员工，那么会造成雷达图上的多边形过多，上层会遮挡覆盖下层多边形，同样会使可读性下降，使整体图形过于混乱。

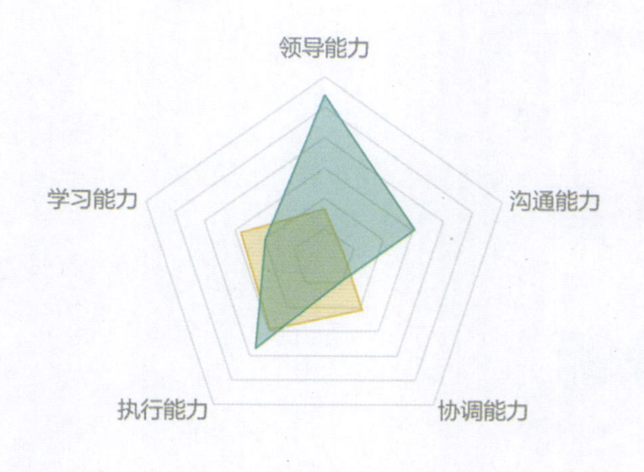

图 3-61　雷达图绘制过程 3

所以使用雷达图时，尽可能控制对比的指标、对象的数量，使雷达图保持简单清晰。

3.7　本章小结

Mr. 林喝了口水说道：对比分析类信息图的内容全部介绍完了。小白，我们现在来回顾一下，今天学习的主要内容：

1) 学习了通过堆积柱形图、线柱图绘制手指饼图、箭头图的方法与技巧。
2) 学习了如何用图标素材与基础图形结合起来绘制排行图、山峰图、小人对比图，使普通的柱形图、条形图变得更有趣生动。
3) 学习了雷达图的美化方法与技巧。

小白：今天又学习了好多新技巧，我要加油，多多练习！

Mr. 林：这些方法和技能学习之后要想灵活运用到实践中去，需不断地勤加练习。

第4章

结构分析

一大早刚上班，小白就来到 Mr. 林办公桌旁：Mr. 林，早！我昨晚在网上看到一个特殊圆环图，它有里外两层，外面一层圆环是里面一层对应圆环的细分，这个是什么图呀？也叫圆环图吗？

Mr. 林微笑着说：小白，这么用功呀！休息的时候都还在学习呢。你看到的图表叫旭日图，也叫太阳图，它是结构分析类信息图里面的一种。那今天我们就一起学习结构分析类的信息图吧！

小白开心地说：好啊，好啊！

Mr. 林：结构分析法，是在分组的基础上，计算各构成成分所占的比重，进而分析总体的内部构成特征。这个分组主要是指定性分组，定性分组一般看成分的结构，它的重点在于占整体的比重。结构分析法应用广泛，例如用户的性别结构、用户的地区结构、用户的产品结构等。

结构分析常见的信息图有趣味圆环图、试管图、小人堆积图、小人条形图、树状图、旭日图和方块堆积图等，可以根据实际需要选择相应的图形进行呈现。

4.1　趣味圆环图

Mr. 林拿起保温杯，悠悠地喝了口水，继续介绍：我们先来学习趣味圆环图。圆环图是结构分析中常用的图形之一，尤其在项目构成成分较少（两三个）的时候使用效果较佳。圆环图与展现主题相关的趣味图标搭配组合就组成了趣味圆环图，如图 4-1 所示，它是结构分析常用的信息图之一。

图 4-1　趣味圆环图示例

小白睁大眼睛说道：哇！真的好有趣呀！这是怎么绘制的？

Mr. 林：这个类型的趣味圆环图的绘制方法都是类似的，学会其中一个趣味圆环图的绘制，另外一个趣味圆环图也就会绘制了。

以左侧带自行车图标的趣味圆环图为例，它可以用于展示某一类产品对整体销售额的贡献大小，只需要将自行车换成对应的产品图标即可，如汽车、手机、电脑、电视等图标。

下面我们一起来学习在 Excel 中绘制趣味圆环图。

STEP 01 数据准备

趣味圆环图的数据源为某自行车门店中自行车与其他商品的销售额占比数据，如图 4-2 所示。

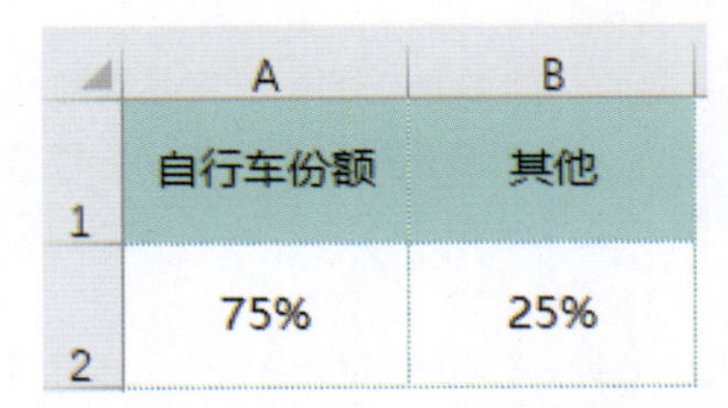

	A	B
1	自行车份额	其他
2	75%	25%

图 4-2　某自行车店品类销售额数据

STEP 02 绘制基础图表

绘制圆环图，选中 A1:B2 单元格区域，单击【插入】选项卡，在【图表】组中单击【插入饼图或圆环图】中的【圆环图】，生成的图表如图 4-3 所示。

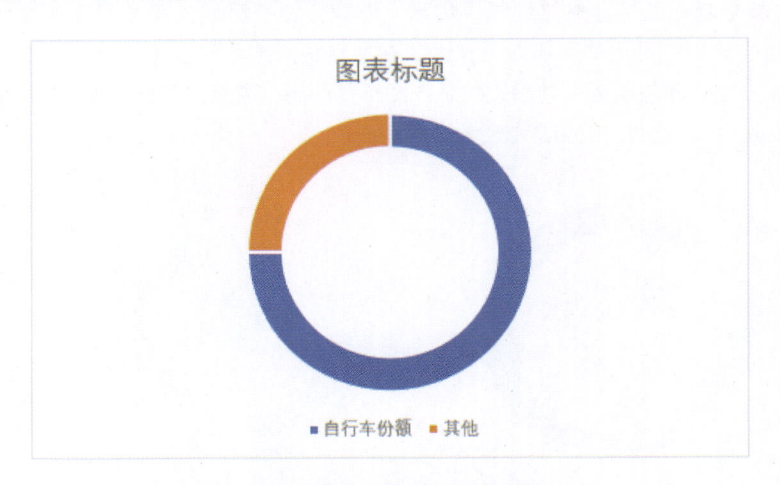

图 4-3　趣味圆环图绘制过程 1

STEP 03 图表处理

添加数据标签：单击【插入】选项卡，在【文本】组中单击【文本框】中的【绘制横排文本框】，在圆环图中部插入文本框，然后选中文本框，在编辑栏输入“=A2”后按回车键，即可得到自行车销售额占比数据，设置完成后的效果如图 4-4 所示。

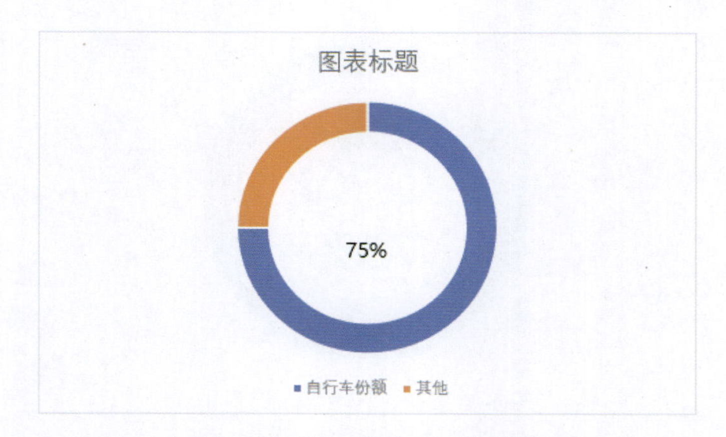

图 4-4　趣味圆环图绘制过程 2

STEP 04　美化图表

删除“图表标题”“图例”，将图表区和绘图区的边框和填充都设置为无，将自行车圆环部分的填充颜色设置为绿色（RGB：54，188，155），将其他圆环部分的填充颜色设置为浅灰色（RGB：191，191，191），数据标签字体设置为“微软雅黑”，字号为“24”并选中“加粗”，字体颜色设置为绿色（RGB：54，188，155），设置完成后的效果如图 4-5 所示。

STEP 05　图标素材与图表组合

1) 准备好一个自行车图标素材，并将填充颜色设置为绿色（RGB：54，188，155），如图 4-6 所示。

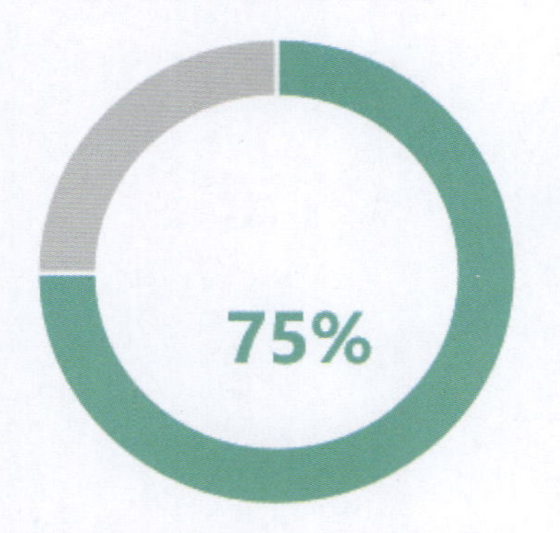

图 4-5　趣味圆环图绘制过程 3

图 4-6　自行车图标素材

2) 选中自行车图标素材，将其拖至圆环图中上部的合适位置，然后将圆环图、自行车图标素材、数据标签文本框等所有元素进行“组合”操作，带自行车图标的趣味圆环图就绘制好了，如图 4-7 所示。

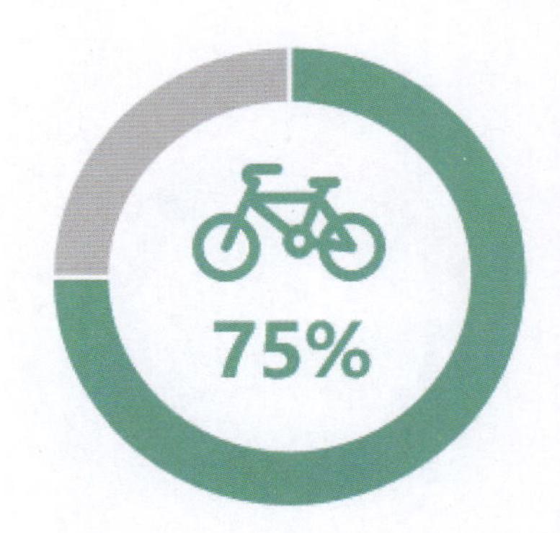

图 4-7　趣味圆环图绘制过程 4

小白：趣味圆环图绘制起来一点都不复杂嘛。

Mr. 林：小白，你说说带放大镜的趣味圆环图是如何绘制的?

小白：好嘞!

只需要在自行车趣味圆环图的基础上进行如下调整：将绿色圆环填充色更改为蓝色（RGB：59，174，218），将灰色圆环填充色更改为无填充，将自行车图标去除，将数据标签字体颜色设置为蓝色（RGB：59，174，218），字号设置为“32”。

准备一个放大镜素材，填充设置为浅灰色（RGB：191，191，191），并将其拖至圆环图上方，调整放大镜图标大小，将圆环图覆盖，并确保放大镜内边缘与圆环图外边缘留有一定的间隙。

最后将各个元素进行组合，调整后如图 4-8 所示，搞定!

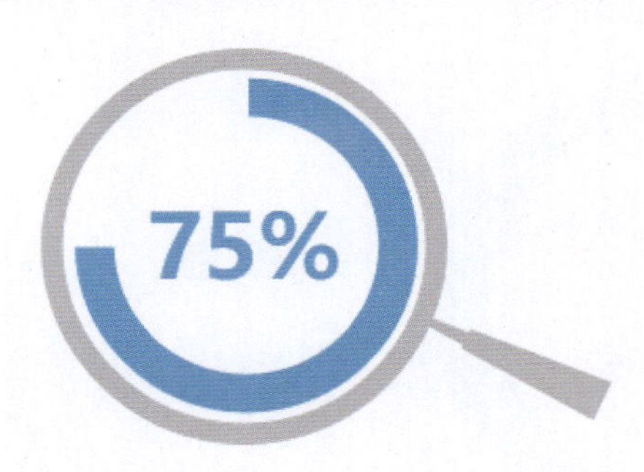

图 4-8　趣味圆环图绘制过程 5

Mr. 林：不错不错，给你一个大大的赞！只要发挥想象力，将与主题相关的图标与圆环图组合，就可以做出各种各样美观实用的趣味圆环图。

小白：嘻嘻！确实是这样的，将与主题相关的图标与圆环图组合后，圆环图就变得生动有趣多了。

4.2 小人条形图

Mr. 林：结构分析的第二个信息图为小人条形图，如图 4-9 所示，小白，你能看出它的基础图表使用的是什么条形图吗？

图 4-9 小人条形图示例

小白自信满满地说：这难不倒我，小人条形图使用的基础图表是百分比堆积条形图，没错吧！

Mr. 林摇了摇头笑道：哈哈，初一看，还真的像是百分比堆积条形图，其实就是普通的条形图，也就是簇状条形图。将条形图与小人图标素材结合起来就形成了生动有趣形象的小人条形图。下面我们一起来学习在 Excel 中绘制小人条形图。

STEP 01 数据准备

小人条形图数据源为某 APP 不同性别用户中付费用户与免费用户的占比数据，如图 4-10 所示。

	A	B	C	D
1	性别	付费用户	免费用户	全部用户
2	男	77%	23%	100%
3	女	64%	36%	100%

图 4-10 某 APP男女付费、免费用户占比

STEP 02 绘制基础图表

绘制条形图，选中 A1:B3、D1:D3 单元格区域。注意，请勿选中“免费用户”列数据，单击【插入】选项卡，在【图表】组中单击【插入柱形图或条形图】中的【簇状条形图】，

生成的图表如图 4-11 所示。

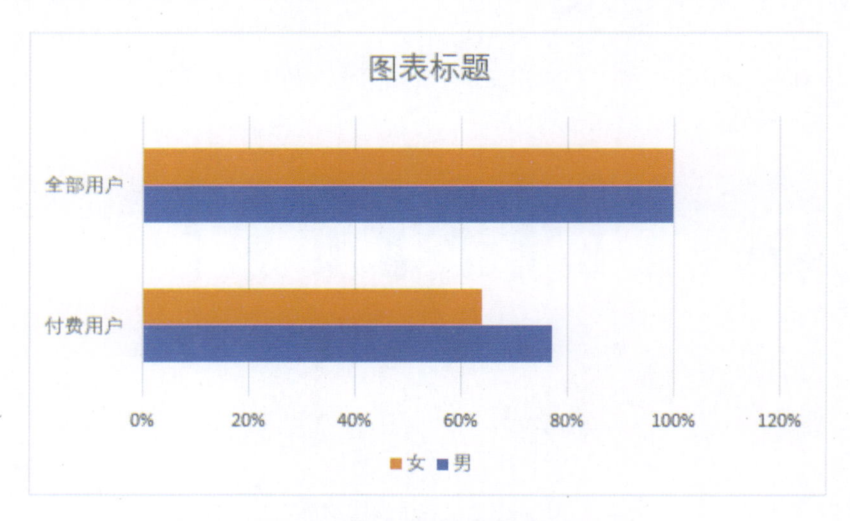

图 4-11　小人条形图绘制过程 1

STEP 03　图表处理

1) 调整行 \ 列数据系列：用鼠标右键单击任意条形，从快捷菜单中选择【选择数据】，在弹出的【选择数据源】对话框中，单击【切换行 \ 列】按钮。
2) 将两个系列条形重叠：用鼠标右键单击任意条形，从快捷菜单中选择【设置数据系列格式】，在弹出的【系列选项】对话框中，将【系列重叠】设置为“100%”。
3) 将“付费用户”系列条形移至上方：用鼠标右键单击任意条形，从快捷菜单中选择【选择数据】，在弹出的【选择数据源】对话框中，选中“付费用户”系列，单击【图例项（系列）】中的【下移】箭头。
4) 调整男女顺序，让男性条形排在上面：用鼠标右键单击 *Y* 轴，从快捷菜单中选择【设置坐标轴格式】，在弹出的【设置坐标轴格式】对话框中的【坐标轴选项】下勾选【逆序类别】。

调整后的图表效果如图 4-12 所示。

STEP 04　美化图表

删除“图表标题”“图例”“网格线”“*X* 轴”“*Y* 轴”，将图表区和绘图区的【边框】和【填充】均设置为“无”，设置完成后的效果如图 4-13 所示。

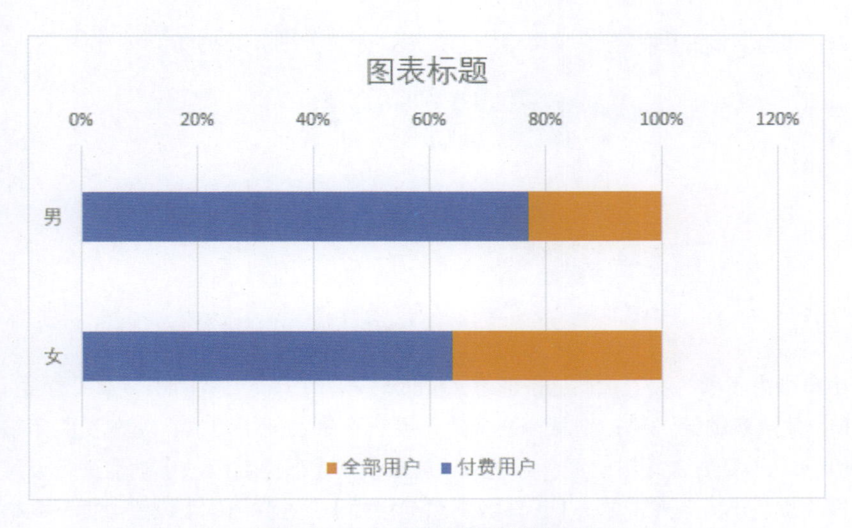

图 4-12　小人条形图绘制过程 2

图 4-13　小人条形图绘制过程 3

STEP 05　图标素材与图表组合

1) 准备图标素材，左边两个小人图标用于替换“男”系列条形，其中绿色小人图标替换“付费用户”条形，灰色小人图标替换“全部用户”条形；右边两个小人图标用于替换“女”系列条形，其中黄色图标小人替换“付费用户”条形，灰色小人图标替换“全部用户”条形，如图 4-14 所示。

图 4-14　小人条形图绘制图标素材

2) 通过复制粘贴的方法替换相应的条形，效果如图 4-15 所示。

图 4-15　小人条形图绘制过程 4

小白张大着嘴：咦！换后的条形怎么变成只有一个小人了，而且还变形了呢。

Mr. 林得意地笑了笑：别急，这个效果显然不是我们想要的，现在我们让它变成 10 个小人，这个方法之前已经介绍过了，就是使用【层叠并缩放】功能进行设置：选中替换的灰色小人条形，单击【设置数据系列格式】，在弹出的【设置数据系列格式】对话框中【系列选项】的【填充】下单击【图片或纹理填充】，单击【层叠并缩放】，设置【单位 / 图片】单位为“0.1”，如图 4-16 所示。

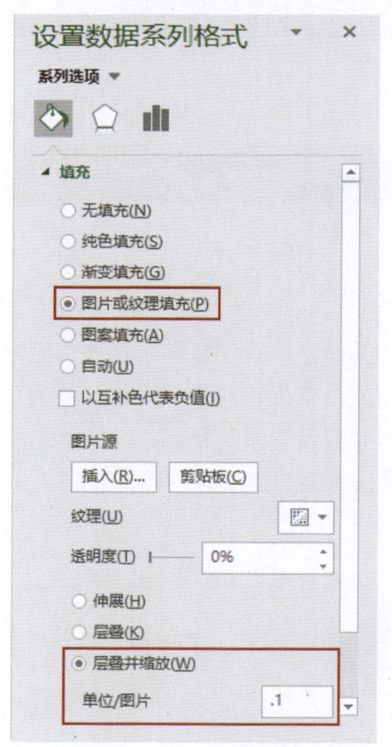

图 4-16　【设置数据系列格式】对话框

用同样的操作方法设置其他系列的小人图标，设置后的效果如图 4-17 所示。

图 4-17　小人条形图绘制过程 5

3) 添加数据标签，数据标签是由圆形和正方形组合而成的，绘制的方法在前面已经介绍过，这里直接进行绘制，绘制后的效果如图 4-18 所示，至此小人条形图就绘制完成了。

图 4-18　小人条形图绘制过程 6

4.3　试管图

Mr. 林： 接下来学习结构分析的第三个信息图，试管图。顾名思义，它是以试管的样式进行数据展现的图形，如图 4-19 所示。试管图一般需要在特定的情况下使用，通常在医学类、化工类、食品类、化妆品类等行业使用，常与试管、瓶子、杯子、水桶等相关的图形结合使用。

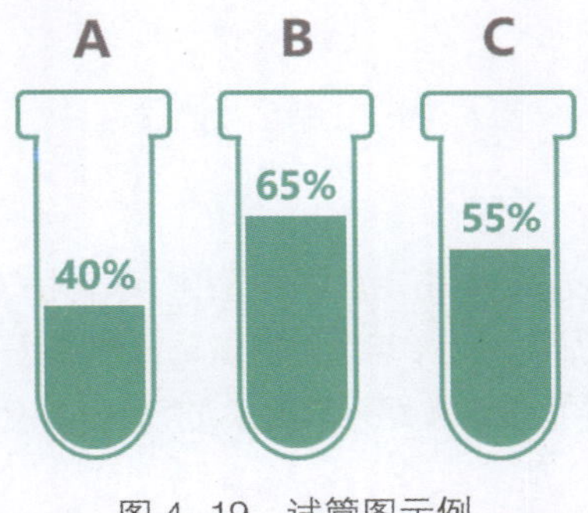

图 4-19　试管图示例

例如，我们要对比不同食品中营养成分甲的含量，就可以使用试管图。下面我们一起来学习在 Excel 中绘制试管图。

STEP 01 数据准备

试管图数据源为某工厂每类食品中营养成分甲与其他成分的构成占比数据，如图 4-20 所示。

	A	B	C	D
1	成分	A	B	C
2	营养成分甲	40%	65%	55%
3	其他	60%	35%	45%

图 4-20　各食品成分占比数据

STEP 02 绘制基础图表

绘制堆积柱形图，选择数据表中 A1:D3 单元格区域，单击【插入】选项卡，在【图表】组中单击【插入柱形图或条形图】中的【堆积柱形图】，生成的图表如图 4-21 所示。

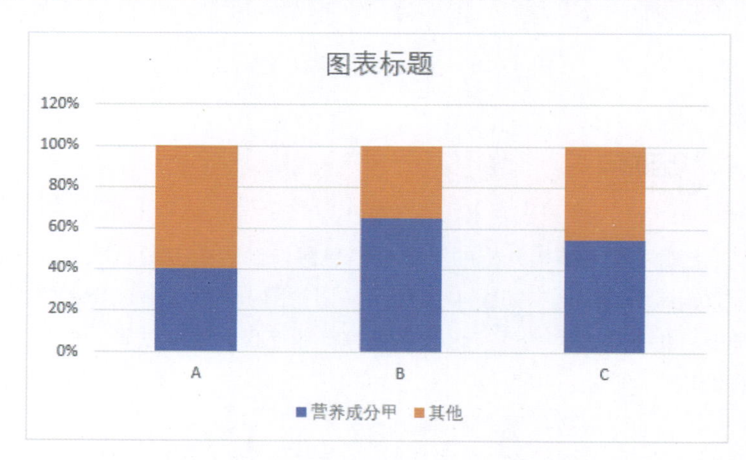

图 4-21　试管图绘制过程 1

STEP 03 图表处理

添加数据标签，用鼠标右键单击“营养成分甲”系列柱子，从快捷菜单中选择【添加数据标签】。调整柱子的分类间距，用鼠标右键单击任意柱子，从快捷菜单中选择【设置数据系列格式】，在弹出的【设置数据系列格式】对话框中设置【分类间距】为“100%”，设置完成后的效果如图 4-22 所示。

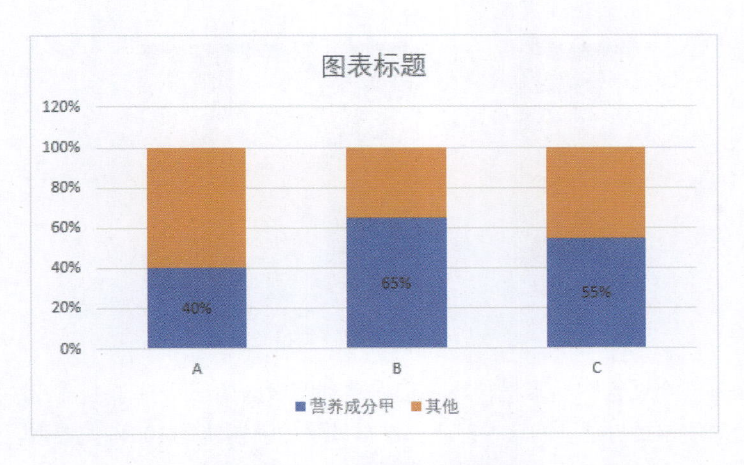

图 4-22　试管图绘制过程 2

STEP 04　美化图表

删除“图表标题”“图例”“网格线”“*Y* 轴”“*X* 轴”，将图表区和绘图区的【边框】和【填充】均设置为“无”，将数据标签字号设置为“18”并选中“加粗”，设置完成后的效果如图 4-23 所示。

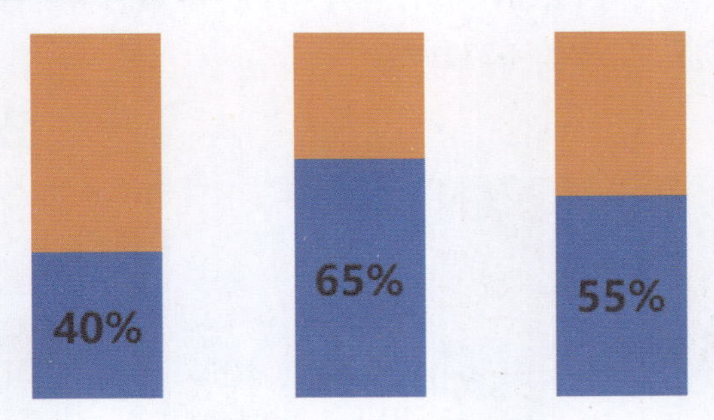

图 4-23　试管图绘制过程 3

STEP 05　图标素材与图表组合

1) 准备两个图标素材，绿色椭圆柱形用于替换“营养成分甲”系列柱子，试管图标用于装饰，如图 4-24 所示。
2) 选中绿色椭圆柱形素材，复制粘贴替换“营养成分甲”系列柱子，然后在【设置数据系列格式】对话框的【系列选项】中【填充】下面勾选【层叠】，设置完成后的效果如图 4-25 所示。

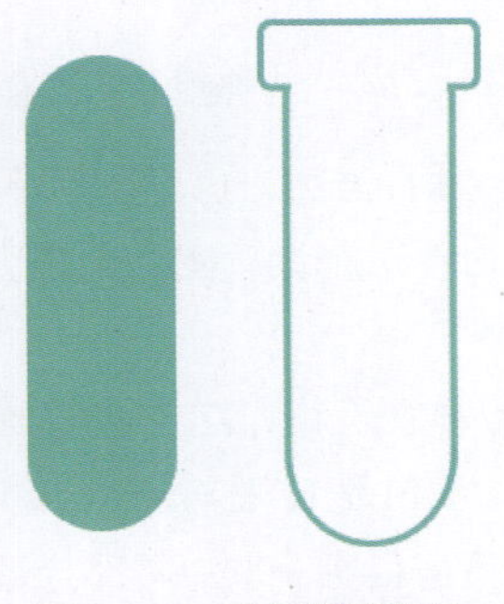

图 4-24　试管图素材

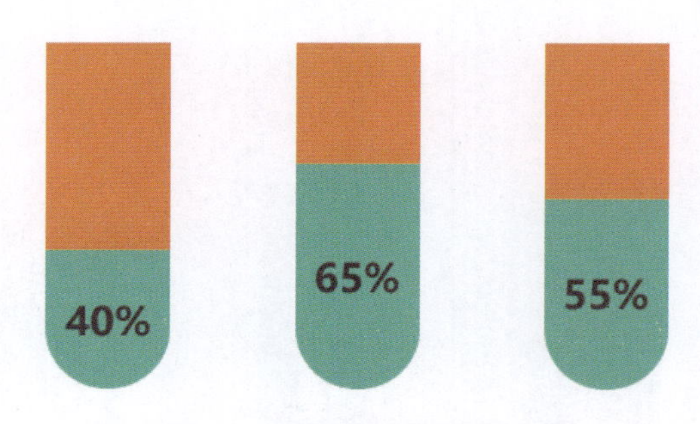

图 4–25　试管图绘制过程 4

3) 准备三个试管图标素材，将它们拖动到图表区内三个柱子上方，注意每个试管的顶端要与柱子的顶端对齐，这样试管的顶端就是 100% 的界限，设置完成后的效果如图 4-26 所示。

4) 设置“其他”系列柱子为无填充无边框：选中“营养成分甲”的数据标签，将数据标签位置调整到“营养成分甲”系列柱子的上方，字体颜色设置为绿色（RGB：54，188，155）。然后插入文本框，在试管上方添加项目标签 A、B、C，并将字体设置为“微软雅黑”，字号设置为“24”并选中“加粗”，字体颜色设置为浅灰色（RGB：191，191，191）。最后将所有的元素组合，试管图就绘制完成了，如图 4-27 所示。

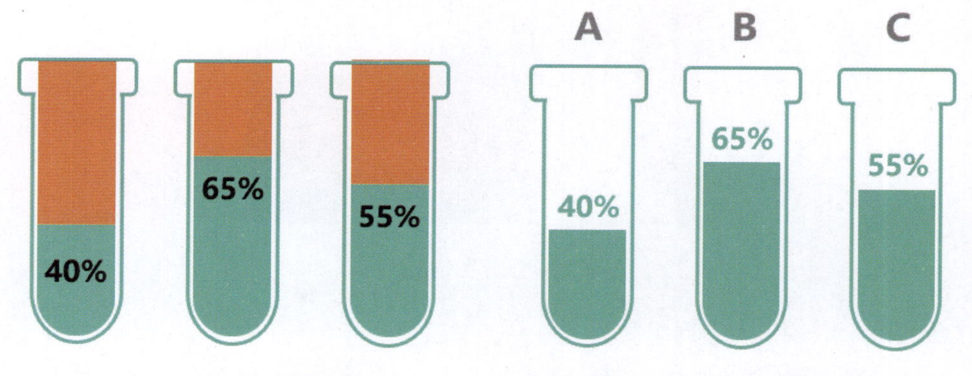

图 4–26　试管图绘制过程 5　　图 4–27　试管图绘制过程 6

Mr. 林：当然，也可以用不同颜色将项目 A、B、C 做一下区分，如图 4-28 所示。

小白：这个试管图和之前介绍过的 KPI 类信息图差不多哦，只是图标素材为试管图标。

Mr. 林：没错，这类图表既可以在展示 KPI 达成时使用，也可以在展示结构构成时使用。KPI 达成图与结构分析图的区别主要体现在数据构成上，KPI 达成图表由实际完成率与目标 100% 两部分数据构成数据源，而结构分析的数据源则是各构成成分的占比数据。

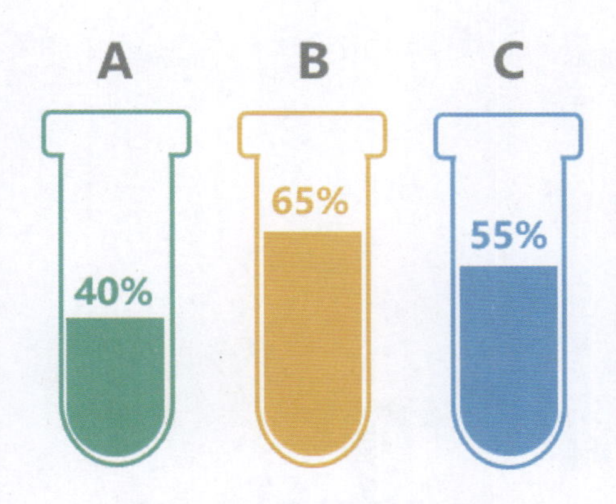

图 4-28　试管图绘制过程 7

这个试管图虽然看起来像 KPI 达成图，但实际上 A、B、C 每个柱子都由两个成分构成，就是“营养成分甲”与“其他”。只是我们这里需要重点突出“营养成分甲”的占比，将“其他”成分的占比淡化了，所以看起来像 KPI 达成图，二者实际所传达的信息是完全不同的。所以不要机械地使用信息图，要根据实际情况做出判断。

小白：好的，我明白了，谢谢 Mr. 林。

4.4　小人堆积图

Mr. 林：接下来我们学习结构分析的第四个类型的信息图，小人堆积图。如图 4-29 所示，小人堆积图就是将一个“小人图”分割成不同部分，每个部分代表不同类别的人群占整体的比重，可以直观地展示人群结构特征，故通常用于用户画像分析。

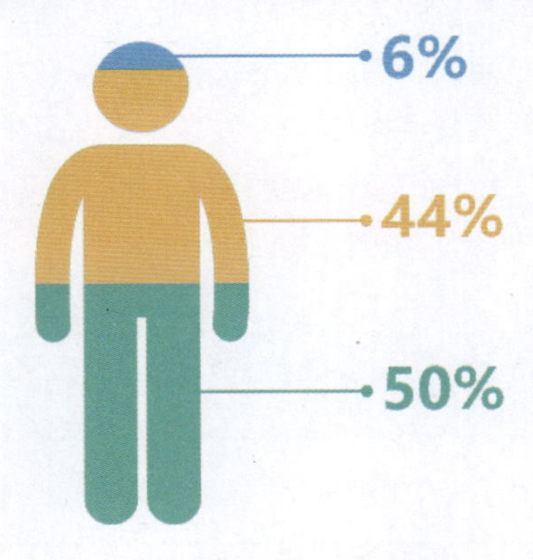

图 4-29　小人图示例

小白附和道：确实非常直观形象。

Mr. 林：我们先将小人堆积图拆分还原，如图 4-30 所示，小人堆积图其实是将三个图形重叠到了一起，从前到后按照由小到大的顺序排列，相互遮盖而形成一种堆积的效果。下面我们一起来学习绘制方法。

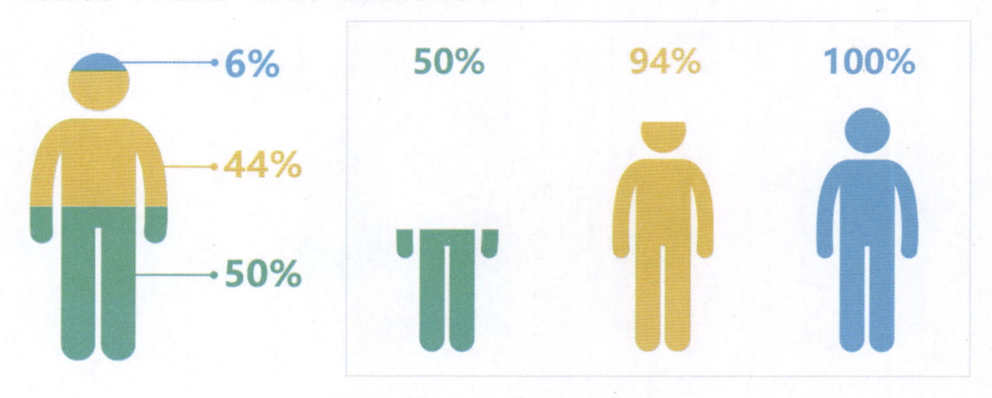

图 4-30 小人图的拆分还原

STEP 01 数据准备

小人堆积图数据源为某网站A、B、C三大类型用户的数量占比数据，如图4-31所示。

	A	B	C	D
1	用户	A	B	C
2	占比	50%	44%	6%

图 4-31 某网站各类用户占比数据 1

这个小人堆积图中绿色部分为 A 类用户，占比为 50%，黄色部分为 B 类用户，占比为 44%，蓝色部分为 C 类用户，占比为 6%。

绘制小人堆积图时，并不是直接使用各个部分的占比数据，而是“累计占比”数据。我们添加一行新数据，第一个等于 A 类用户占比，第二个等于 A+B 类用户占比，第三个等于 A+B+C 类用户占比，如图 4-32 所示。

	A	B	C	D
1	用户	A	B	C
2	累计占比	50%	94%	100%
3	占比	50%	44%	6%

图 4-32 某网站各类用户占比数据 2

STEP 02　绘制基础图表

绘制簇状柱形图，选择表中 A1:D2 单元格区域，单击【插入】选项卡，在【图表】组中单击【插入柱形图或条形图】中的【簇状柱形图】，生成的图表如图 4-33 所示。

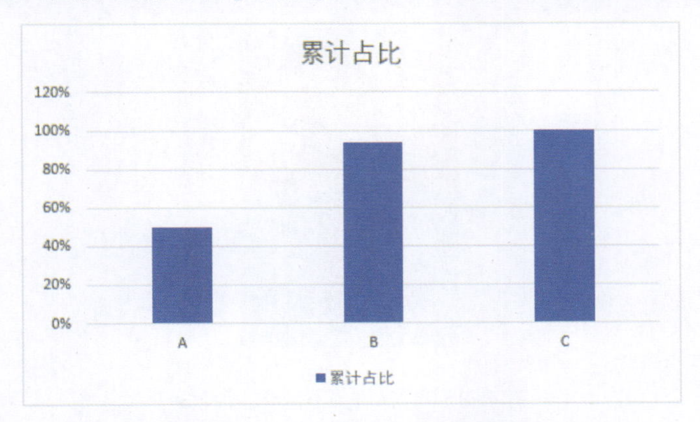

图 4-33　小人堆积图绘制过程 1

STEP 03　图表处理

1) 调整行\列数据系列：用鼠标右键单击任意柱子，从快捷菜单中选择【选择数据】，在弹出的【选择数据源】对话框中，单击【切换行\列】按钮。
2) 将三个系列柱子重叠：用鼠标右键单击任意柱子，从快捷菜单中选择【设置数据系列格式】，在弹出的【系列选项】对话框中，将【系列重叠】设置为“100%”。
3) 将 A、B 系列柱子移至 C 系列柱子上方：用鼠标右键单击任意柱子，从快捷菜单中选择【选择数据】，在弹出的【选择数据源】对话框中，选中“A”系列，单击两下【图例项（系列）】中的【下移】箭头，选中“B”系列，单击【图例项（系列）】中的【下移】箭头。设置完成后的效果如图 4-34 所示。

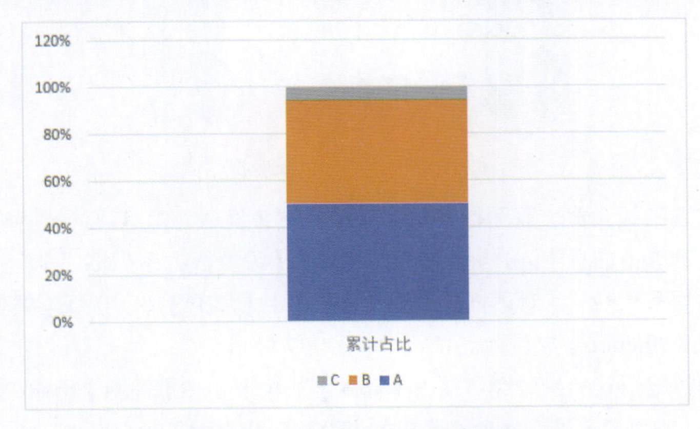

图 4-34　小人堆积图绘制过程 2

STEP 04 美化图表

删除“*Y* 轴”“*X* 轴”“网格线”，将图表区和绘图区边框和填充均设置为无，设置完成后的效果如图 4-35 所示。

图 4-35 小人堆积图绘制过程 3

STEP 05 图标素材与图表组合

1) 准备 3 个小人图标：绿色小人图标用于替换“A”系列柱子，黄色小人图标用于替换“B”系列柱子，蓝色小人图标用于替换“C”系列柱子，准备好的图标素材如图 4-36 所示。

图 4-36 小人图标素材

2) 依次选中绿、黄、蓝图标素材，分别粘贴替换 A、B、C 柱子，替换后，用鼠标右键单击任意小人，从快捷菜单中选择【设置数据系列格式】，在弹出的【设置数据系列格式】对话框的【系列选项】中【填充】下，选择【层叠并缩放】，【Units/Picture】单位为“1”，如图 4-37 所示。

3) 添加数据标签的引导线：单击【插入】选项卡，在【插图】组中单击【形状】选择【直线箭头】，然后在弹出的【设置形状格式】对话框中，将线条【宽度】

设置为“1.25”磅，将线条【颜色】设置为绿色（RGB：54，188，155），然后更改【结尾箭头类型】为“圆形箭头”，如图 4-38 所示。

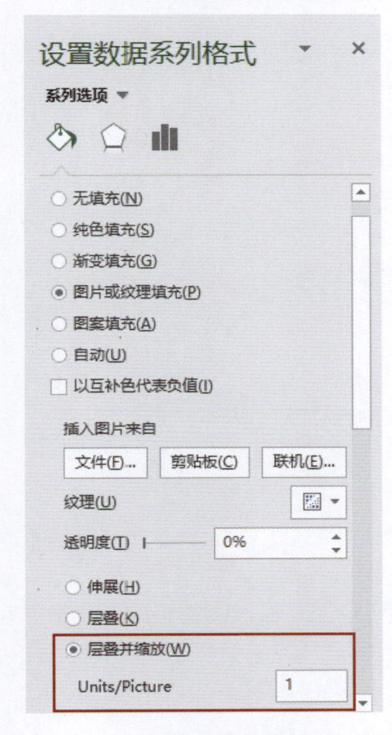

图 4-37　【设置数据系列格式】对话框

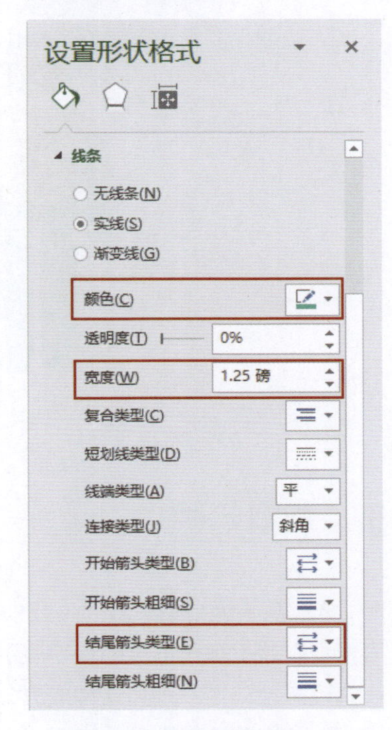

图 4-38　【设置形状格式】对话框

4) 添加数据标签：单击【插入】选项卡，在【文本】组中单击【文本框】中的【绘制横排文本框】，选中刚插入的文本框，在编辑栏中输入“=A2”然后按回车键，将字体设置为“微软雅黑”，字号设置为“28”并选中“加粗”，字体颜色设置为绿色（RGB：54，188，155），设置完成后的效果如图 4-39 所示。

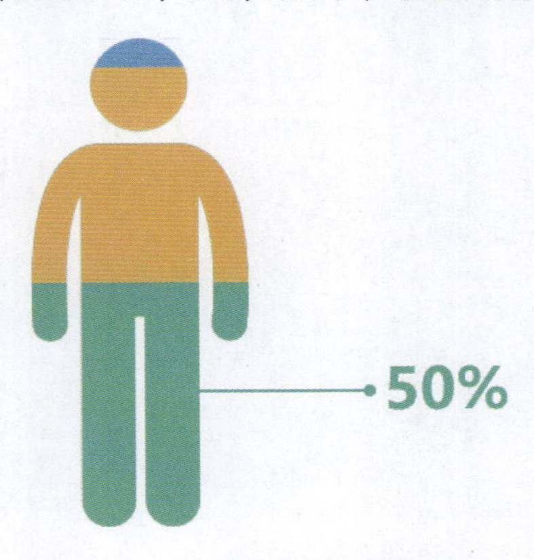

图 4-39　小人堆积图绘制过程 4

用同样的方法绘制其他两个数据标签及相应的引导线，最后组合到一起，小人堆积图就绘制完成了，如图 4-40 所示。

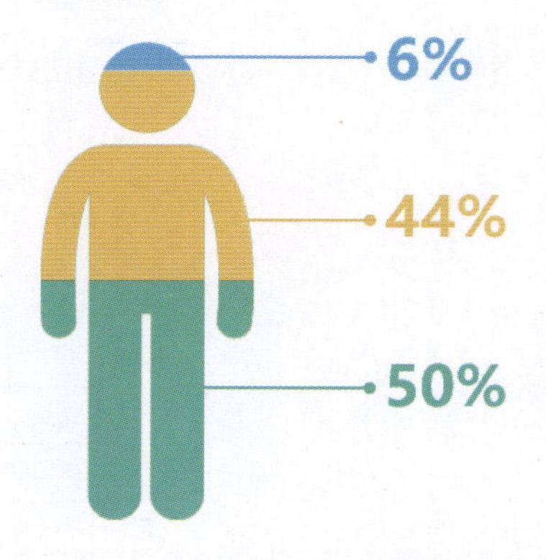

图 4-40　小人堆积图绘制过程 5

4.5　树状图

Mr. 林：在展示结构关系时，我们经常会使用饼形图，饼形图的构成成分最好在 5 项以内，否则就不利于信息的清晰展示。

小白疑惑地问道：那如果构成成分超过 5 项该怎么办呢？

Mr. 林：我们可以使用树状图，它非常适合用来展示构成成分较多的结构关系，如图 4-41 所示。如果各个构成项目还可以继续归纳分类的话，还可以展现分类之间的比例大小及层级关系。

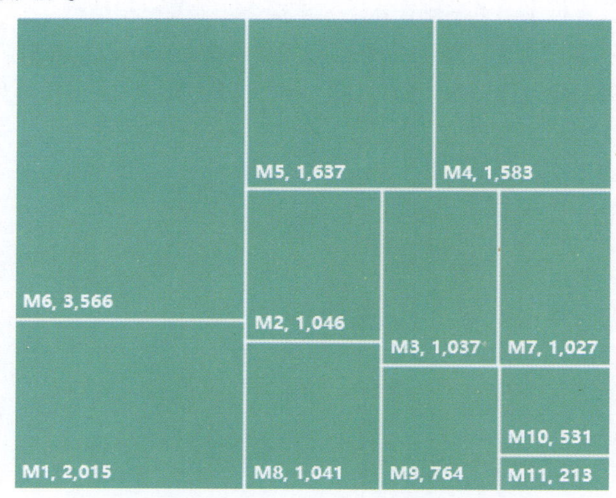

图 4-41　树状图示例

树状图是 Excel 2016 新增的图表，下面我们一起来学习如何绘制。

STEP 01　数据准备

树状图数据源为某公司各个项目的销售额数据，如图 4-42 所示。

	A	B
1	项目名称	销售额
2	M1	2,015
3	M2	1,046
4	M3	1,037
5	M4	1,583
6	M5	1,637
7	M6	3,566
8	M7	1,027
9	M8	1,041
10	M9	764
11	M10	531
12	M11	213

图 4-42　某公司项目销售额数据

STEP 02　绘制基础图表

绘制树状图，选择表中 A1:B12 单元格区域，单击【插入】选项卡，在【图表】组中单击【插入层次结构图表】中的【树状图】，生成的图表如图 4-43 所示。

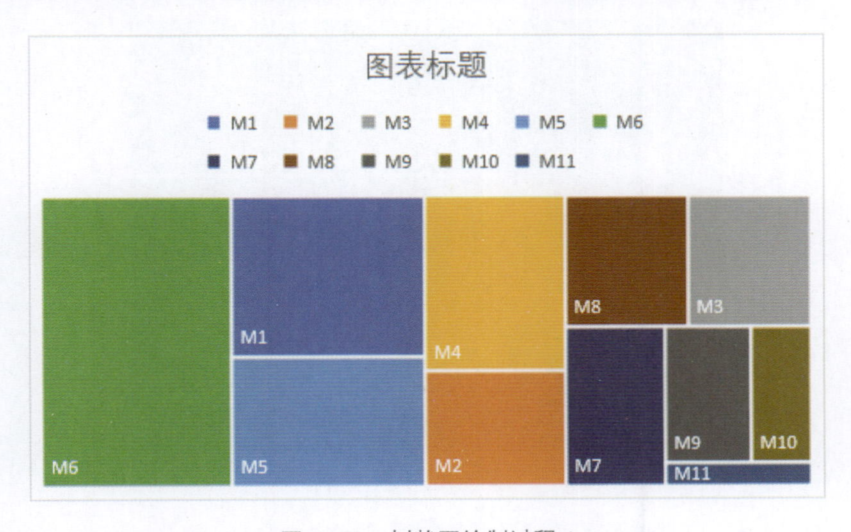

图 4-43　树状图绘制过程 1

STEP 03 图表处理

添加数据标签：用鼠标右键单击任意数据标签，从快捷菜单中选择【设置数据标签格式】，在弹出的【设置数据标签格式】对话框的【标签选项】下勾选【值】复选框，如图 4-44 所示。

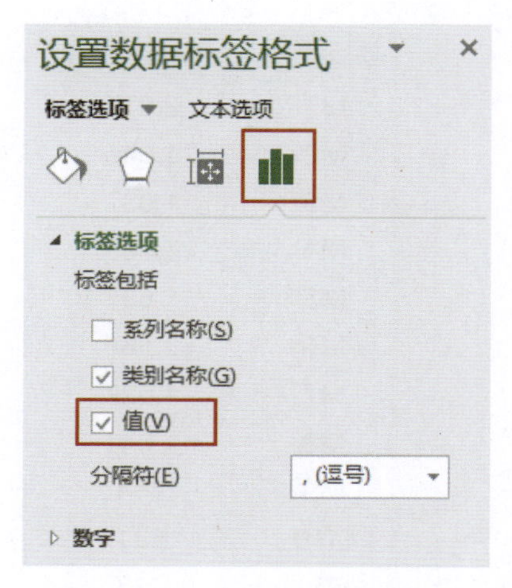

图 4–44 【设置数据标签格式】对话框

STEP 04 美化图表

去除“图表标题”“图例”，将图表区的边框和填充均设置为无，调整各项目模块的填充颜色为绿色（RGB：54，188，155），将数据标签的字体设置为“微软雅黑”并选中“加粗”，字体颜色设置为白色，设置完成后的效果如图 4-45 所示。

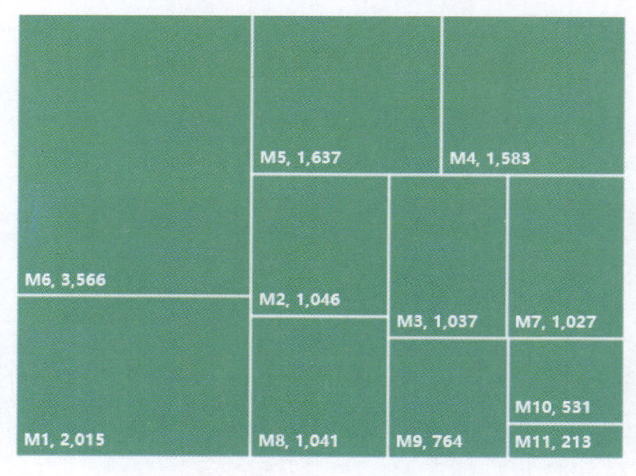

图 4–45 树状图绘制过程 2

Mr. 林：现在树状图就绘制完成啦！

小白：哈哈，操作非常简单啊。咦，我看到【插入层次结构图表】下，还有一个“旭日图”，就是我昨晚在网上看到的特殊圆环图，您快教我如何绘制旭日图吧。

4.6　旭日图

Mr. 林：哈哈，我们现在来学习旭日图。旭日图也称为太阳图，同一层级的圆环代表同一级别的项目结构，离原点越近的圆环级别越高，最内层的圆环表示层次结构的顶级。所以旭日图可以清晰地表达层级和归属关系，便于进行细分溯源分析。

例如图 4-46 中的旭日图，内层的圆环展示的是不同产品品类的销售额占比情况，外层的圆环展示的是每个品类对应产品的销售额占比情况。通过这样一个旭日图，我们就可以直观地了解各个层级的构成情况。

旭日图也是 Excel 2016 新增的图表，下面我们一起来学习在 Excel 中绘制旭日图。

STEP 01　数据准备

旭日图数据源为某公司不同品类下各个产品的销售额数据，如图 4-47 所示。

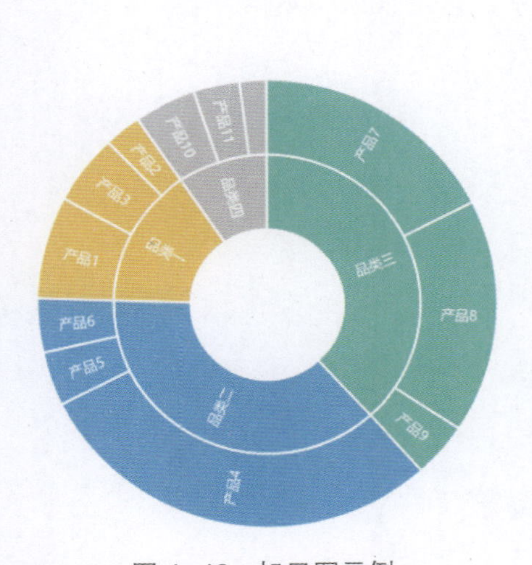

图 4-46　旭日图示例

	A	B	C
1	品类	产品	销售额
2	品类一	产品1	960
3	品类一	产品2	345
4	品类一	产品3	675
5	品类二	产品4	3,876
6	品类二	产品5	511
7	品类二	产品6	509
8	品类三	产品7	2,305
9	品类三	产品8	2,213
10	品类三	产品9	529
11	品类四	产品10	568
12	品类四	产品11	436
13	品类四	产品12	243

图 4-47　某公司产品销售额数据

STEP 02 绘制基础图表

绘制旭日图，选择表中 A1:C13 单元格区域，单击【插入】选项卡，在【图表】中单击【插入层次结构图表】中的【旭日图】，生成的图表如图 4-48 所示。

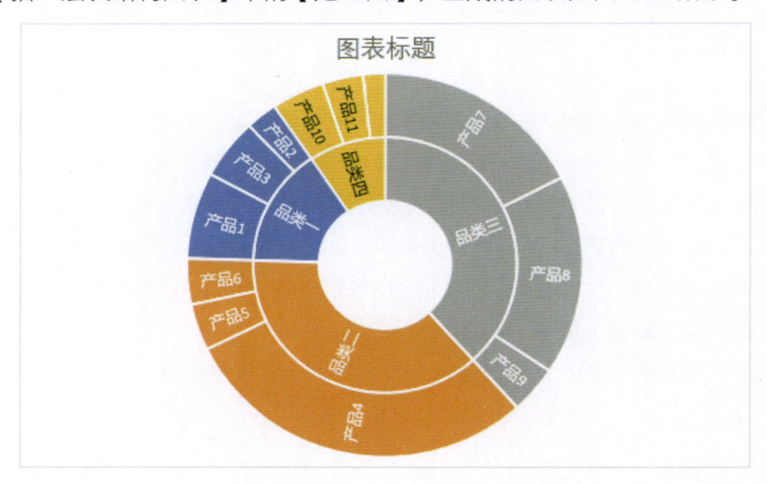

图 4-48 旭日图绘制过程 1

STEP 03 美化图表

删除“图表标题”，将图表区和绘图区的边框和填充均设置为无，将标签字体设置为“微软雅黑”，字体颜色设置为白色。

提示：如果需要更改某个品类的填充颜色，单击旭日图，然后再单击需要更改填充颜色的品类，此时该品类的填充颜色保持不变，而未选中的品类填充颜色变浅，表示该品类被选中，这时就可以调整该品类的填充颜色了，如图 4-49 所示。

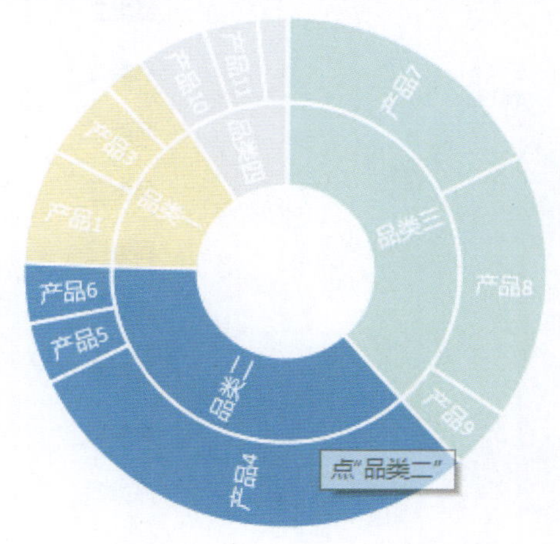

图 4-49 旭日图绘制过程 2

设置完成后的效果如图 4-50 所示，这个旭日图就绘制完成了。

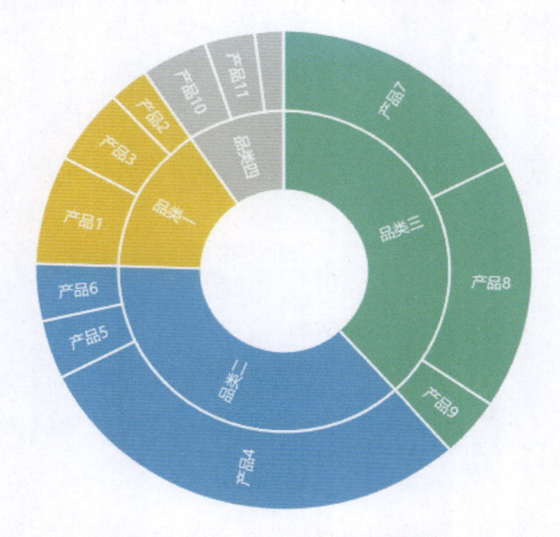

图 4–50　旭日图绘制过程 3

4.7　方块堆积图

Mr. 林： 接下来将学习结构分析的第七个信息图，方块堆积图。方块堆积图也可以称为饼干图、积木图，它常用于突出显示某一部分的占比。如图 4-51 所示的这个方块堆积图展示的是使用 WIFI 的用户数量占比，非常形象直观。

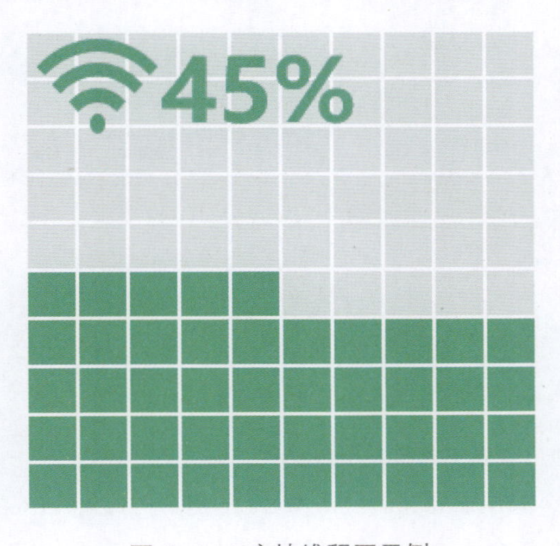

图 4–51　方块堆积图示例

小白用舌头舔了舔嘴唇：哇，这个不止像饼干，还像抹茶巧克力，嘻嘻！

Mr.林：哈哈，你这个小吃货，看什么都像吃的。下面我们一起来学习在 Excel 中如何绘制方块堆积图。

STEP 01　数据准备

方块堆积图数据源为某 APP 的使用不同网络连接的用户占比数据，如图 4-52 所示。

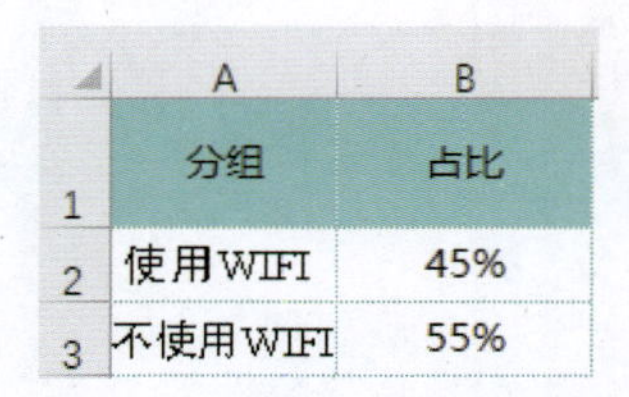

	A	B
1	分组	占比
2	使用WIFI	45%
3	不使用WIFI	55%

图 4-52　某 APP 的使用不同网络连接的用户占比数据

STEP 02　绘制基础图表

这个方块堆积图实际上是利用 Excel 单元格绘制的，它由 10×10 个小单元格组成，我们先将单元格调整到合适的大小。

选中表中的任意 10 列，如 D~M 列，用鼠标左键选中 D 列，按住 Shift 键，再选中 M 列，右键单击任意选中的列，从快捷菜单中选择【列宽】，在弹出的【列宽】对话框中将列宽设置为“2.75”，如图 4-53 所示；按照同样的方法设置【行高】为“20”。

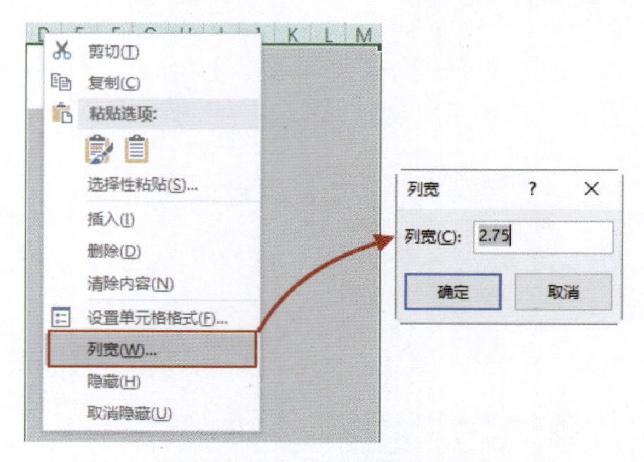

图 4-53　【列宽】对话框

STEP 03　图表处理

方块堆积图是通过设置【条件格式】调整方块的颜色的，它一共有 100 个小方块，一个小方块代表 1%，如果需要强调使用 WIFI 的用户占比为 45% 的信息，就需要将其中 45 个小方块填充好颜色。

Mr. 林：小白，【条件格式】的功能你使用过很多次了吧，知道这个功能的主要作用吗？

小白：嗯，【条件格式】主要是通过新建规则，突出显示某些单元格。比如有一组 1%~100% 的数据，如果想要让数据小于 50% 的单元格填充为红色，可以通过在【条件格式】下建立规则统一设置。

Mr. 林：是的，所以只要我们将这 100 个小方块，填上 1%~100% 的数据，然后在【条件格式】里新建规则，就可以统一调整单元格的颜色。

1) 方块堆积图数据源：按照从下到上、从左到右的顺序依次填上 1%~100%，如图 4-54 所示。

	D	E	F	G	H	I	J	K	L	M
4										
5	91%	92%	93%	94%	95%	96%	97%	98%	99%	100%
6	81%	82%	83%	84%	85%	86%	87%	88%	89%	90%
7	71%	72%	73%	74%	75%	76%	77%	78%	79%	80%
8	61%	62%	63%	64%	65%	66%	67%	68%	69%	70%
9	51%	52%	53%	54%	55%	56%	57%	58%	59%	60%
10	41%	42%	43%	44%	45%	46%	47%	48%	49%	50%
11	31%	32%	33%	34%	35%	36%	37%	38%	39%	40%
12	21%	22%	23%	24%	25%	26%	27%	28%	29%	30%
13	11%	12%	13%	14%	15%	16%	17%	18%	19%	20%
14	1%	2%	3%	4%	5%	6%	7%	8%	9%	10%

图 4-54　方块堆积图绘制过程 1

2) 建立单元格规则：单击【开始】选项卡，单击【条件格式】，在【突出显示单元格规则】下拉框中选择【其他规则】，在弹出的【新建格式规则】对话框中，选择规则类型为【只为包含以下内容的单元格设置格式】，编辑规则【单元格值】【小于或等于】=$B$2（使用 WIFI 的占比）；然后单击【格式】，在弹出的【设置单元格格式】对话框中设置【填充】背景色为绿色（RGB：54，188，155），如图 4-55 所示。

3) 用同样的操作方法，设置规则大于 45% 的格式填充为灰色（RGB：217，217，217），方块堆积图已经有初步的样子了，如图 4-56 所示。

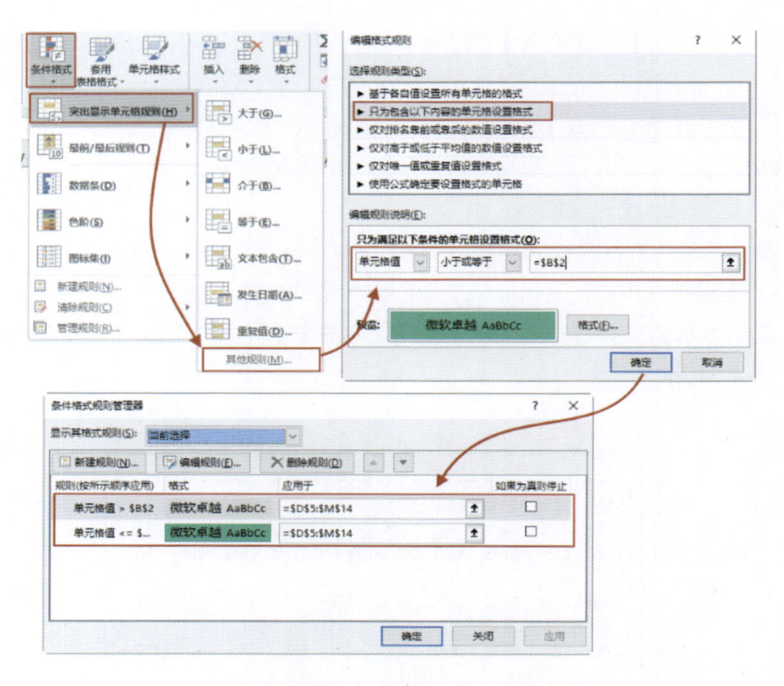

图 4-55　设置单元格规则

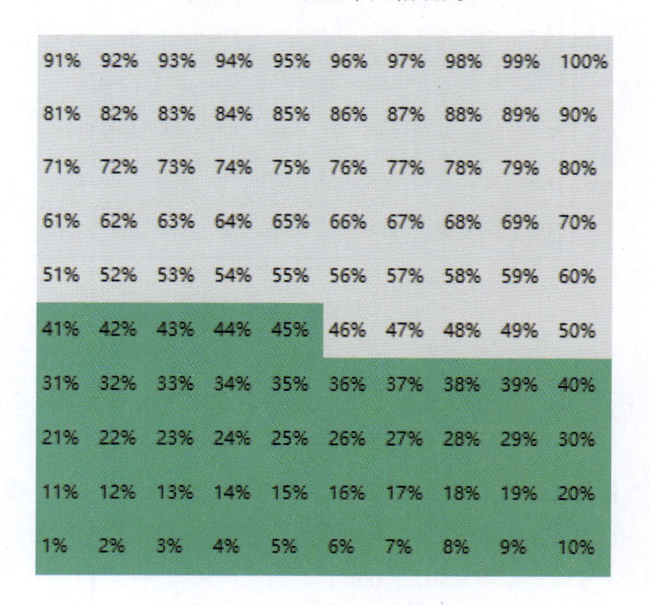

图 4-56　方块堆积图绘制过程 2

4)　隐藏方块内数字：选中整个方块单元格区域，单击右键，从快捷菜单中选择【设置单元格格式】，在【设置单元格格式】对话框【数字】分类下单击【自定义】，在【类型】的输入框输入“；；；”，单击【确定】按钮，如图 4-57 所示。

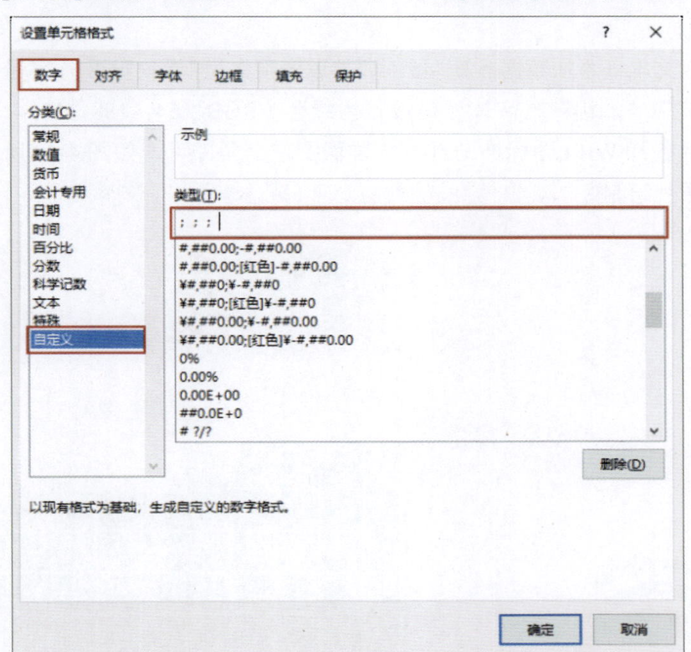

图 4–57　【设置单元格格式】对话框

STEP 04　美化图表

选中所有方块，设置边框颜色为白色，并加粗，设置好后如图 4-58 所示。

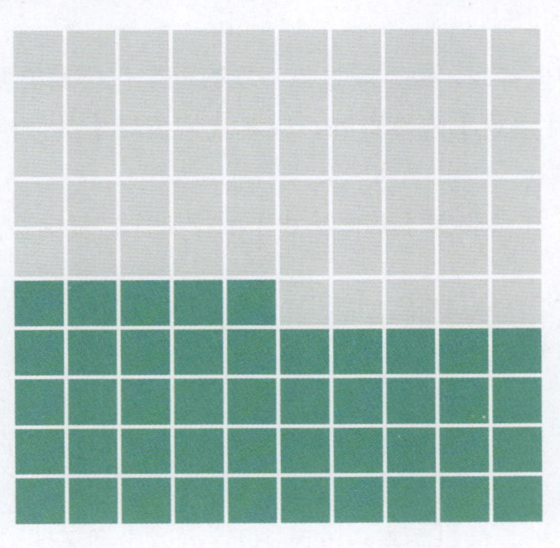

图 4–58　方块堆积图绘制过程 3

STEP 05　图标素材与图表组合

1) 准备一个 WIFI 图标，并设置填充色为绿色（RGB：54，188，155），如图 4-59 所示。
2) 插入文本框添加数据标签“45%”，并设置字体为“微软雅黑”，字号设置为“36”并选中“加粗”，字体颜色设置为绿色（RGB：54，188，155），然后将数据标签和 WIFI 图标拖动至方块堆积图左上角即可，如图 4-60 所示，方块堆积图就绘制好了。

图 4-59 WIFI 图标素材

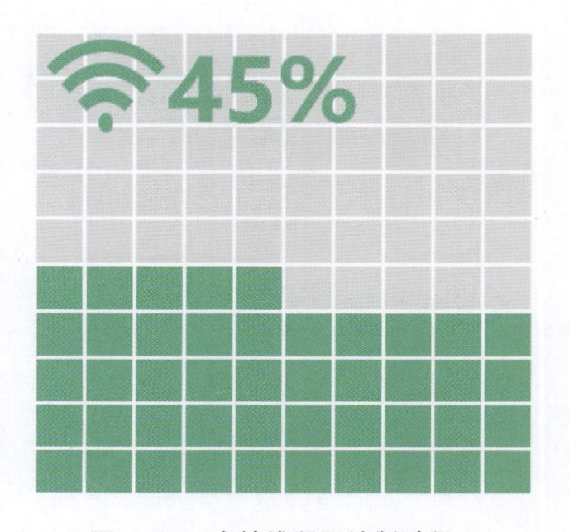

图 4-60 方块堆积图绘制过程 4

小白： Mr. 林，我想到一个笨方法，既然方块堆积图都是由小方块堆积的，我可以手工直接插入 *N* 个小正方形啊，按照比例更改不同的颜色，然后拼到一起，组成一个整体。

Mr. 林： 这样操作也可以，缺点就是每一次数据变化后都需要更改小方块的颜色，如果是通过设置【条件格式】来设置的，只要我们编辑【条件格式】的规则，方块就会自动更新颜色了。

小白： 嗯，是的，还是设置【条件格式】的规则比较灵活些。

4.8 本章小结

Mr. 林： 小白，结构分析相关的信息图的绘制方法学习完了，我们一起来回顾下今天所学的内容。

1) 了解了结构分析类信息图常用的基础图，可以是圆环图、饼图、条形图、柱形图、树状图、旭日图等。
2) 学习了通过图形互相重叠来展示各构成成分占比的方法。

3)　学习了 Excel 2016 新增的树状图、旭日图的绘制方法。

4)　学习了通过设置【条件格式】建立单元格规则，绘制方块堆积图的技巧。

小白：我原来只会用饼图做结构分析，原来展示结构可以有这么多图表，这节课真是干货满满，让我大开眼界！

Mr. 林：嗯，图表可以根据实际需求有很多种表达方式，不能盲目乱套图表，切记要根据业务实际需要，以清晰地传达信息为目的进行选择。

第5章

分布分析

刚学习完结构分析类信息图的第二天下班后，Mr. 林就将小白叫到办公桌旁：小白，昨天学习了分组分析中的结构分析类信息图，今天趁热打铁，继续学习分组分析中的分布分析类信息图。

小白：好嘞，笔记本我已经准备好了。

Mr. 林：分布分析是用于研究数据的分布特征和规律的一种分析方法，主要包括定量分布与位置分布两种分析法。

1) 定量分布分析，是指根据分析目的，将数值型数据进行等距或不等距的分组，研究各组分布规律的一种分析方法。定量分布分析应用非常广泛，例如，用户消费分布、用户收入分布、用户年龄分布，等等。常见的信息图有直方图、旋风图等。
2) 位置分布分析，是指通过不同数据维度确定分析对象所处的位置，数据维度可以是一个或者是多个。常见的信息图有箱线图、矩阵图、气泡矩阵图、地图等。

5.1　直方图

Mr. 林：直方图又称质量分布图，由一系列高度不等的柱子表示数据分布的情况，横轴为数据区间分类，纵轴为各区间内数据出现的频数，各柱子的高度表示数据的分布情况。

如图 5-1 所示，在这个直方图中，展示了飞机大战这款游戏用户的年龄分布。可以直观地看到，20~30 岁年龄段的用户数是最多的，其次是 30~40 岁，而 50~60 岁年龄段的用户数最少。

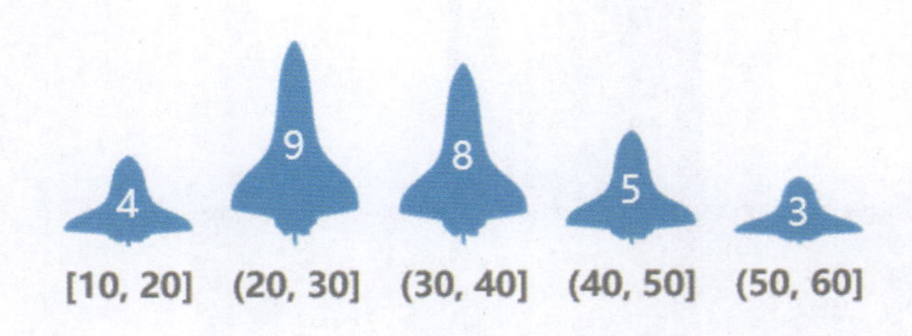

图 5-1　直方图示例

下面我们介绍两种在 Excel 中绘制这种直方图的方法。

5.1.1 直方图作法一

STEP 01 数据准备

Excel 自带的直方图本身即具有分组汇总功能，只需要提供原始的明细数据即可，所以直方图的数据源为每一个用户的年龄数据，如图 5-2 所示。

	A	B
1	用户ID	年龄
2	001	54
3	002	31
4	003	21
5	004	39
6	005	52
7	006	27
8	007	44
9	008	21
10	009	34
11	010	26

图 5-2　用户数据

STEP 02 绘制基础图表

绘制直方图，选中 A1:B30 单元格区域，单击【插入】选项卡，在【图表】组中单击【插入统计图表】中的【直方图】，生成的图表如图 5-3 所示。

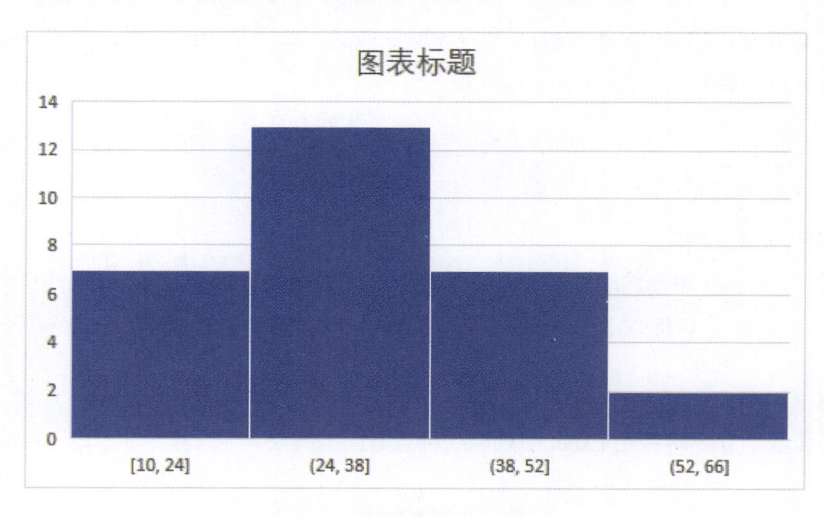

图 5-3　直方图制作过程 1

STEP 03　图表处理

调整 X 轴分组间距为 10，一共分 5 组：用鼠标右键单击 X 轴，从快捷菜单中选择【设置坐标轴格式】，在弹出的【设置坐标轴格式】对话框中，将【坐标轴选项】下的【箱宽度】设置为“10.0”，如图 5-4 所示。

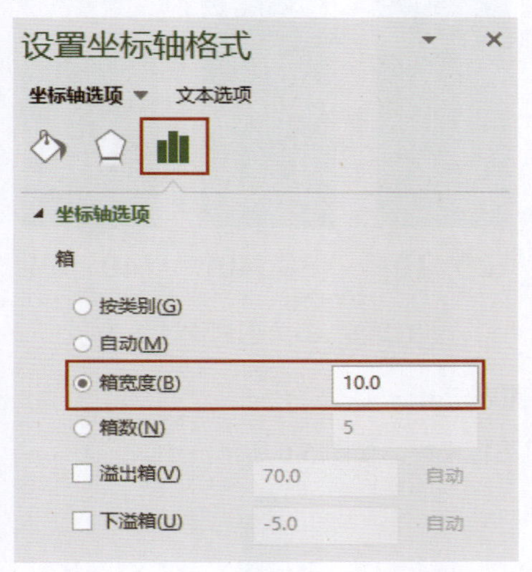

图 5-4　【设置坐标轴格式】对话框

小白：【坐标轴选项】下面的【溢出箱】和【下溢箱】是什么意思？

Mr. 林：当数据中有某些少数值与其他值相差较大时，为了避免这些特殊值影响整体数据的展示效果，可以将这些特殊值放在一个开放的范围内。

例如，大于 50 岁的用户大大超出了其他用户的年龄，就可以将它视为特殊值，将【溢出箱】值设置为“50”，这样就将 50 岁及其以上的数据放在了“>50”的组内了。同理，一个特别小的值也可以放到一个“<= 某数值”【下溢箱】值的组内。

小白：明白了，有点类似数学里的【上限】和【下限】的概念。

Mr. 林：没错。

STEP 04　美化图表

1) 添加数据标签，用鼠标右键单击任意柱子，从快捷菜单中选择【添加数据标签】。然后调整数据标签位置，用鼠标右键单击任意数据标签，从快捷菜单中选择【设置数据标签格式】，在弹出的【设置数据标签格式】对话框中，将【标签选项】下的【标签位置】选为【居中】。
2) 调整柱子的分类间距，适当拉大柱子间的距离，用鼠标右键单击任意柱子，从快捷菜单中选择【设置数据系列格式】，设置【分类间距】为“30%”。
3) 删除“图表标题”“网格线”“Y 轴”，将图表的边框和填充设置为无，将数据标签、坐标轴标签字体设置为“微软雅黑”，字号设置为“18”并选中“加粗”，再将坐标轴字体颜色设为深灰色（RGB：127，127，127），如图 5-5 所示。

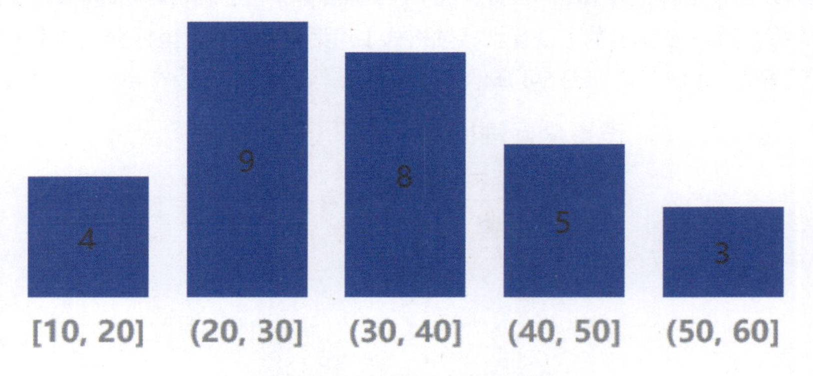

图 5-5　直方图制作过程 2

STEP 05　图标素材与图表组合

1) 准备 1 个飞机图标素材，如图 5-6 所示。

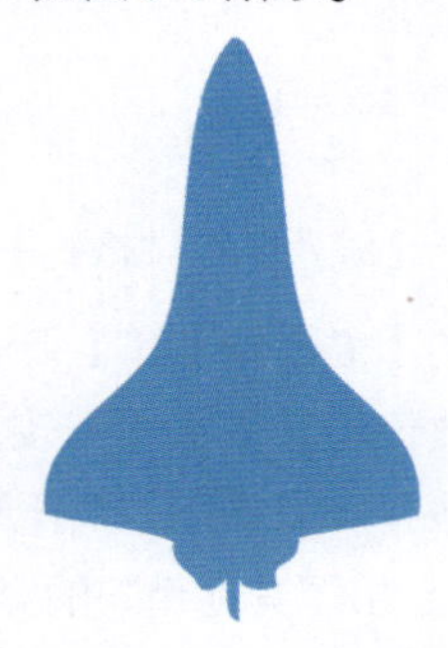

图 5-6　直方图制作过程 3

2) 将柱子替换成“飞机”图标。

Mr. 林：小白，还记得之前我们是如何用图标素材替换柱子的吗?

小白：替换柱子采用的方法都是直接复制准备好的素材，然后选中柱子，粘贴就可以了。

Mr. 林：是的，不过本例如果继续采用此方法，将出现无法替换的情况，也就是“飞机”图标粘贴不上去。

小白：那怎么办呢?

Mr. 林：我教你另外一个方法：先复制“飞机”图标，单击第一个柱子，然后用鼠标右键再单击一次，从快捷菜单中选择【设置数据点格式】，在弹出的【设置数据点格式】对话框的【系列选项】中，在【填充】下选择【图片或纹理填充】，选择【剪贴板】，如图 5-7 所示。

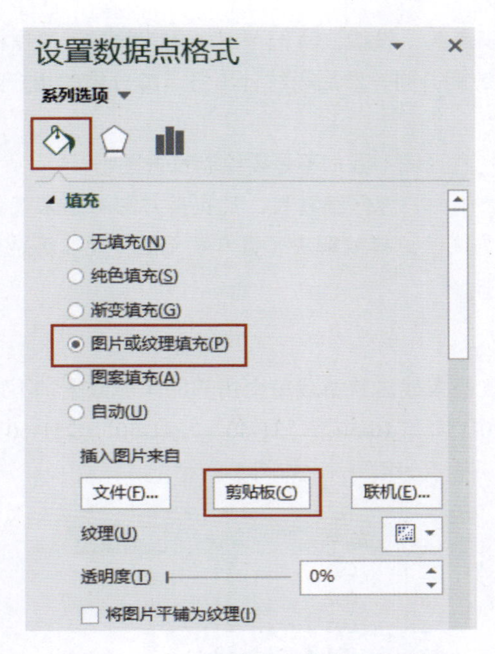

图 5-7 【设置数据点格式】对话框

这样就可以用刚才复制的“飞机”图标替换掉柱子了，然后用同样的方法继续替换其他柱子即可。

小白：还真可以呀，不过需要一个一个柱子替换吗？不能一次选中所有一起替换吗？

Mr. 林：是的，只能一个一个柱子地替换，如果直接选中全部柱子一起替换就会出现问题，无法达到我们要的效果。

好了，一个趣味直方图就制作完成了，效果如图 5-1 所示。

小白：如果我想自定义分组间距来展示分布情况，直接用【直方图】好像做不了啊？

Mr. 林：别着急，接下来我再给你介绍另一个制作直方图的方法。

5.1.2　直方图作法二

Mr. 林：刚刚介绍的是使用 Excel 中的直方图功能进行绘制，这种方法的优点是非常快捷，但是无法灵活定义分组组距，例如我们需要将年龄分组定义为“10-15”“16-30”“31-40”“41-50”“51-60”五组，这时直方图就无法实现。

小白快速地反应道：那我们可以用 Vlookup 的模糊匹配功能实现非等距分组呀！

Mr. 林满意地点了点头：没错，我们可以先用 Vlookup 的模糊匹配功能对每个用户的年龄数据实现非等距分组，然后再统计出各年龄分组的用户数，就可以根据统计结果绘制柱形图了。

小白不解地问道：柱形图？我们不是要绘制直方图吗？

Mr. 林微微一笑：小白，你仔细看看，其实直方图看起来就是柱形图，所以就可以使用柱形图绘制直方图。这样就解决了直方图无法实现非等距分组的问题，下面就来学习这种绘制方法。

STEP 01 数据准备

1) 数据源仍为飞机大战这款游戏每个用户的年龄数据，不过需要进行非等距分组，分成“10-15”“16-30”“31-40”“41-50”“51-60”五组，在“年龄”列后面插入一列“分组”列，如图 5-8 所示。

	A	B	C
1	用户ID	年龄	分组
2	001	54	
3	002	31	
4	003	21	
5	004	39	
6	005	52	
7	006	27	
8	007	44	
9	008	21	
10	009	34	
11	010	26	

图 5–8 数据源 1

2) 准备一张分组对应表，第一列为阈值，也就是每个分组范围的最小值，这列阈值需要进行升序排列，第二列为分组范围，如图 5-9 所示。将“年龄”这列每一个年龄对应到相应的分组。

	A	B	C	D	E	F
1	用户ID	年龄	分组		阈值	分组
2	001	54			10	10-15
3	002	31			16	16-30
4	003	21			31	31-40
5	004	39			41	41-50
6	005	52			51	51-60
7	006	27				

图 5–9 数据源 2

3) 使用 Vlookup 函数的模糊匹配功能进行数据分组：在 C2 单元格输入“=VLOOKUP(B2,$E$1:$F$6,2,TRUE)”，将 C2 单元格公式复制并粘贴至 C3:C30 单元格区域，如图 5-10 所示。

C2　=VLOOKUP(B2,$E$1:$F$6,2,TRUE)

	A	B	C	D	E	F
1	用户ID	年龄	分组		阈值	分组
2	001	54	51-60		10	10-15
3	002	31	31-40		16	16-30
4	003	21	16-30		31	31-40
5	004	39	31-40		41	41-50
6	005	52	51-60		51	51-60
7	006	27	16-30			
8	007	44	41-50			

图 5-10　数据源 3

4) 使用数据透视表计算各个分组人数：选中 A1:C30 单元格区域，单击【插入】选项卡，单击【表格】组中的【数据透视表】，在弹出的【创建数据透视表】对话框中【选择放置数据透视表的位置】区域选择【现有工作表】，并将【位置】设置为 H1 单元格，如图 5-11 所示。

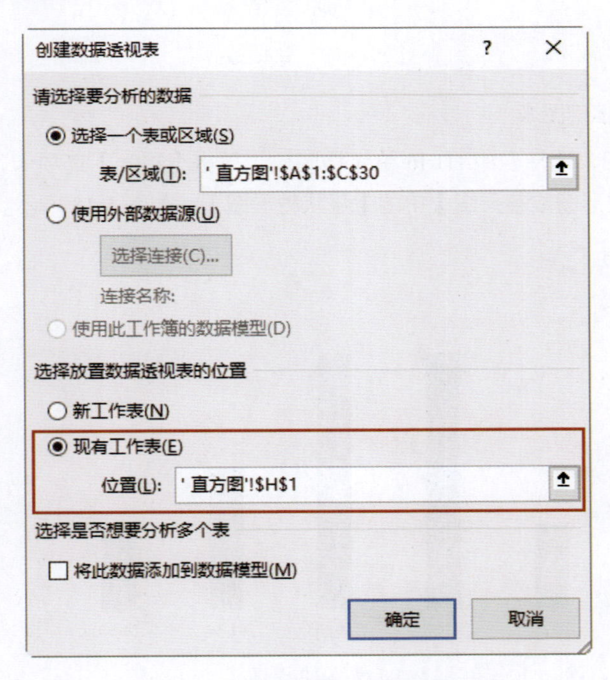

图 5-11　【创建数据透视表】对话框

在弹出的【数据透视表字段】列表中，将“分组”列拖至【行】框中，将“用户 ID”列拖至【值】框中，值计算方式设置为【计数】，如图 5-12 所示，就得到各个分组的人数了。

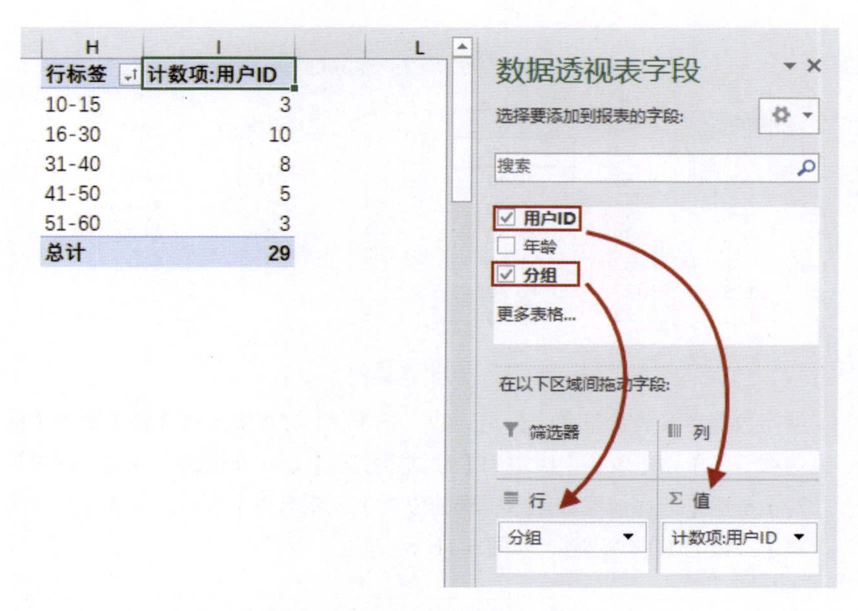

图 5-12　数据源 4

STEP 02　绘制基础图表

绘制柱形图，选择表中 H1:I6 单元格区域，单击【插入】选项卡，在【图表】组中单击【插入柱形图或条形图】中的【簇状柱形图】，如图 5-13 所示。

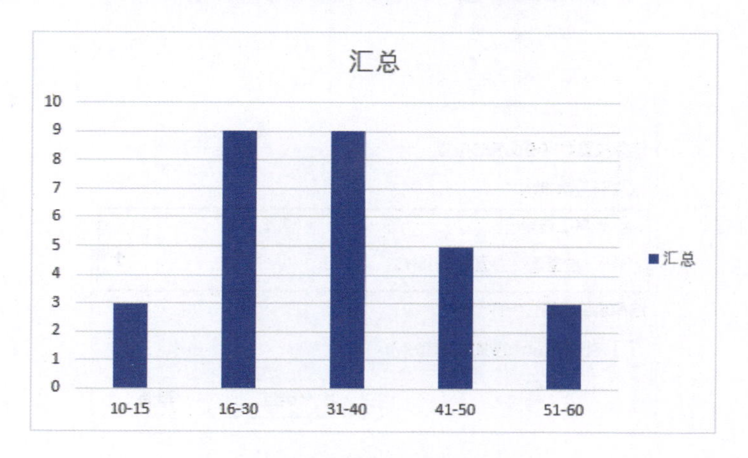

图 5-13　直方图制作过程

Mr. 林：接下来的美化图表、用图片素材替换柱子等相关操作与第一种方法相同，小白，就留给你回去自行复习操作吧。

小白：好的。

5.2　旋风图

Mr. 林： 分布分析常用的第二个信息图为旋风图，如图 5-14 所示，因为它看起来就像舞动着的旋风一样，所以称为旋风图，也称为成对条形图或对称条形图。

旋风图常用于对两种类型的不同项目数据进行对比分析。旋风图最经典的应用就是人口金字塔图。它通过成对的条形对比男性和女性在不同年龄段的人口分布，年龄段需要从小到大排序，这样才能更好地发现分布规律，如图 5-14 所示。

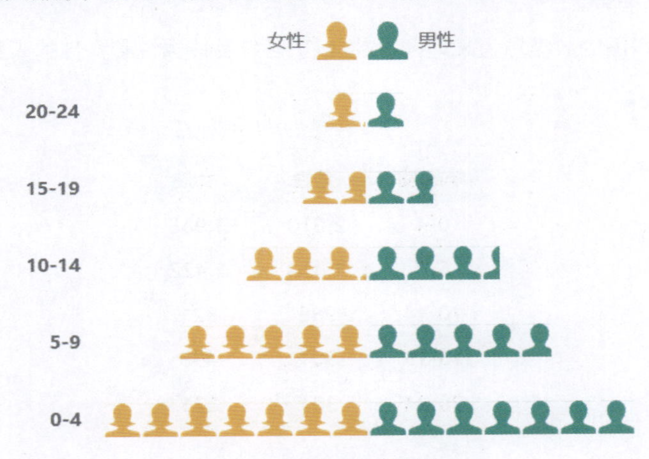

图 5–14　旋风图示例 1

这个图表，从纵向看，年龄段越小，人口数量越多；从横向看，可以对比不同性别在某个年龄段的人口分布差异，例如 10-14 岁年龄段，男性比女性多。

除了人口金字塔，我们还可以用旋风图对比两款产品在不同地区的销售额等，如图 5-15 所示。

图 5–15　旋风图示例 2

小白：那么如何绘制旋风图呢?

Mr. 林：绘制旋风图主要有两种方法：一种是逆序法，一种是负值法。

5.2.1 旋风图作法一

首先介绍使用逆序法绘制人口金字塔图，如图 5-14 所示。

STEP 01 数据准备

人口金字塔图的数据源为某地区 24 岁以下各年龄段男性和女性的人数，如图 5-16 所示。

	A	B	C
1	年龄段	男性	女性
2	0-4	2,010	1,988
3	5-9	1,374	1,422
4	10-14	988	921
5	15-19	501	498
6	20-24	301	321

图 5-16　某地区各年龄段人数

STEP 02 绘制基础图表

绘制条形图，选中数据表中 A1:C6 单元格区域，单击【插入】选项卡，在【图表】组的【插入柱形图或条形图】中选择【簇状条形图】，生成的图表如图 5-17 所示。

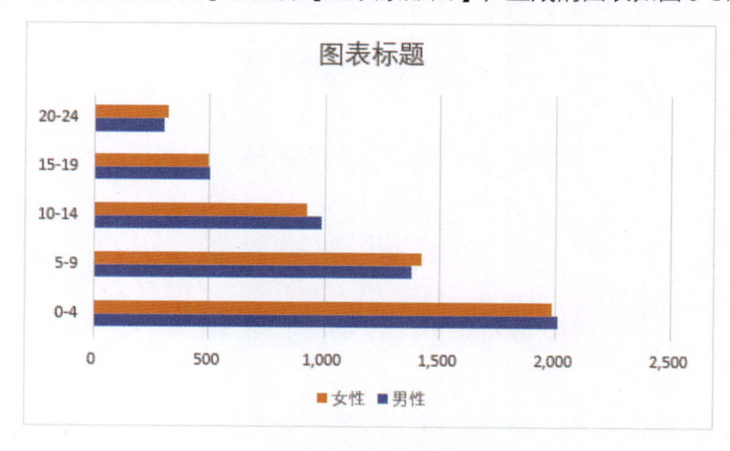

图 5-17　旋风图制作过程 1

STEP 03　图表处理

Mr. 林： 小白，现在“男性”“女性”两个数据系列的条形都排列在同一边，我们需要将“女性”条形翻转到左边，如何实现呢？

小白： 让我想一想，现在介绍的是逆序法，我猜应该是调整“女性”系列横坐标轴，然后勾选【逆序刻度值】的方式实现的吧？

Mr. 林： 真聪明，确实是这样的，下面来看具体的操作步骤。

1) 调整“女性”系列横坐标轴为次坐标轴：用鼠标右键单击“女性”系列条形，从快捷菜单中选择【更改系列图表类型】，在弹出的【更改图表类型】对话框中，对“女性”系列勾选【次坐标轴】，如图 5-18 所示。

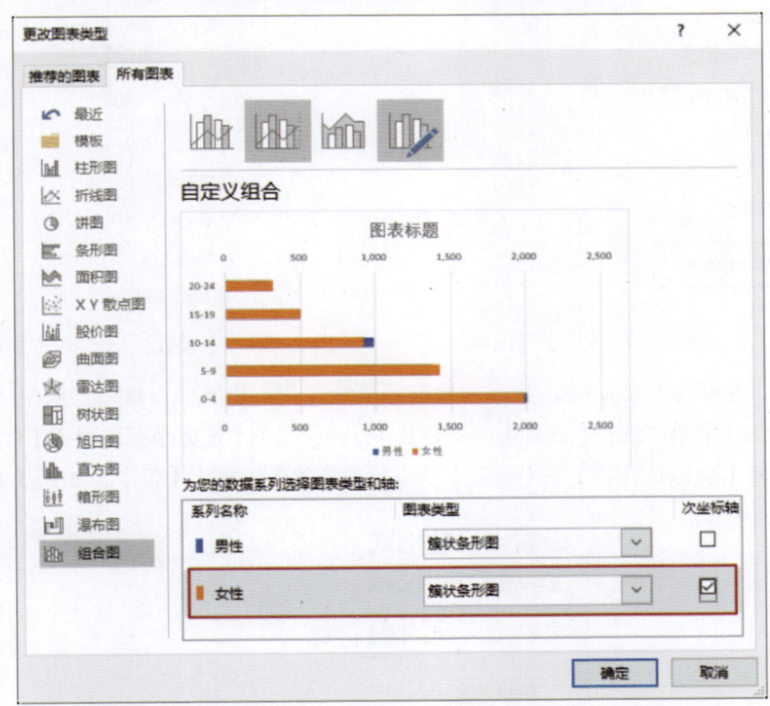

图 5–18　【更改图表类型】对话框

2) 设置次坐标轴格式，勾选【逆序刻度值】：用鼠标右键单击刚出现在图表上方的次坐标轴，从快捷菜单中选择【设置坐标轴格式】，在弹出的【设置坐标轴格式】对话框中，在【坐标轴选项】下勾选【逆序刻度值】复选框，如图 5-19 所示。

3) 调整主、次坐标轴最大、最小值：先调整主坐标轴，用鼠标右键单击主坐标轴，单击【设置坐标轴格式】，在弹出的【设置坐标轴格式】对话框中，在【坐标轴选项】下将【最小值】设置为“-2500”，【最大值】设置为“2500”，如图 5-20 所示。以同样的操作方法设置次坐标轴的最大、最小值为“2500”和“-2500”。

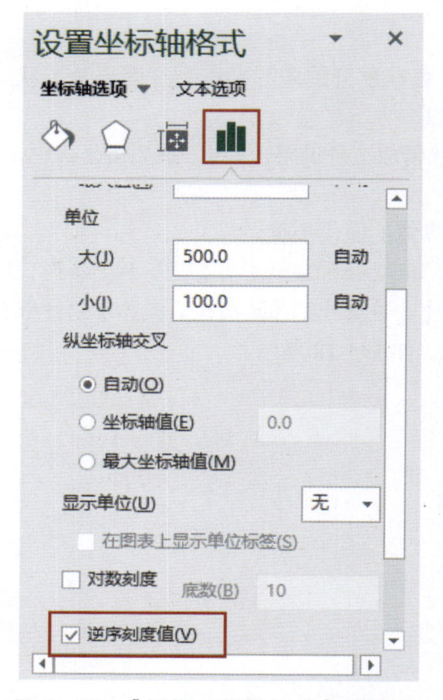

图 5–19　【设置坐标轴格式】对话框 1

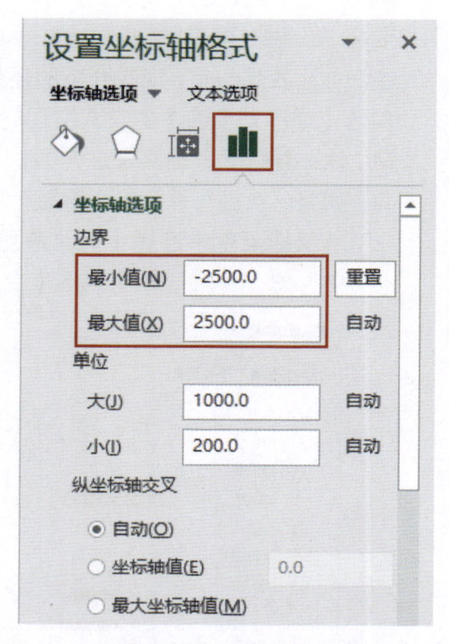

图 5–20　【设置坐标轴格式】对话框 2

4) 调整纵坐标轴标签，将其放置在图表最左侧：用鼠标右键单击纵坐标轴，从快捷菜单中选择【设置坐标轴格式】，在弹出的【设置坐标轴格式】对话框中，将【坐标轴选项】下【标签】的【标签位置】设置为【低】，如图 5-21 所示。

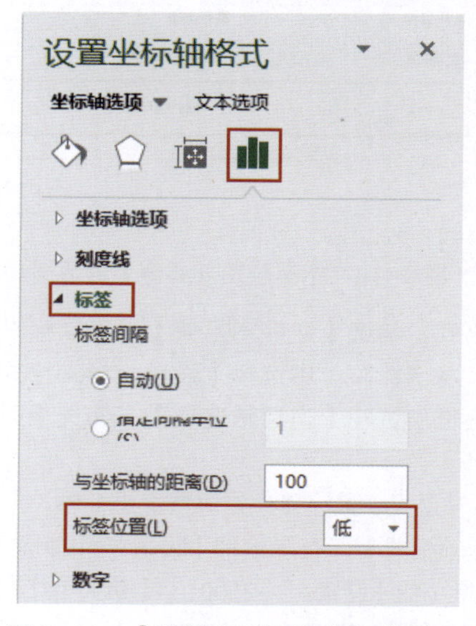

图 5–21　【设置坐标轴格式】对话框 3

STEP 04　美化图表

删除“图表标题”“图例”“网格线”“*X* 轴”，将图表区和绘图区的边框和填充设置为无，将纵坐标轴标签字体设置为“微软雅黑”，字号设置为“18”并选中“加粗”，字体颜色设置为浅灰色（RGB：191，191，191），设置完成后的效果如图 5-22 所示。

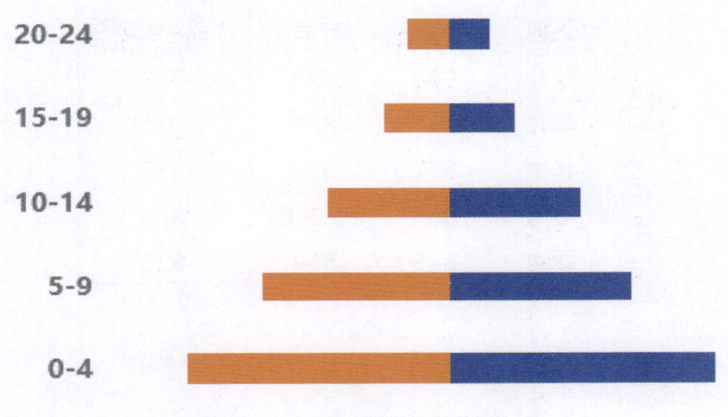

图 5-22　旋风图制作过程 2

STEP 05　图标素材与图表组合

1) 准备图标素材，用绿色小人图标替换“男性”系列条形，黄色小人图标替换“女性”系列条形，如图 5-23 所示。

图 5-23　旋风图制作过程 3

2) 分别选中图标并复制粘贴替换对应的条形，完成后的图表效果如图 5-14 所示。

图标替换条形的操作方法之前已经学习过了，这里不再赘述，旋风图就完成了。

小白：好的。

5.2.1　旋风图作法二

Mr. 林：接下来介绍旋风图的另一种绘制方法——负值法。这种方法主要通过将其中一个数据系列的值更改为负值实现相应条形翻转的效果。

现以图 5-15 所示的旋风图为例，学习如何使用负值法绘制旋风图。

STEP 01 数据准备

数据源为某公司两种产品在不同区域的销售额，这里需要增加了一列辅助列，数值为产品 A 销售额的负值，如图 5-24 所示。

	A	B	C	D
1	区域	产品A	产品B	产品A辅助列
2	东北	508	528	-508
3	华北	1,011	820	-1,011
4	华中	657	525	-657
5	华南	866	1,200	-866
6	西南	625	554	-625

图 5–24　各地区产品销售额

STEP 02 绘制基础图表

绘制条形图，选中 A1:A6、C1:D6 单元格区域，单击【插入】选项卡，在【图表】组【插入柱形图或条形图】中单击【簇状条形图】，生成的图表如图 5-25 所示。

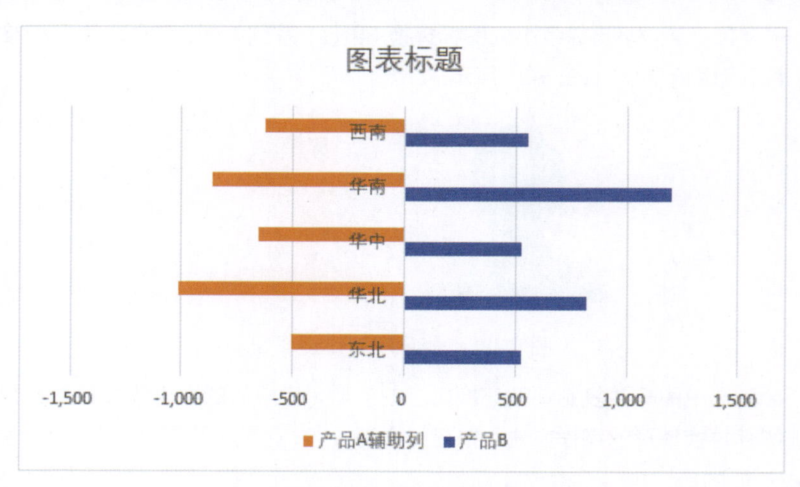

图 5–25　旋风图制作过程 4

STEP 03 图表处理

接下来的操作步骤和第一种方法一样，将“产品 A 辅助列”的横坐标轴设置为次坐标轴，调整主、次坐标轴的最大、最小值分别为“1200”和“-1200”，然后调整纵坐标标签位置为【低】，设置完成后的效果如图 5-26 所示。

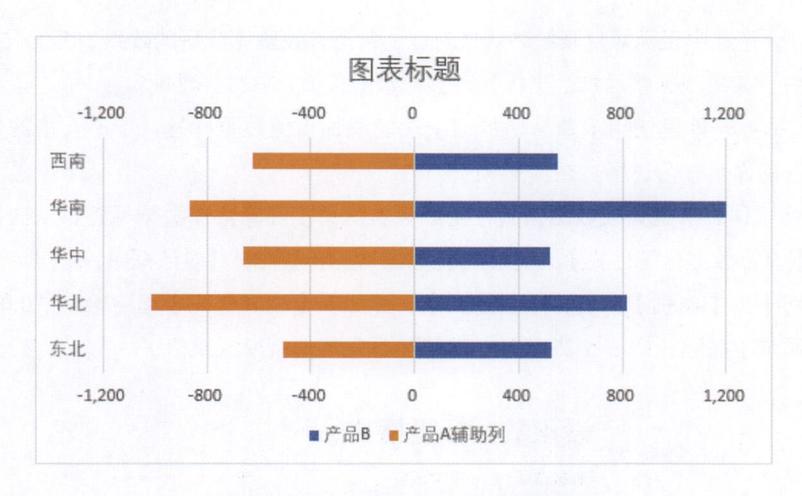

图 5-26　旋风图制作过程 5

STEP 04　美化图表

删除“图表标题”“网格线”“图例”“X轴”，将图表区和绘图区的边框和填充设置为无，将纵坐标轴标签字体设置为“微软雅黑”，字号设置为“18”并选中“加粗”，字体颜色设置为浅灰色（RGB：191，191，191），设置完成后的效果如图 5-27 所示。

图 5-27　旋风图制作过程 6

STEP 05　图标素材与图表组合

1) 准备图标素材，用黄色小伞图标替换“产品 A 辅助列”系列条形，蓝色小伞图标替换“产品 B”系列条形，如图 5-28 所示。

图 5-28　旋风图制作过程 7

2) 分别选中图标并复制粘贴替换对应的条形，设置完成后的效果如图 5-15 所示。

小白：如果我想要添加数据标签，会显示出负值，怎么处理呢？

Mr. 林：一种是使用【单元格的值】功能添加正值数据标签，【单元格的值】功能我们在前面也学习过了。

另外一种方法是更改数据格式：用鼠标右键单击任意负值数据标签，从快捷菜单中选择【设置数据标签格式】，在弹出的【设置数据标签格式】对话框中，在【标签选项】下【数字】的【类别】中选择【自定义】，然后在【格式代码】框中输入“0;0;0”，单击【添加】按钮，如图 5-29 所示，这样坐标轴的值就变成正值了。

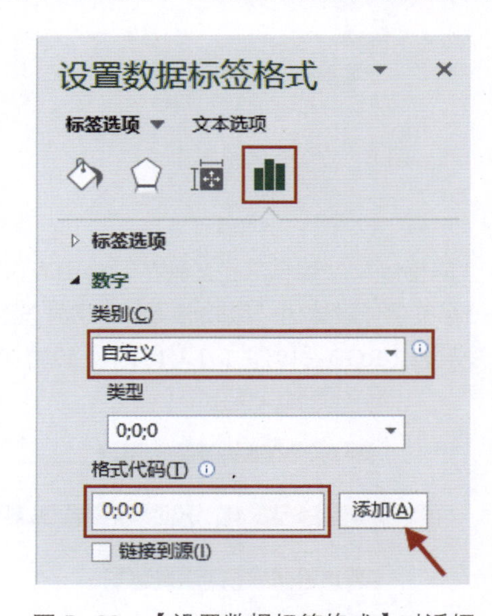

图 5-29 【设置数据标签格式】对话框

小白惊讶地说道：好神奇呐！

5.3 矩阵图

Mr. 林：刚才学习的直方图、旋风图都是定量分布分析常用的信息图。现在我们来学习位置分布分析常用的信息图，第一个是矩阵图。

矩阵图是矩阵分析呈现的可视化结果图形。矩阵分析，是指将事物的两个重要属性（指标）作为分析的依据，进行关联分析，找出解决问题的一种分析方法，也称为矩阵关联分析，简称矩阵分析法。

在图 5-30 所示的这个矩阵图中，以“市场份额”和“增长率”作为关键指标，以“市场份额”和“增长率”的平均值作为参考值将图表分成四个象限，让八款产品分别落入四个不同的象限。这个案例就是常见的波士顿矩阵，通过这个图表，企业可以了解现有产品的结构，针对不同的产品制定不同的战略对策。

在第一象限中的产品市场份额、增长率均相对较高，可称为明星类产品；第二象限中的产品市场份额相对较低，但增长率相对较高，可称为问题类产品；第三象限中的产品市场份额和增长率都相对较低，可称为瘦狗类产品；第四象限中的产品市场份额相对较高，但增长率相对较低，可称为金牛类产品。

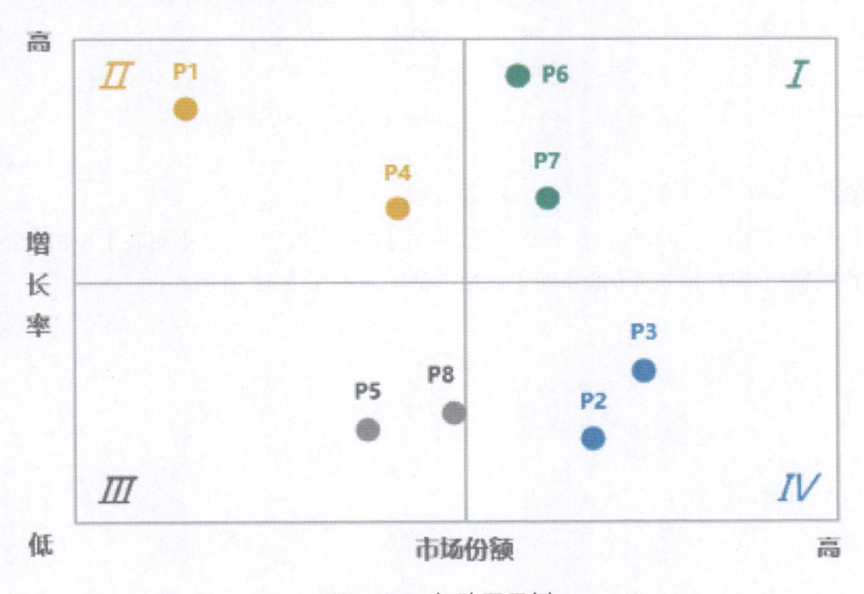

图 5-30　矩阵图示例

Mr. 林：小白，图 5-30 所示的矩阵，你觉得它的基础图表是什么呢？

小白：我看只有散点图跟这个比较像，不过矩阵图中间区分四个象限的十字交叉参考线怎么绘制的？是手工插入线条实现的吗？

Mr. 林：没错，矩阵图的基础图表就是散点图，但是参考线并不是通过手工插入实现的。下面我们一起来学习在 Excel 中绘制矩阵图。

STEP 01　数据准备

矩阵图数据源为某公司不同产品的市场份额和增长率数据，以及这两个指标对应的平均值，如图 5-31 所示，当然这里不一定使用平均值，也可以参照其他标准。

	A	B	C
1	产品	市场份额	增长率
2	P1	27%	81%
3	P2	88%	16%
4	P3	96%	30%
5	P4	59%	61%
6	P5	54%	18%
7	P6	77%	88%
8	P7	81%	63%
9	P8	67%	21%
10	平均值	69%	47%

图 5-31　某公司产品的市场份额和增长率数据

STEP 02　绘制基础图表

绘制散点图，选中 B2:C9 单元格区域，单击【插入】选项卡，在【图表】组中单击【插入散点图或气泡图】中的【散点图】，生成的图表如图 5-32 所示。

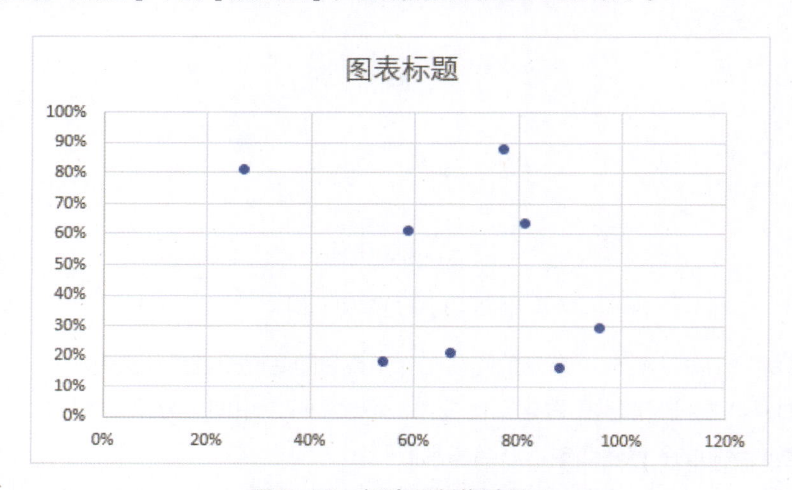

图 5-32　矩阵图制作过程 1

注意：绘制散点图时只需要选择横坐标与纵坐标对应的值即可，无须将指标名称、字段名称、平均值也选入绘图数据范围，否则将无法绘制出所需的散点图。

STEP 03　图表处理

1) 删除多余元素：删掉“图表标题”“网格线”，将图表区和绘图区的边框和填充设置为无，如图 5-33 所示。

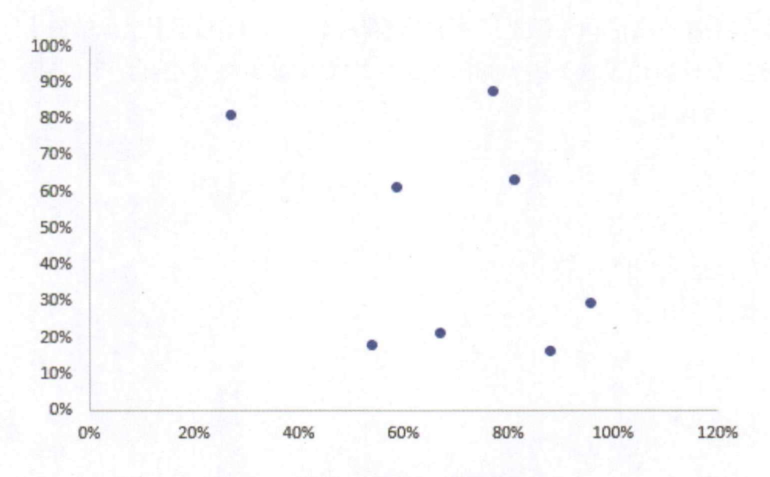

图 5-33　矩阵图制作过程 2

Mr. 林：小白，这是常见的散点图，如何将它变成矩阵形式呢？除了通过插入线条的方式绘制十字交叉参考线外，还有其他方法吗？

小白挠了挠头：想不出来呀。

Mr. 林：你仔细观察这个散点图，发现没有，横、纵坐标是多余的，但我们能否“废物利用”呢？能不能移动坐标轴，比如将横坐标轴往上移，纵坐标轴往右移？

小白：呀！它还真可以移动。

2) 移动横、纵坐标轴，制作四个象限参考线：用鼠标右键单击横坐标轴，从快捷菜单中选择【设置坐标轴格式】，在弹出的【设置坐标轴格式】对话框【坐标轴选项】下，将【纵坐标轴交叉】下的【坐标轴值】设置为“0.69”，“0.69”就是“市场份额”的平均值。另外，顺便将【刻度线】栏中的【主刻度线类型】【次刻度线类型】、【标签】栏中的【标签位置】项都设置为【无】，如图 5-34 所示。

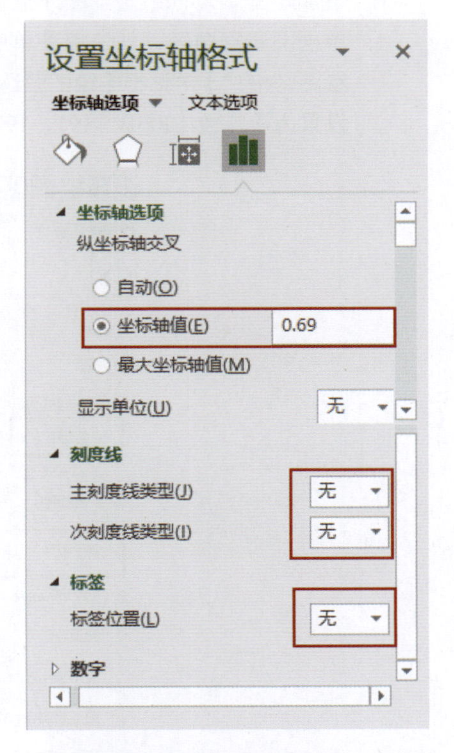

图 5-34　【设置坐标轴格式】对话框

以同样的操作方法调整纵坐标轴的【横坐标轴交叉】，设置【坐标轴值】为“0.47”，并将刻度线及标签均设置为无，矩阵图的十字交叉参考线就绘制好了，设置完成后的效果如图 5-35 所示。

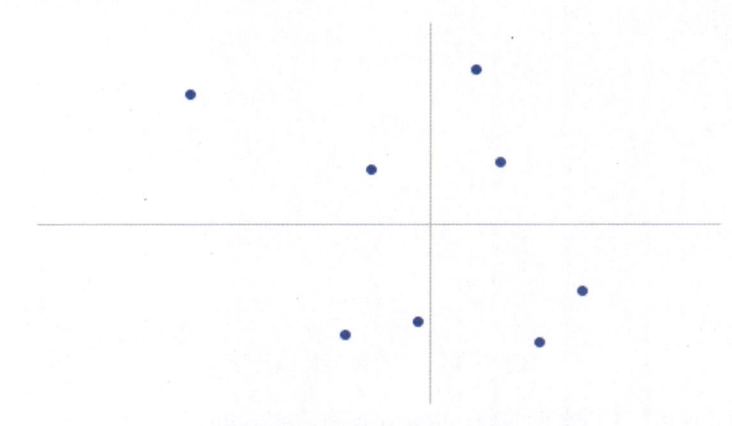

图 5-35　矩阵图制作过程 3

3) 增加矩阵图外框：矩阵图外框直接通过设置绘图区的边框实现，用鼠标右键单击图表空白区，从快捷菜单中选择【设置绘图区格式】，在弹出的【设置绘图区格式】对话框【绘图区选项】下，将【边框】设置为【实线】，【颜色】设置为浅灰色（RGB：191，191，191），如图 5-36 所示。

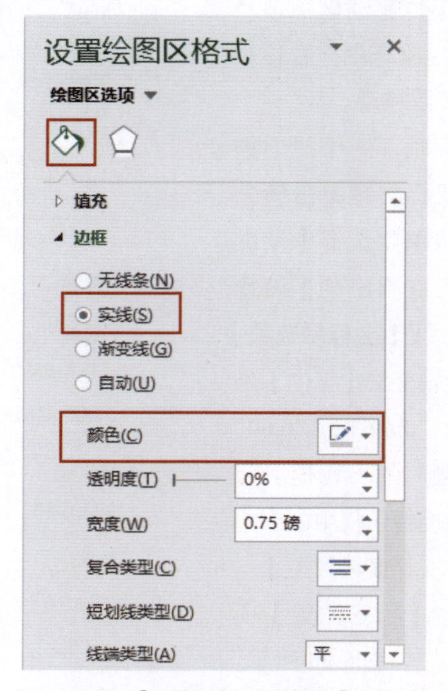

图 5-36　【设置绘图区格式】对话框

4) 调整矩阵图布局：用鼠标右键单击横坐标轴，从快捷菜单中选择【设置坐标轴格式】，在弹出的【设置坐标轴格式】对话框中的【坐标轴选项】下，设置横坐标轴的【最小值】【最大值】分别为“0.0”和“1.5”。以同样操作将纵坐标轴的【最小值】【最大值】分别设置为“0.0”和“1.0”，设置完成后的效果如图 5-37 所示。

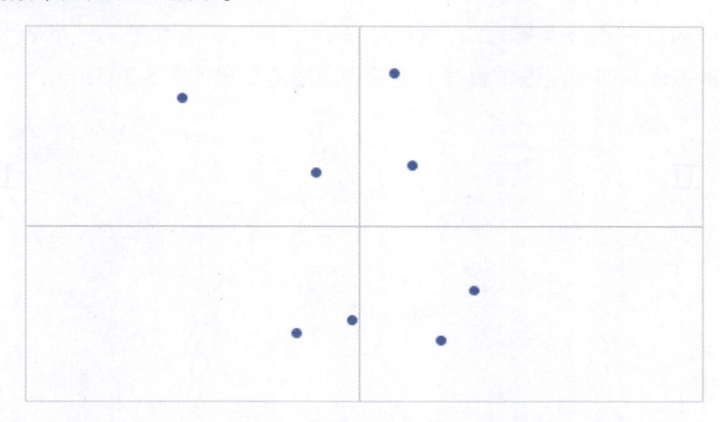

图 5-37　矩阵图制作过程 4

5) 调整数据点标记大小：用鼠标右键单击任意数据点，从快捷菜单中选择【设置数据系列格式】，在弹出的【设置数据系列格式】对话框【系列选项】下，打开【填充与线条】，单击【标记】，在【标记选项】下单击【内置】，并设置【大小】为“12”，如图 5-38 所示。

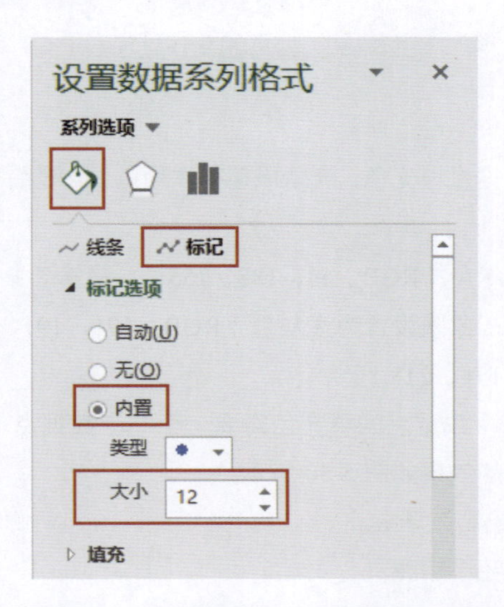

图 5-38　【设置数据系列格式】对话框

6) 添加标签：先添加产品标签，用鼠标右键单击任意数据点，从快捷菜单中选择【添加数据标签】，这时添加数据标签并不是我们要的产品标签。用鼠标右键单击刚添加的任意数据标签，从快捷菜单中选择【设置数据标签格式】，在弹出的【设置数据标签格式】对话框下通过【单元格中的值】将数据标签的值更改为产品名称（A2:A9 单元格区域），并将默认勾选的“Y 值”取消勾选。然后通过插入文本框方式，添加“高”“低”“增长率”“市场份额”等文字标签以及四个象限的编号，设置完成后的效果如图 5-39 所示。

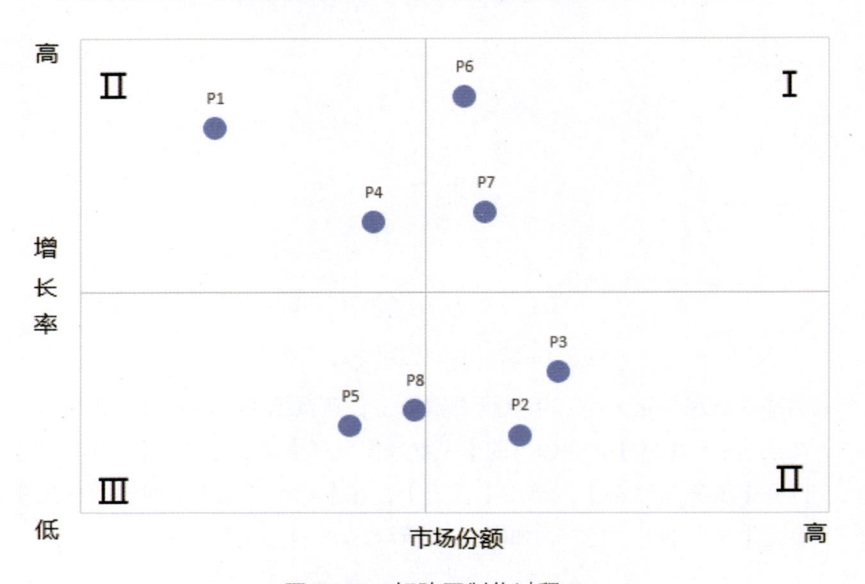

图 5–39　矩阵图制作过程 5

STEP 04　美化图表

对每个象限中的数据点填充色、产品标签字体颜色、象限编号字体颜色进行设置，以提高矩阵的可读性。

将第一象限设置为绿色（RGB：54，188，155），将第二象限设置为黄色（RGB：237，125，49），将第三象限设置为浅灰色（RGB：191，191，191），将第四象限设置为蓝色（RGB：59，174，218）。

需要注意的是，每个数据点的填充色需要一个一个数据点单独设置，暂无批量设置的方法。设置完成后的效果如图 5-30 所示。

Mr. 林：矩阵图就绘制完毕啦。

小白：效果看起来还不错喔。

5.4　气泡矩阵图

Mr. 林：位置分布分析常用的第二个信息图为气泡矩阵图。刚才学习了如何在 Excel 中绘制矩阵图，它是一个最常用的二维数据矩阵图。如果需要再加入一个指标进行对比分析该怎么办呢？这个时候就需要用到气泡矩阵图了。

气泡图是一种特殊类型的散点图，它是散点图的扩展，相当于在散点图的基础上增加了第三个变量，即气泡的面积，其指标对应的数值越大，则气泡越大，相反，数值越小，则气泡越小，所以气泡图可以用于分析更加复杂的数据关系。

如图 5-40 所示，在这个案例中，除了市场份额和增长率，还增加了第三个关键指标销售金额，通过气泡的大小来展现，气泡越大说明销售金额越高，反之销售金额越低。

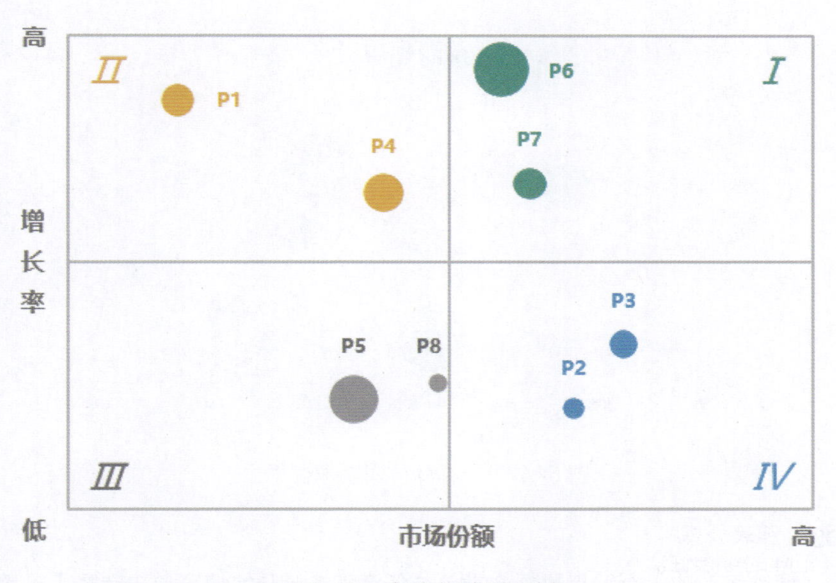

图 5–40　气泡矩阵图示例

STEP 01　数据准备

气泡矩阵图数据源仍为某公司产品销售数据，除了市场份额和增长率，还增加了一列销售金额，如图 5-41 所示。

STEP 02　绘制基础图表

绘制气泡图，选中 B2:D9 单元格区域，单击【插入】选项卡，在【图表】组中单击【插入散点图或气泡图】中的【气泡图】，生成的图表如图 5-42 所示。

	A	B	C	D
1	产品	市场份额	增长率	销售金额
2	P1	27%	81%	1,488
3	P2	88%	16%	650
4	P3	96%	30%	1,125
5	P4	59%	61%	2,085
6	P5	54%	18%	3,158
7	P6	77%	88%	4,215
8	P7	81%	63%	1,510
9	P8	67%	21%	458
10	平均值	69%	47%	

图 5-41　产品销售数据

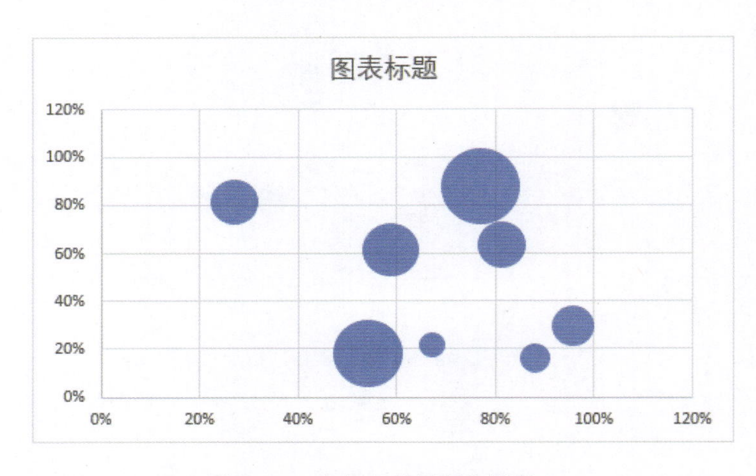

图 5-42　气泡矩阵图制作过程 1

STEP 03　图表处理

1) 调整气泡的大小：用鼠标右键单击任意气泡，从快捷菜单中选择【设置数据系列格式】，在弹出的【设置数据系列格式】对话框【系列选项】下，设置【缩放气泡大小】为“40”，如图 5-43 所示。

2) 采用绘制二维矩阵的方法，使用市场份额和增长率的平均值调整横、纵坐标轴的位置，去除“标题”“网格线”“坐标轴标签”等不必要的元素，添加数据标签并将数据标签通过【单元格中的值】的功能更改为产品名称（A2:A9 单元格区域），设置完成后的效果如图 5-44 所示。

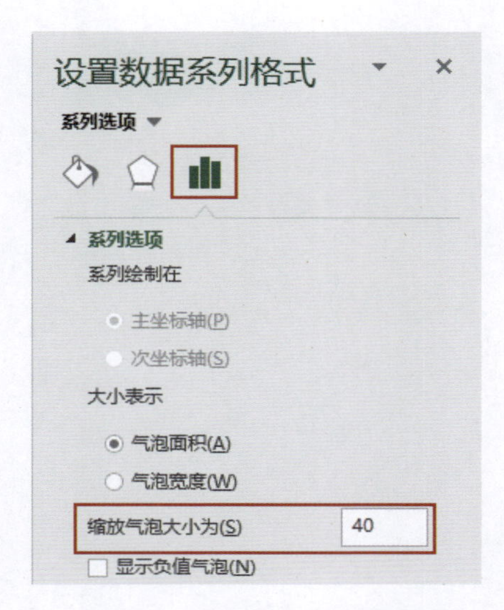

图 5-43 【设置数据系列格式】对话框

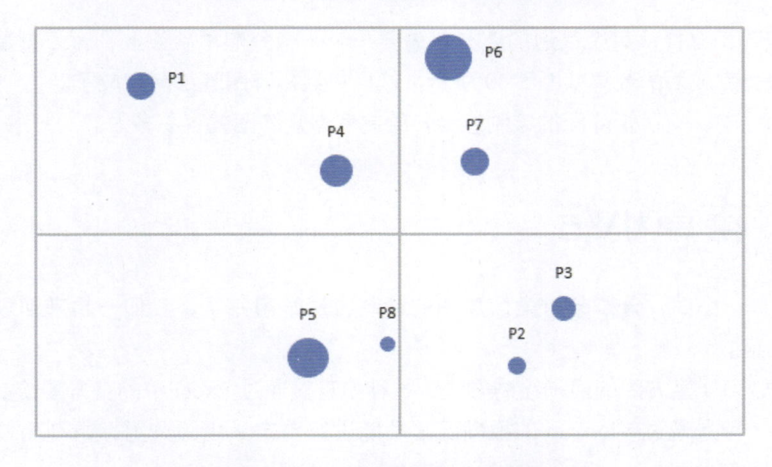

图 5-44 气泡矩阵图制作过程 2

3) 通过插入文本框的方式，添加“高”“低”“增长率”“市场份额”等文字标签以及四个象限的编号，设置完成后的效果如图 5-45 所示。

STEP 04 美化图表

对每个象限中的气泡填充色、产品标签字体颜色、象限编号字体颜色进行设置。

将第一象限设置为绿色（RGB：54，188，155），将第二象限设置为黄色（RGB：237，125，49），将第三象限设置为浅灰色（RGB：191，191，191），将第四象限设置为蓝色（RGB：59，174，218）。

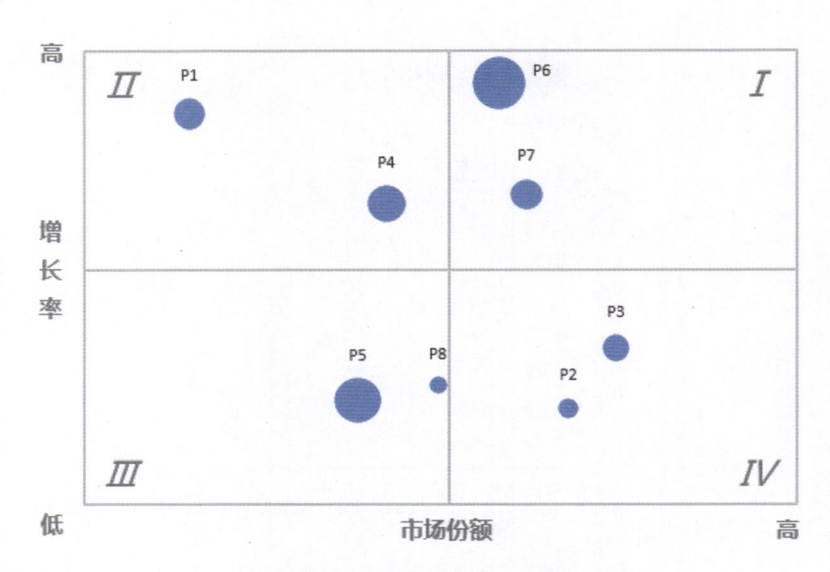

图 5-45　气泡矩阵图制作过程 3

与矩阵图一样，每个气泡的填充色需要一个一个气泡单独设置，暂无批量设置的方法。设置完成后的效果如图 5-40 所示，这样气泡矩阵图就绘制完成了。

小白：嗯，有了矩阵图的绘制经验，绘制气泡矩阵图就容易多了。

5.5　本章小结

Mr. 林：小白，分布分析类信息图的绘制方法学习完了，我们一起来回顾下今天所学的内容。

1) 学习了直方图的两种绘制方法，一种是直接通过 Excel 中的直方图绘制，另外一种是通过 Vlookup 的模糊匹配功能进行自定义组距分组，再利用柱形图绘制直方图。
2) 学习了逆序法和负值法实现条形翻转的技巧以绘制旋风图，并学习了通过更改数据格式处理负值显示问题的方法。
3) 学习了矩阵图中十字交叉参考线制作的技巧。
4) 学习了气泡矩阵图中气泡大小的设置技巧。

小白：嗯，又学到很多新的、实用的方法与技巧，回去后我会多加练习与实践的。

第6章

趋势分析

小白一下班就来到 Mr. 林办公桌旁： Mr. 林，今早在经分会上，有同事被报告中使用的信息图惊呆了，都来问我是怎么绘制的。

Mr. 林心里充满喜悦： 不错嘛，都当起小老师了。

小白微笑着说： 嘻嘻！这都是您的功劳，今天我们学习什么图？我好回去继续教他们。

Mr. 林： 那今天我们就一起学习趋势分析类的信息图吧。先来看看什么是趋势分析法。

小白点了点头： 嗯嗯！

Mr. 林： 趋势分析法是应用事物时间发展的延续性原理来预测事物发展趋势的。它有一个前提假设：事物发展具有一定的连贯性，即事物过去随时间发展变化的趋势，也是今后该事物随时间发展变化的趋势。只有在这样的前提假设下，才能进行趋势预测分析。

趋势分析常见的信息图有折线图、面积图、趋势气泡图等，可以根据实际需要选择相应的图形进行呈现。

6.1 折线图

Mr. 林： 折线图是趋势分析中最常用的图形，它是用直线段将各数据点连接起来而组成的图形，以折线方式显示数据随着时间推移的变化趋势，所以也称为趋势图。

图 6-1 所示这个折线图展示了某产品 2018 年 12 个月的用户满意度变化情况，可以看出满意度呈现缓慢上升的趋势，从 1 月的 4 分增长到 12 月的 9 分，但 7 月满意度突然下降至 4 分，之后 8 月又提升至 8 分，这就需要了解是什么原因使得 7 月用户满意度突然下降。

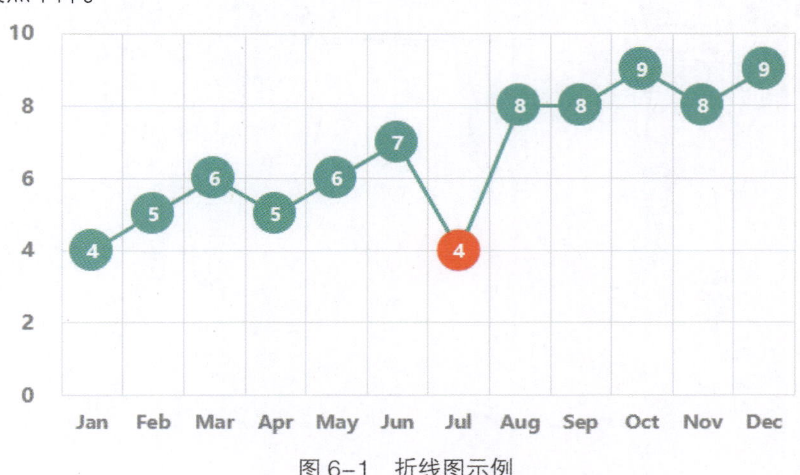

图 6-1 折线图示例

下面就一起学习在 Excel 中绘制美观的折线图。

STEP 01　数据准备

折线图数据源为某产品 2018 年各月用户的满意度评分，如图 6-2 所示。

	A	B
1	月度	满意度
2	Jan	4
3	Feb	5
4	Mar	6
5	Apr	5
6	May	6
7	Jun	7
8	Jul	4
9	Aug	8
10	Sep	8
11	Oct	9
12	Nov	8
13	Dec	9

图 6-2　某产品 2018 年各月用户满意度评分

STEP 02　绘制基础图表

绘制折线图，选中 A1:B13 单元格区域，单击【插入】选项卡，在【图表】区中单击【插入折线图或面积图】中的【带数据标记的折线图】，生成的图表如图 6-3 所示。

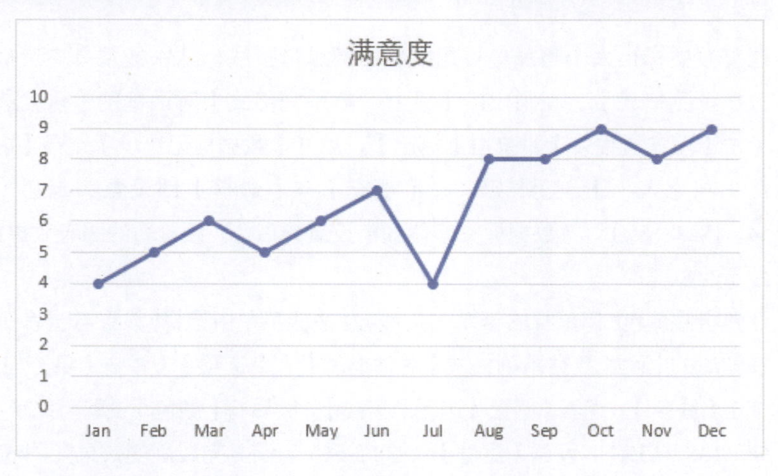

图 6-3　折线图绘制过程 1

小白： 这个不就是我们平常绘制的普通折线图吗?

Mr. 林： 是的，我们可以根据我们的需求进一步美化图表。

STEP 03 美化图表

1) 删除“满意度”图表标题，将图表区和绘图区的边框和填充都设置为无。
2) 添加数据标签: 用鼠标右键单击任意折线，从快捷菜单中选择【添加数据标签】，单击【添加数据标签】，用鼠标右键单击任意数据标签，从快捷菜单中选择【设置数据标签格式】，在弹出的【设置数据标签格式】对话框的【标签选项】下【标签位置】选择【居中】，将数据标签、*X*轴标签字体设置为“微软雅黑”，字号设置为“11”并选中“加粗”，调整后的效果如图 6-4 所示。

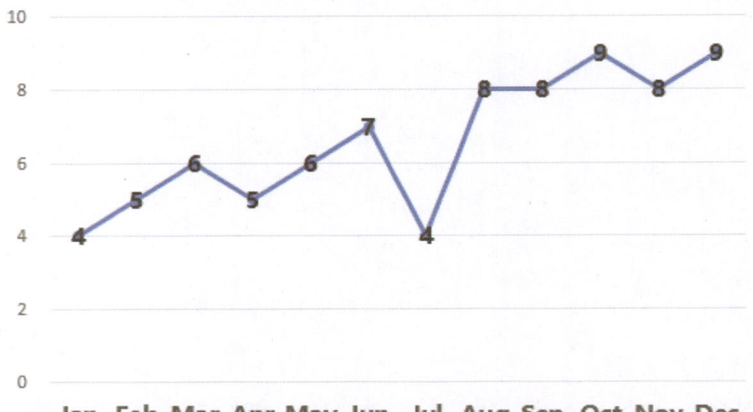

图 6–4　折线图绘制过程 2

3) 调整数据标记大小与颜色：用鼠标右键单击折线，从快捷菜单中选择【设置数据系列格式】，在弹出的【设置数据系列格式】对话框的【系列选项】下单击【填充与线条】，单击【标记】，点开【数据标记选项】选择【内置】，然后将【大小】改为“25”，【填充】与【边框】都设置为绿色（RGB：54，188，155），将数据标签字体颜色设置为白色，设置后的图表效果如图 6-5 所示。
4) 调整折线颜色: 用鼠标右键单击折线，从快捷菜单中选择【设置数据系列格式】，在弹出的【设置数据系列格式】对话框的【系列选项】下单击【填充与线条】，单击【线条】，点开【线条】选择【实线】，然后将【颜色】设置为绿色（RGB：54，188，155），设置【宽度】为“2.5 磅”，设置完成后的效果如图 6-6 所示。

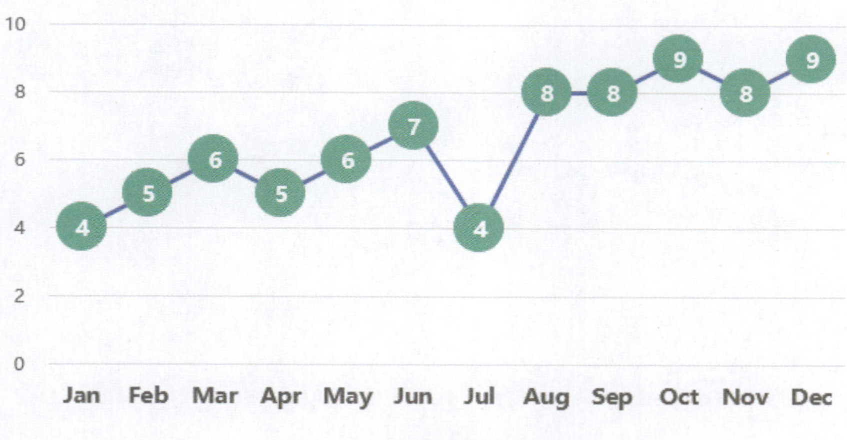

图 6–5　折线图绘制过程 3

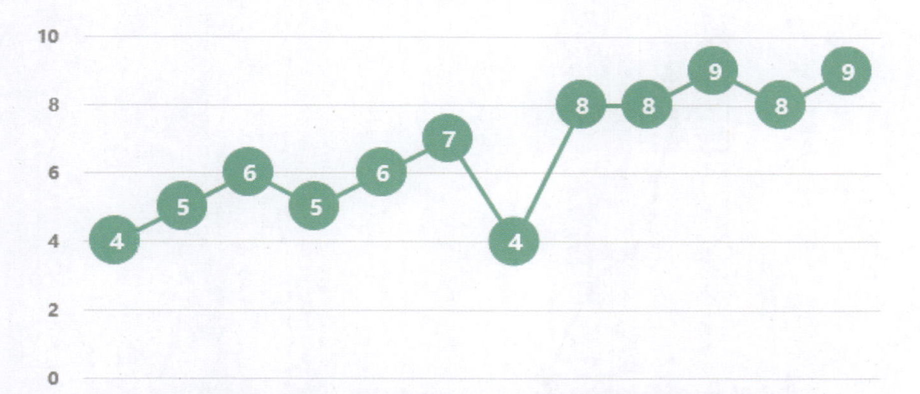

图 6–6　折线图绘制过程 4

5) 更改 7 月数据标记的颜色：单击折线，然后再单击一次 7 月的数据标记，以单独选中 7 月的数据标记，单击鼠标右键，从快捷菜单中选择【设置数据点格式】，在弹出的【设置数据点格式】对话框中，在【系列选项】下单击【填充与线条】，单击【标记】，将【填充】和【边框】的颜色均设置为红色（RGB：255，0，0），设置完成后的效果如图 6-7 所示。

6) 添加垂直网格线：单击选中图表，单击【设计】选项卡，在【图表布局】组中单击【添加图表元素】，单击【网格线】，单击【主轴主要垂直网格线】，如图 6-8 所示，最后美化下 *X* 轴、*Y* 轴标签，将 *X* 轴、*Y* 轴标签字体设置为“加粗”，颜色设置为深灰色（RGB：127，127，127），好了，一个折线图就绘制完成了，效果如图 6-1 所示。

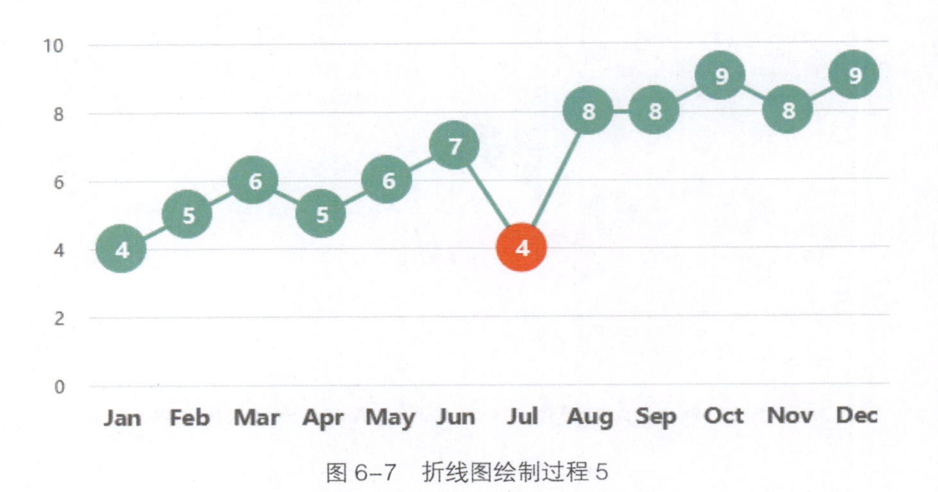

图 6–7　折线图绘制过程 5

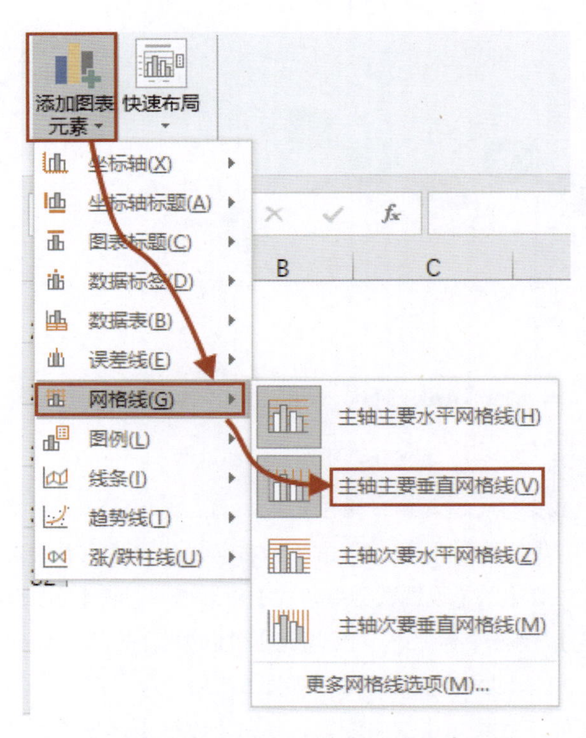

图 6–8　选择【添加图表元素】

小白：果然效果好了很多。

Mr. 林：最后一步，添加垂直网格线不是必需的，可以根据实际需求选择添加。

6.2　面积图

Mr. 林：趋势分析常用的第二个信息图为面积图，如图 6-9 所示。

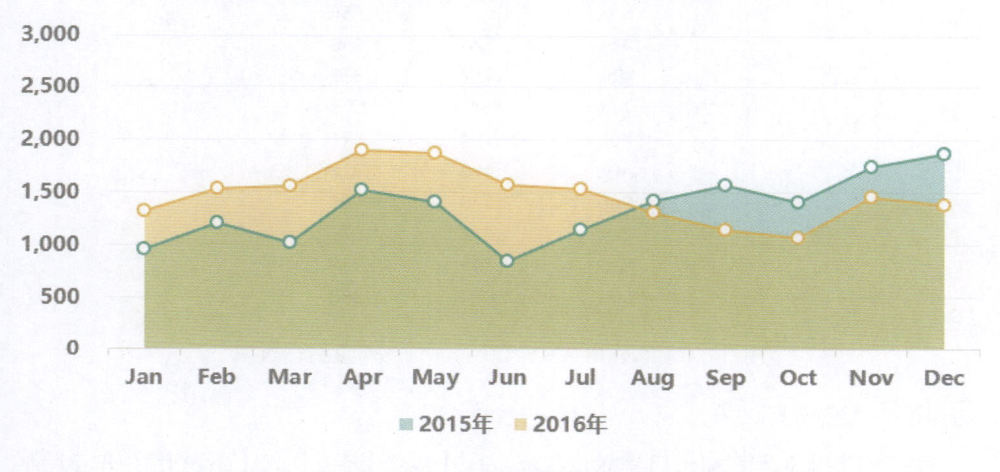

图 6-9　面积图示例

面积图是通过面积的大小展示数据随时间变化的趋势，堆积面积图和百分比堆积面积图还可以显示部分与整体的关系。

假如把面积图的填充色去除，只保留折线，就会发现这就是折线图，所以面积图与折线图一样，可用于呈现趋势。

小白听了顿时感觉醍醐灌顶：真的耶，平时还真没注意到。

Mr. 林笑道：哈哈，有一点需要注意，绘制面积图时，不建议在一个图表上展示太多项目，否则会给人杂乱的感觉，也无法有效地传递信息。

小白：好的。

Mr. 林：图 6-9 所示的面积图展示了两个项目系列，通过透明色的设定，避免了两个系列互相覆盖、遮挡数据的问题。下面一起来学习这个面积图在 Excel 中的绘制方法。

6.2.1　面积图一

STEP 01　数据准备

面积图数据源为某公司 2015 年和 2016 年每月的商品销量数据，如图 6-10 所示。

	A	B	C
1	月度	2015年	2016年
2	Jan	965	1,324
3	Feb	1,214	1,534
4	Mar	1,019	1,556
5	Apr	1,524	1,898
6	May	1,412	1,879
7	Jun	854	1,578
8	Jul	1,154	1,541
9	Aug	1,418	1,312
10	Sep	1,578	1,154
11	Oct	1,412	1,078
12	Nov	1,745	1,458
13	Dec	1,874	1,388

图 6-10　某公司 2015-2016 年商品月度销量数据

STEP 02　绘制基础图表

绘制面积图，选中 A1:C13 单元格区域，单击【插入】选项卡，在【图表】组中单击【插入折线图或面积图】中的【面积图】，生成的图表如图 6-11 所示。

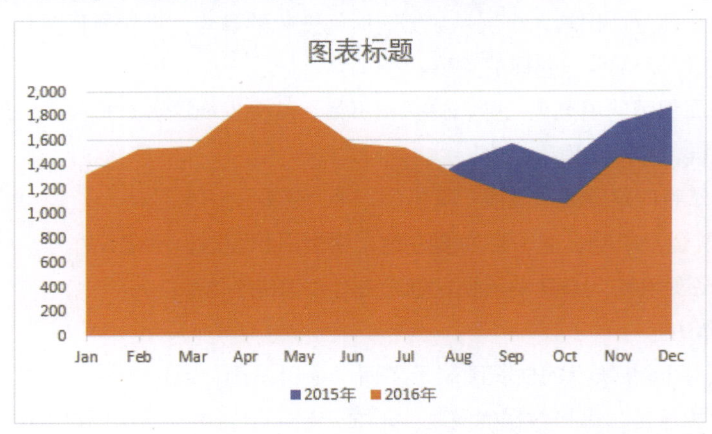

图 6-11　面积图绘制过程 1

STEP 03　图表处理

1) 调整图表填充颜色：用鼠标右键单击“2015 年”系列面积图，从快捷菜单中选择【设置数据系列格式】，在弹出的【设置数据系列格式】对话框的【填充与线条】下，【填充】设置为绿色（RGB：54，188，155），【透明度】设置为“50%”，如图 6-12 所示。以同样的操作方法设置“2016 年”系列的【填充】为黄色（RGB：246，187，67），【透明度】为“50%”。

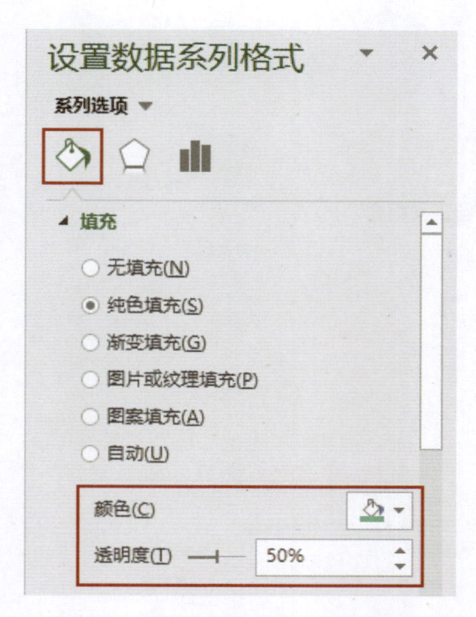

图 6–12 【设置数据系列格式】对话框

小白不解地问道: Mr. 林，面积图上每个节点都有一个小圆点，这是如何添加的呀?

Mr. 林: 刚才介绍面积图时说过，如果把面积图的填充色去除，只保留折线，就是折线图，那这个案例面积图去除填充色，不就是带点的折线图吗?

小白恍然大悟道: 对对，所以只要再添加一个带数据标记的折线图，就可以了。

Mr. 林: 是的，就是这个思路。

2) 添加面积图数据标记：选中 A1:C13 单元格区域，同时按“Ctrl+C”快捷键复制数据，然后用鼠标单击选中图表，同时按“Ctrl+V”快捷键粘贴数据，用鼠标右键单击面积图，从快捷菜单中选择【更改图表类型】，在弹出的【更改图表类型】对话框中，将新增“2015 年”和“2016 年”系列的【图表类型】均改为【带数据标记的折线图】，如图 6-13 所示。

3) 调整折线图：

① 用鼠标右键单击“2015 年”系列的折线图，从快捷菜单中选择【设置数据系列格式】，在弹出的【设置数据系列格式】对话框的【填充与线条】下，单击【标记】，打开【标记选项】，单击选择【内置】，大小设置为“7”，【填充】设置为白色，【边框】设置为绿色（RGB：54，188，155），边框【宽度】设置为“1.75 磅”。

② 单击切换至【线条】选项，线条【颜色】设置为绿色（RGB：54，188，155），线条【宽度】设置为“1.75 磅”，“2015 年”系列就设置好了。

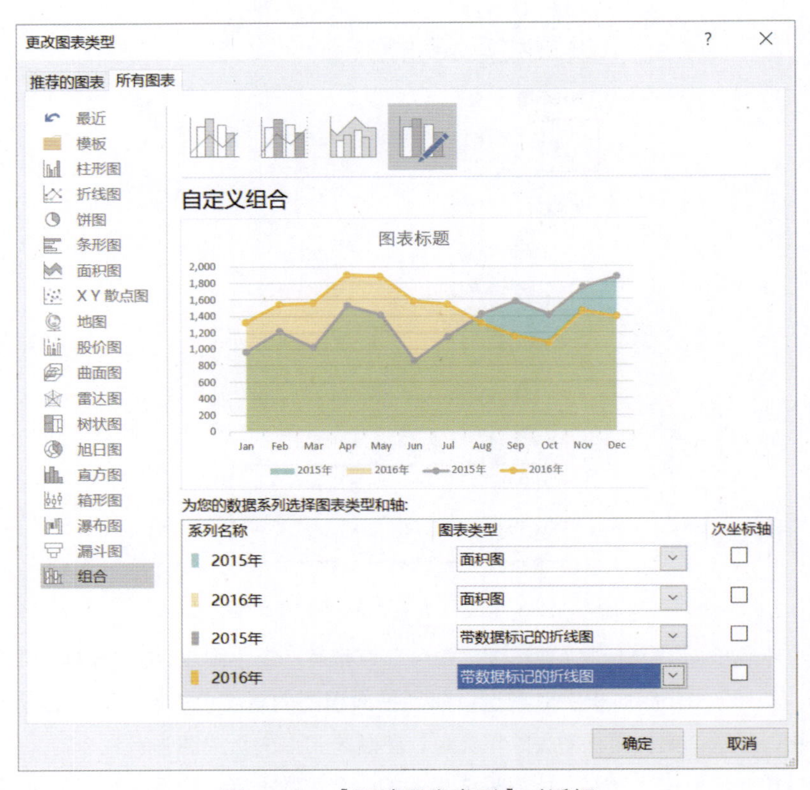

图 6-13 【更改图表类型】对话框

③ 用同样的方法调整“2016 年”系列折线，只是将绿色（RGB：54，188，155）替换为黄色（RGB：246，187，67），其他设置均相同，设置完成的效果如图 6-14 所示。

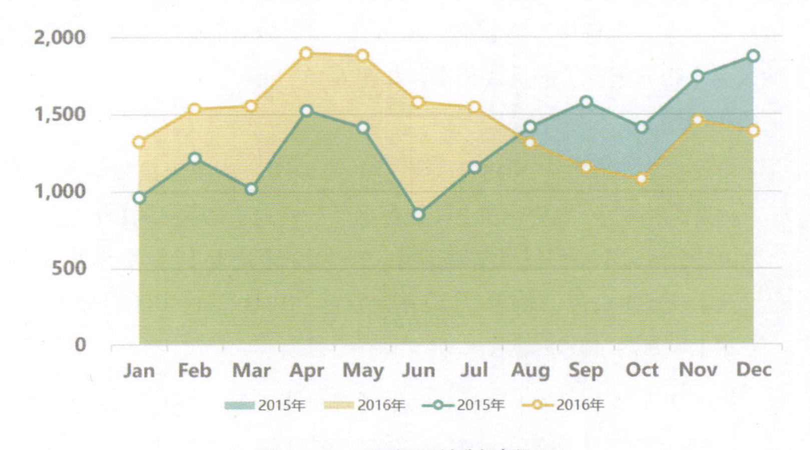

图 6-14 面积图绘制过程 2

STEP 04　美化图表

1) 删除两个折线图的图例：用鼠标单击选中图例，再次单击需要删除的图例，按 Delete 键删除，如图 6-15 图示。

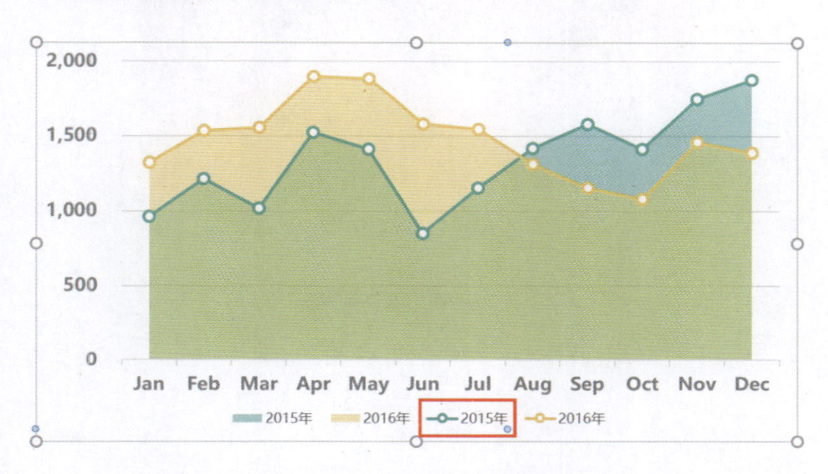

图 6-15　面积图绘制过程 3

2) 删除“图表标题”，将图表区和绘图区的边框和填充设置为无，将横、纵坐标轴标签字体设置为“微软雅黑”，字号设置为“12”并选中“加粗”，字体颜色设置为深灰色（RGB：127，127，127），设置完成后的效果如图 6-9 所示。

小白：嗯嗯，效果不错。

6.2.2　面积图二

Mr. 林：小白，接下来再来看另外一种面积图，如图 6-16 所示，这个面积图主要展示的是当前 APP 登录用户数和增长率的信息，面积图变成了一个配角，仅展示趋势信息，让大家对整体的发展趋势有个大概了解，所以面积图上没有标出各个节点的具体数据及对应的时间点。

小白：看起来很有一种高大上的感觉。

Mr. 林：是的，所以可以根据实际需求选择展现相应的信息，下面我们就一起来学习在 Excel 中绘制这种面积图。

STEP 01　数据准备

面积图数据源为某 APP 月度登录用户数，如图 6-17 所示。

图 6-16　面积图示例 2

	A	B
1	月度	登录用户数
2	Jan	965
3	Feb	1,214
4	Mar	1,019
5	Apr	1,524
6	May	1,412
7	Jun	854
8	Jul	1,154
9	Aug	1,005
10	Sep	521
11	Oct	412
12	Nov	956
13	Dec	985

图 6-17　某 APP 月度登录用户数

STEP 02　绘制基础图表

绘制面积图，选中 A1:B13 单元格区域，单击【插入】选项卡，在【图表】组中单击【插入折线图或面积图】中的【面积图】，生成的图表如图 6-18 所示。

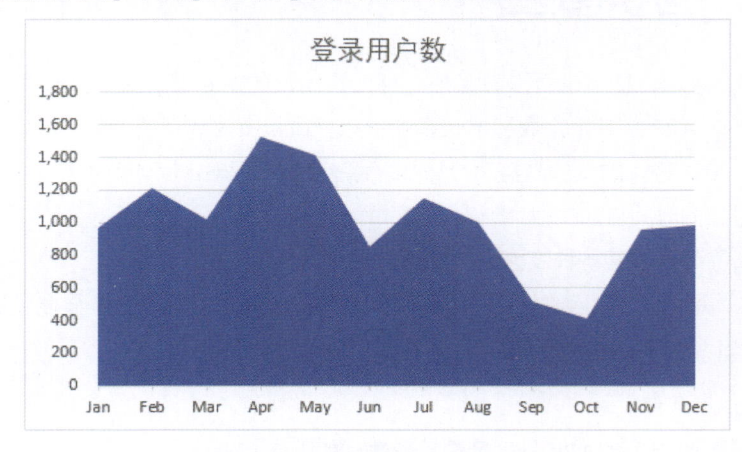

图 6-18　面积图绘制过程 3

STEP 03　美化图表

1) 删除“图表标题”“网格线”“X 轴”“Y 轴”，将图表区和绘图区的边框和填充设置为无，调整后的效果如图 6-19 所示。

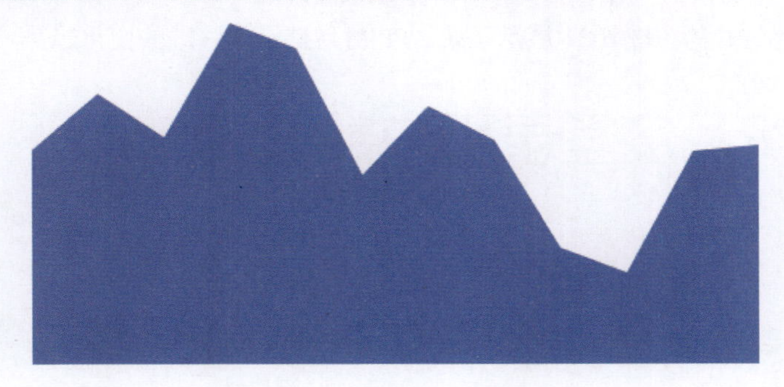

图 6-19　面积图绘制过程 4

2) 设置绘图区和面积图填充色：用鼠标右键单击绘图区，从快捷菜单中选择【设置绘图区格式】，在弹出的【设置绘图区格式】对话框的【填充与线条】下，将【填充】设置为红色（RGB：247，71，71），然后用鼠标右键单击面积图，从快捷菜单中选择【设置数据系列格式】，在【设置数据系列格式】对话框的【填充与线条】下，将【填充】设置为粉色（RGB：250，148，148），调整后的效果如图 6-20 所示。

图 6-20　面积图绘制过程 5

3) 添加关键指标信息：单击【插入】选项卡，插入一个文本框，添加文字“985”“12 月登录用户数”，然后插入一个圆角矩形，放在右上角位置，将填充设置为深红色（RGB：192，0，0），添加增长率文字“+3%”，将所有文字字体设置为“微软雅黑”，字号设置为“20”并选中“加粗”，字体颜色设置为白色，设置完成的效果如图 6-16 所示，这个面积图表就制作完了。

小白：嘿嘿，原来一点都不难，整体效果也蛮好的。

6.3 趋势气泡图

Mr. 林：趋势分析常用的第三个信息图为趋势气泡图，即在时间轴上采用气泡图展示数据变化的趋势，图 6-21 展示了某 APP 每月登录用户数的变化趋势。

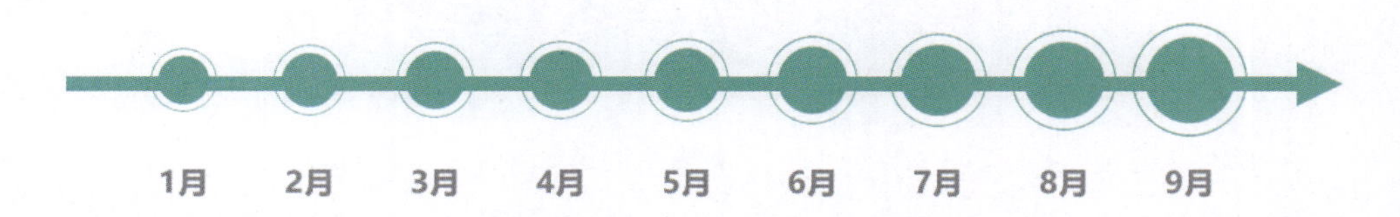

图 6–21 趋势气泡图示例

下面我们就一起学习在 Excel 中绘制趋势气泡图。

STEP 01 数据准备

看下数据源，如图 6-22 所示，*X* 轴用于确定气泡的横向水平位置，*X* 轴值是一列从 1 到 12、公差为 1 的等差数列，使气泡在横向水平方向上以 1 个单位依次排开。*Y* 轴用于确定气泡的纵向高度，*Y* 轴值为 0，代表气泡就在 *X* 轴上。气泡大小为登录用户数。

	A	B	C	D	E	F	G	H	I	J
1	数据系列	1月	2月	3月	4月	5月	6月	7月	8月	9月
2	*X*轴	1	2	3	4	5	6	7	8	9
3	*Y*轴	0	0	0	0	0	0	0	0	0
4	气泡大小（登录用户数）	1550	1808	2065	2321	2509	2816	3247	3745	4632
5	*X*轴标签气泡大小	5000	5000	5000	5000	5000	5000	5000	5000	5000

图 6–22 某 APP 月度登录用户数

小白好奇地问道：数据表第 5 行“*X* 轴标签气泡大小”这行数据是用来干嘛的呢？已经有一行“气泡大小”的数据了，为什么还要有另外一行气泡大小的数据？

Mr. 林微微一笑：小白，别急，到时候你就知道了。下面我们一起来学习在 Excel 中如何绘制趋势气泡图。

STEP 02　绘制基础图表

绘制气泡图，选中 B2:J4 单元格区域（注意只选中数据部分即可），单击【插入】选项卡，在【图表】组中单击【插入散点图或气泡图】中的【气泡图】，生成的图表如图 6-23 所示。

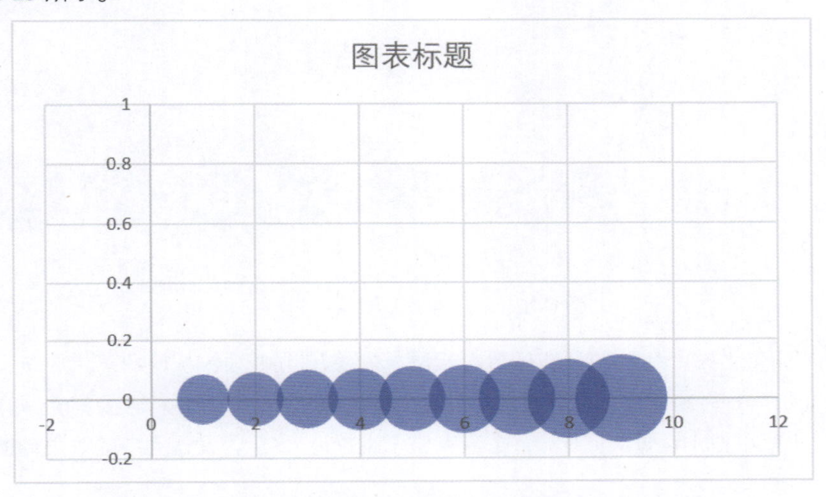

图 6-23　趋势气泡图绘制过程 1

STEP 03　图表处理

1) 调整 X 轴上气泡的分布位置：用鼠标右键单击 X 轴，从快捷菜单中选择【设置坐标轴格式】，在弹出的【设置坐标轴格式】对话框的【坐标轴选项】下，【最小值】设置为“0.5”，【最大值】设置为“9.5”，如图 6-24 所示。然后选中图表，将图表往右侧拖拉放大至气泡无相互重叠，设置完成的效果如图 6-25 所示。

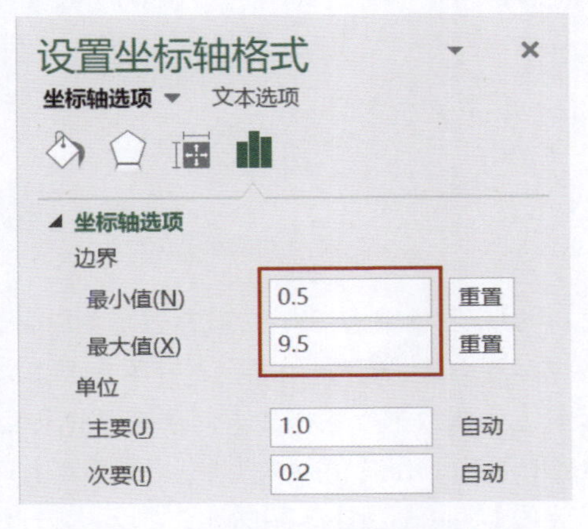

图 6-24　【设置坐标轴格式】对话框

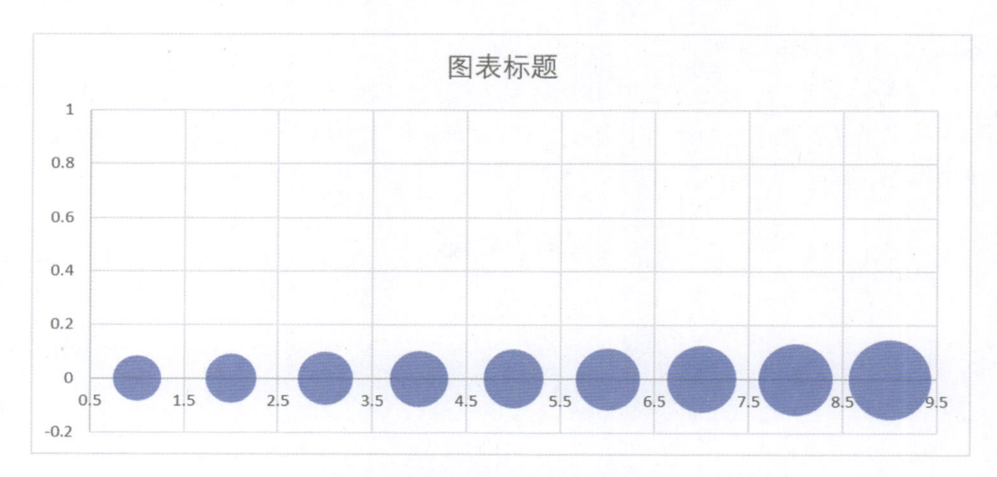

图 6-25　趋势气泡图绘制过程 2

2) 调整 *Y* 轴上气泡的分布位置：用鼠标右键单击 *Y* 轴，从快捷菜单中选择【设置坐标轴格式】，在弹出的【设置坐标轴格式】对话框的【坐标轴选项】下，【最小值】设置为“-1”，【最大值】设置为“1”，设置完成的效果如图 6-26 所示。

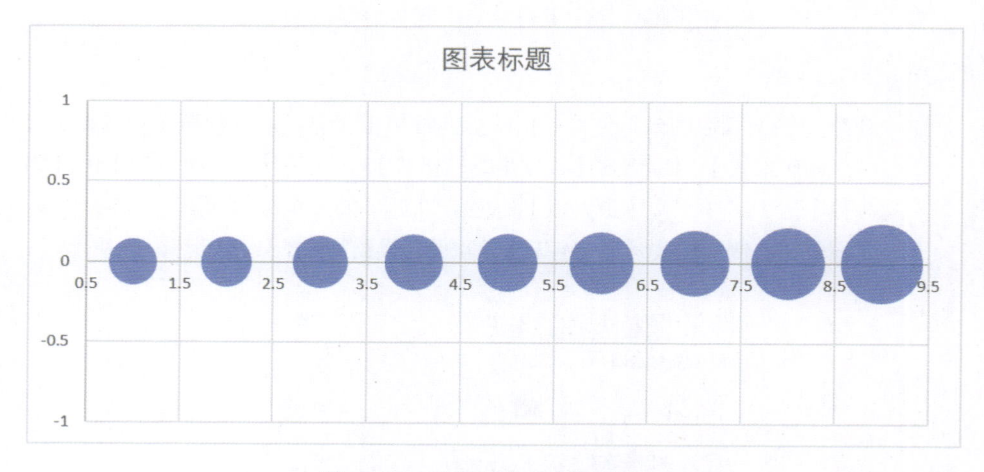

图 6-26　趋势气泡图绘制过程 3

3) 添加数据标签：用鼠标右键单击任意气泡，从快捷菜单中选择【添加数据标签】，这时添加的数据标签均为“0”，用鼠标右键单击刚添加的任意数据标签，从快捷菜单中选择【设置数据标签格式】，在弹出的【设置数据标签格式】对话框的【标签选项】下，勾选【气泡大小】，取消勾选【Y 值】【显示引导线】，并设置【标签位置】为【靠上】，如图 6-27 所示，设置完成的效果如图 6-28 所示。

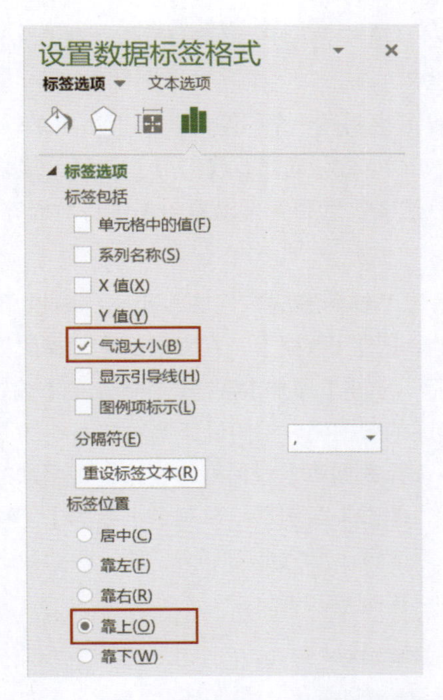

图 6-27　【设置数据标签格式】对话框

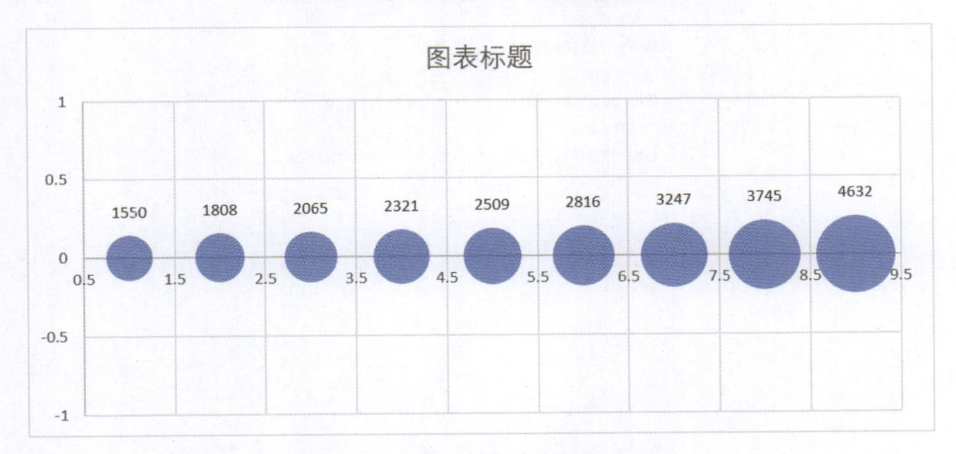

图 6-28　趋势气泡图绘制过程 4

Mr. 林： 小白，现在就差 X 轴的月份标签需要添加了，原来的 X 轴标签是数字，X 轴标签是不可以通过【单元格中的值】进行设置替换的，你有什么好的办法吗？

小白： 嗯，我想一下，可以通过插入文本框来添加吧？

Mr. 林点了点头： 这是一种方法，当 X 轴标签较少时，可以用这种方法，如果 X 轴标签较多时，一个个插入有点烦琐喔！

小白： 那您有什么方便快捷的方法吗？

Mr. 林继续启发地说：你还记得刚开始你发现的“*X*轴标签气泡大小”这行数据吗？你现在知道它用来做什么用的吧。

小白兴奋地说道：难道绘制另一个气泡图，用于添加 *X* 轴数据标签？

Mr. 林满意地说道：哈哈，你说对了，我们用“*X*轴”“*Y*轴”“*X*轴标签气泡大小”这 3 行数据再绘制一个气泡图，然后就可以添加 *X* 轴月份标签了。

4) 添加 *X* 轴标签：

① 绘制用于添加 *X* 轴标签的气泡图：用鼠标右键单击图表任意位置，从快捷菜单中选择【选择数据】，在弹出的【选择数据源】对话框的【图例项（系列）】下，单击【添加】按钮，在弹出的【编辑数据系列】对话框中，设置新气泡图的数据源，相关设置参数如图 6-29 所示，然后单击【确定】按钮返回【选择数据源】对话框，在选中刚添加的“X 轴标签气泡大小”系列状态下，单击【图例项（系列）】中的【上移】箭头，这样就可以使刚添加的气泡图置于原气泡图下方，便于后续我们选择不同的气泡图，设置完成的效果如图 6-30 所示。

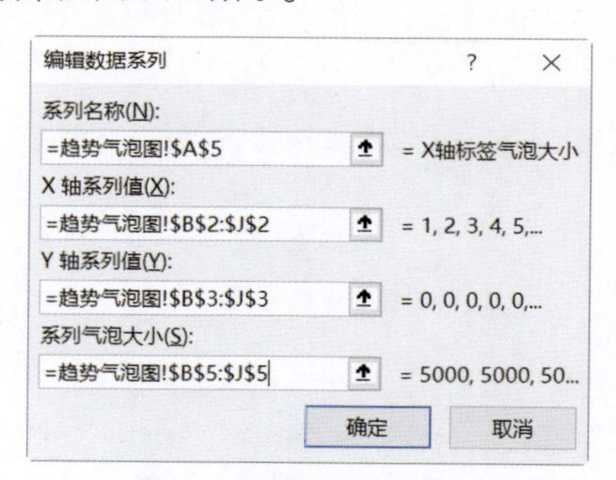

图 6-29 【编辑数据系列】对话框

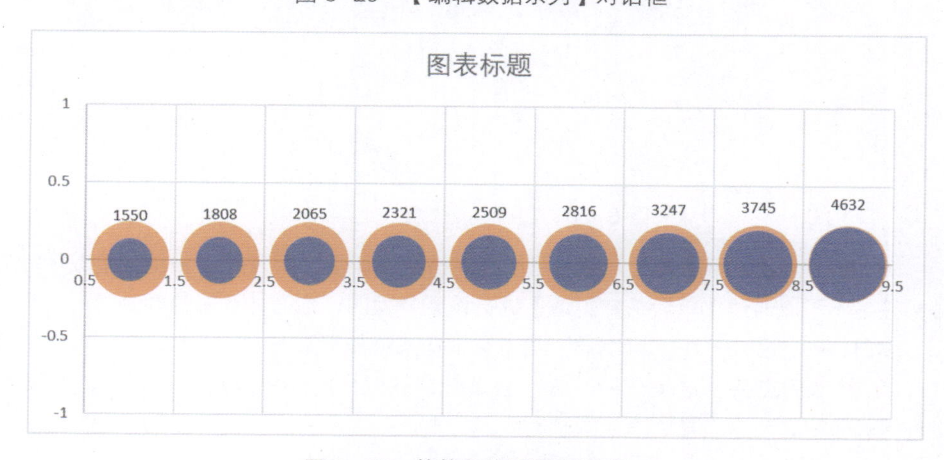

图 6-30 趋势气泡图绘制过程 5

② 添加 X 轴标签：用鼠标右键单击刚添加的任意橙色气泡图，从快捷菜单中选择【添加数据标签】，这时添加的数据标签同样均为“0”，用鼠标右键单击刚添加的任意数据标签，从快捷菜单中选择【设置数据标签格式】，在弹出的【设置数据标签格式】对话框的【标签选项】下，勾选【单元格中的值】，将数据标签的值更改为月份（B1:J1 单元格区域），取消勾选【Y 值】【显示引导线】，并设置【标签位置】为【靠下】，设置完成的效果如图 6-31 所示。

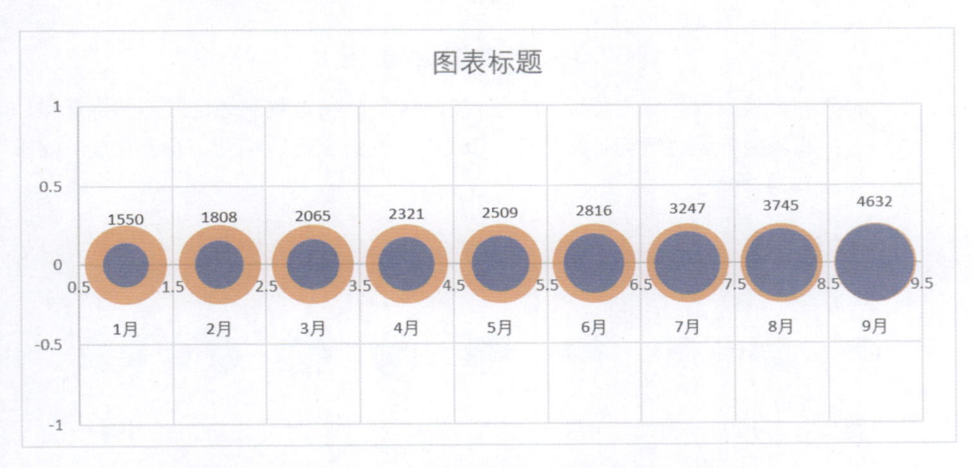

图 6-31 趋势气泡图绘制过程 6

STEP 04 美化图表

1) 删除“图表标题”“网格线”“X 轴”“Y 轴”，将图表区、绘图区的边框和填充均设置为无。
2) 将数据标签字体设置为“微软雅黑”，字号设置为“12”并选中“加粗”，字体颜色设置为绿色（RGB：54，188，155）。
3) 将 X 轴月份标签字体设置为“微软雅黑”，字号设置为“12”并选中“加粗”，字体颜色设置为深灰色（RGB：127，127，127）。
4) 将 X 轴标签气泡的边框和填充均设置为无，设置完成的效果如图 6-32 所示。

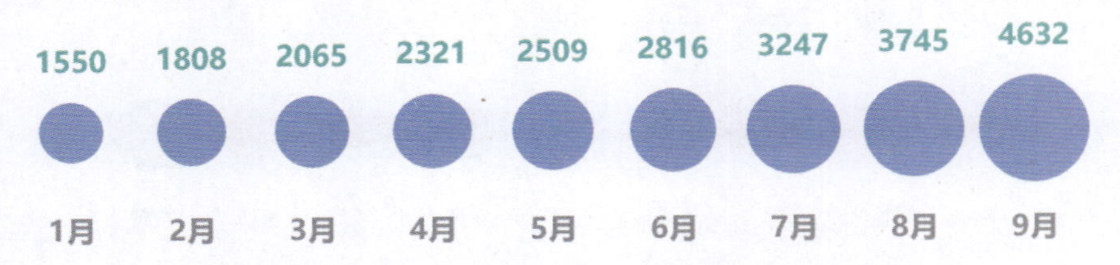

图 6-32 趋势气泡图绘制过程 7

STEP 05 图片素材与图表组合

1) 绿色气泡图素材准备：单击【插入】选择【形状】中的“圆形”，将【形状填充】设置为白色，将【形状轮廓】颜色设置为绿色（RGB：54，188，155）。再插入一个小一点的圆形，【形状填充】和【形状轮廓】为绿色（RGB：54，188，155），将两个圆形组合到一起，如图 6-33 所示。

图 6-33 趋势气泡图绘制过程 8

2) 将气泡替换成绿色气泡图标：先按“Ctrl+C”快捷键复制绿色气泡图标素材，选中图表中的蓝色气泡，然后按“Ctrl+V”快捷键进行粘贴，设置完成的效果如图 6-34 所示。

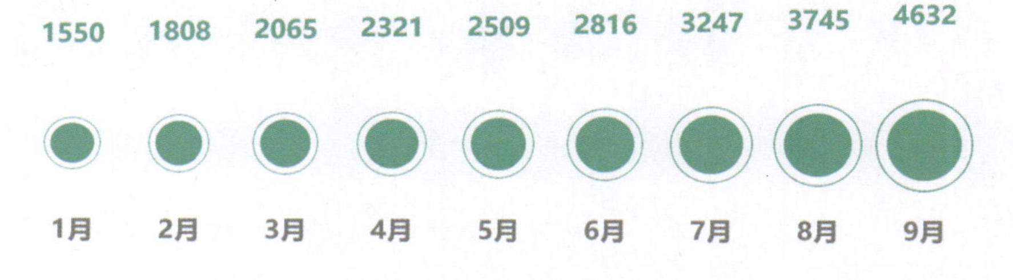

图 6-34 趋势气泡图绘制过程 9

3) 插入往右的横向箭头：单击【插入】选项卡，在【插图】组中，单击【形状】中【线条】里面的【直线箭头】，将【线条】的【形状轮廓】颜色设置为绿色（RGB：54，188，155），【粗细】设置成“6 磅”，设置完成的效果如图 6-35 所示，然后把箭头移至气泡中间，并置于气泡图的底层，类似 X 轴，设置完成后的效果如图 6-36 所示。

图 6-35 趋势气泡图绘制过程 10

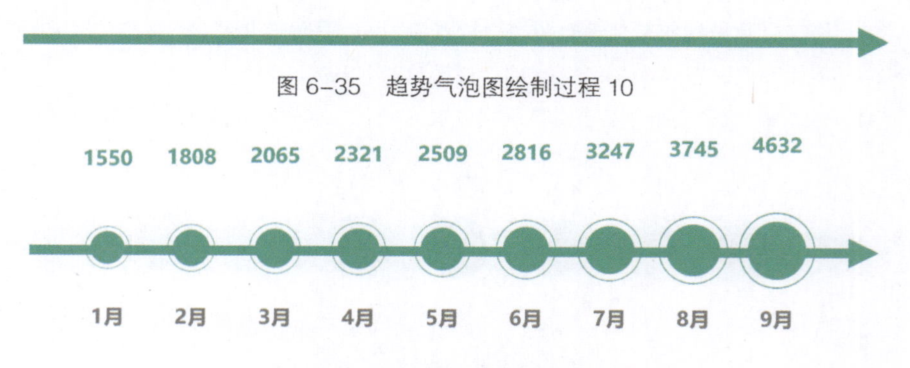

图 6-36 趋势气泡图绘制过程 11

4) 制作标题：插入文本框添加标题文字“某 APP 月登录用户数趋势”，文字字体设置为“微软雅黑”，字号设置为“28”，颜色设置为深灰色（RGB：127，127，127），最后将插入的标题文本框和原来的气泡图的所有元素组合到一起，效果如图 6-21 所示，趋势气泡图就完成了。

小白：太棒了。

6.4　本章小结

Mr. 林：小白，趋势分析常用的三个信息图绘制方法学习完了，我们一起来回顾下今天所学的内容。

1) 趋势分析的基础图表以折线图、面积图和趋势气泡图为主。
2) 学习了绘制美观的折线图的方法。
3) 学习了在面积图上通过添加折线图的方式添加数据标记的技巧。
4) 学习了设置坐标轴最大、最小值来调整气泡位置。
5) 学习了添加新的气泡图以添加 *X* 轴月份标签的技巧。

第 7 章

转化分析

老板说近期付费率下降明显，问我是什么原因？
漏斗图分析轻松搞定，就是如此so easy！
浏览商品 100%
加入购物车 30%
提交订单 15%
支付订单 10%
成订单 7%

晚上 8 点半，Mr. 林将电脑关机准备下班，发现小白还在忙碌着，就问道：小白，怎么还不下班呀?

小白愁眉苦脸地说：下班前，牛董跟我说近几天客户付费率出现明显下降，让我分析是什么原因，到现在我都还没有什么眉目呢。

Mr. 林听了微微一笑：这个可以考虑从交易的各个环节的转化情况入手，看看是哪个环节的转化出现了问题。

小白追问道：什么是转化?

Mr. 林转身拉了一张椅子坐下说道：转化是指完成指定目标的用户占总体用户的比例，也称为转化率。

在互联网产品和运营方面，转化分析是最为核心和关键的分析方法。转化分析是针对业务流程诊断的一种分析方法，通过对某些关键路径转化率的分析，可以更快地发现业务流程中存在的问题。

以我们公司网站的购物为例，一次成功的购买行为主要分为浏览商品、加入购物车、提交订单、支付订单、完成订单等多个环节，任何一个环节出现问题都可能导致用户最终放弃购买。

小白继续追问道：那如何进行转化分析呢?

Mr. 林：转化分析主要通过漏斗图、WIFI 图等可视化图表进行呈现，那我们现在就一起来学习这两个图吧。

7.1　漏斗图

Mr. 林：漏斗图，也称漏斗图分析法，它从业务流程的角度进行对比分析，通过分析各环节的转化变化定位问题，主要是以漏斗的形式展现分析结果。

图 7-1 所示的这个水滴漏斗图展现了线上销售业务的五个关键环节：浏览商品、加入购物车、提交订单、支付订单、完成订单。

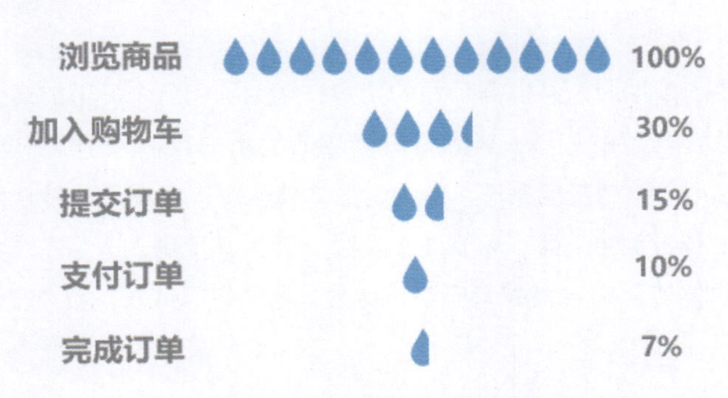

图 7-1　漏斗图示例

通过此图表可以直观地看到每个环节的转化率，浏览商品的用户中有 30% 加入了购物车，15% 的用户提交了订单，10% 的用户支付了订单，最终 7% 的用户成功完成订单。

水滴漏斗图在普通漏斗图的基础上与水滴图标素材组合后，看起来非常生动形象。

小白好奇地问道：那如何进行转化分析呢？那这个水滴漏斗图是如何制作的呢？

Mr. 林：为了方便理解，我们先将漏斗图拆分还原一下，看看它是在哪个图表的基础上绘制的，下面来看图 7-2。

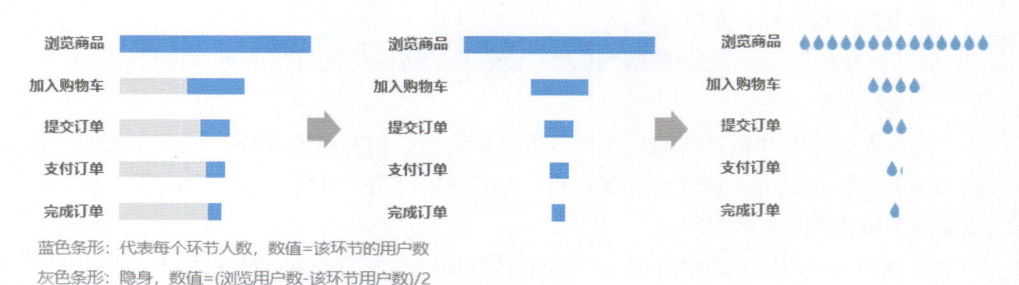

图 7-2　漏斗图的拆分还原

小白仔细观察后兴奋地说：Mr. 林，漏斗图是在堆积条形图的基础上绘制的。

Mr. 林：没错，拆分还原后的漏斗图其实就是堆积条形图，灰色的条形负责将蓝色的条形“挤”到中间，然后将灰色条形隐身，将蓝色条形替换成水滴图标就可以了。

小白自言自语道：蓝色条形的数值就是每个环节的用户数，那灰色条形的数值是多少呢？

Mr. 林：小白，你再仔细观察思考下。

过了一会儿，小白兴奋地说：我知道了，蓝色条形排在中间，那么灰色条形的数值应该等于（浏览商品用户数 − 每个环节的用户数）/2，这样就能将蓝色条形刚好“挤”到中间的位置。

Mr. 林肯定地说：非常不错，下面我们一起来学习在 Excel 中绘制水滴漏斗图。

STEP 01　数据准备

水滴漏斗图的数据源为某电商公司的用户在线上购物各个环节的转化数，如图 7-3 所示。A 列为关键环节的名称，B 列为每个环节的用户数，用于绘制蓝色的条形，C 列为占位数据，用于绘制灰色条形，D 列为总体转化率，用于添加转化率标签。

第 N 环节占位数据 =（第一环节进入人数 − 第 N 环节进入人数）/2

第 N 环节总体转化率 = 第 N 环节进入人数 / 第一环节进入人数

C2 =($B$2-B2)/2

关键环节	用户数	占位数据	总体转化率
浏览商品	15,000	0	100%
加入购物车	4,500	5,250	30%
提交订单	2,250	6,375	15%
支付订单	1,500	6,750	10%
完成订单	1,000	7,000	7%

图 7–3 某电商公司各环节用户购物转化数据 1

STEP 02 绘制基础图表

绘制堆积条形图，选中 A1:C6 单元格区域数据，单击【插入】选项卡，在【图表】组中单击【插入柱形图或条形图】中的【堆积条形图】，生成的图表如图 7-4 所示。

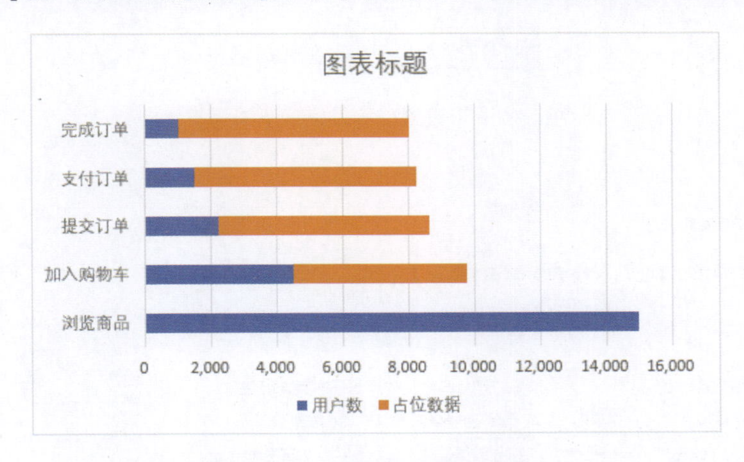

图 7–4 漏斗图绘制过程 1

STEP 03 图表处理

1) 调整纵坐标轴各环节的顺序：用鼠标右键单击纵坐标轴，从快捷菜单中选择【设置坐标轴格式】，在弹出的【设置坐标轴格式】对话框【坐标轴选项】中勾选【逆序类别】复选框，如图 7-5 所示。
2) 将“用户数”条形移至中间：用鼠标右键单击图表，从快捷菜单中选择【选择数据】，在弹出的【选择数据源】对话框【图例项（系列）】中，单击选中“用户数”这个数据系列，单击【下移】按钮，如图 7-6 所示，然后单击【确定】按钮。

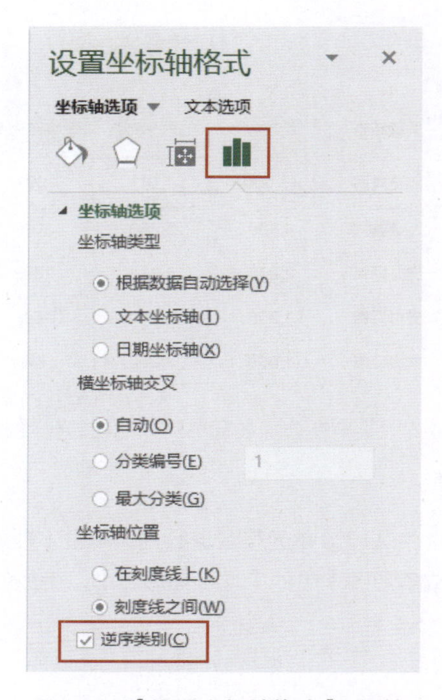

图 7–5 【设置坐标轴格式】对话框

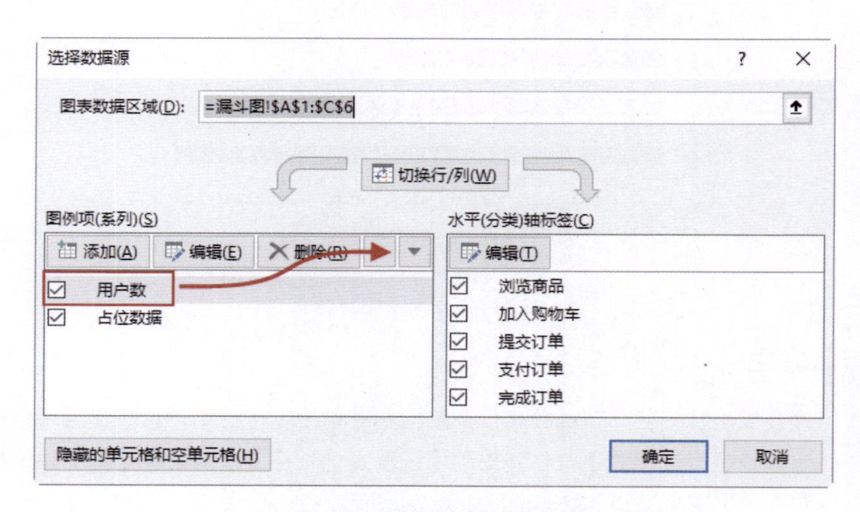

图 7–6 【选择数据源】对话框

3) 调整条形间距：用鼠标右键单击任意条形，从快捷菜单中选择【设置数据系列格式】，在弹出的【设置数据系列格式】对话框【系列选项】下，将【间隙宽度】设置为“80%”，如图 7-7 所示。

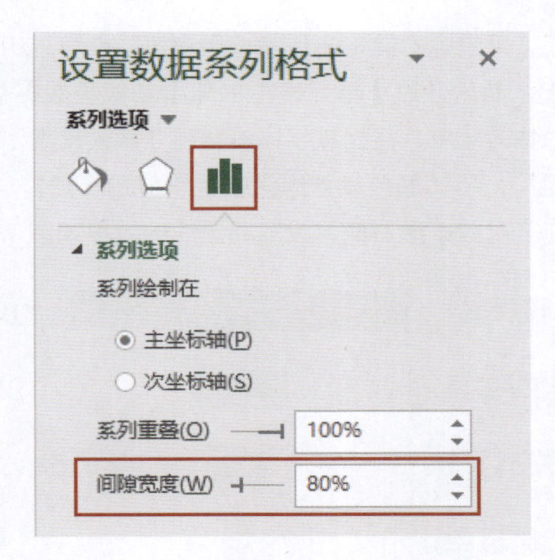

图 7–7　【设置数据系列格式】对话框

4) 隐藏“占位数据”条形：用鼠标右键单击任意“占位数据”条形，从快捷菜单中选择【设置数据系列格式】，在弹出的【设置数据系列格式】对话框中，将【填充】及【边框】均设置为无，设置完成后的效果如图 7-8 所示。

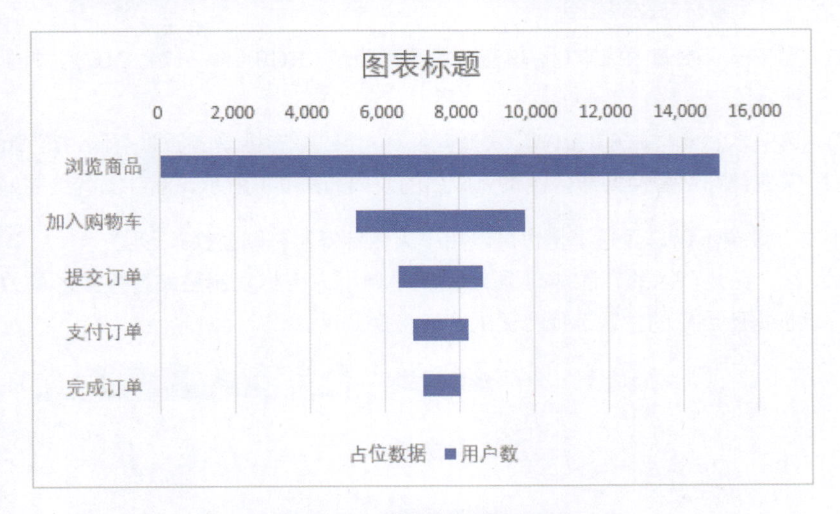

图 7–8　漏斗图绘制过程 2

STEP 04　美化图表

1) 去除“图表标题”“图例”“网格线”“横坐标轴”，将图表区和绘图区的边框和填充均设置为无，将坐标轴标签字体设置为“微软雅黑”，字号设置为“16”并选中“加粗”，字体颜色设置为深灰色（RGB：127，127，127）。

2) 添加数据标签，用鼠标右键单击任意“用户数”条形，从快捷菜单中选择【添加数据标签】，然后通过【单元格中的值】功能将数据标签变更为 D2:D6 单元格区域的总体转化率，将标签字体设置为“微软雅黑”，字号设置为“14”并选中“加粗”，字体颜色设置为深灰色（RGB：127，127，127），并手动一一将标签拖至对应条形右侧，设置完成后的效果如图 7-9 所示。

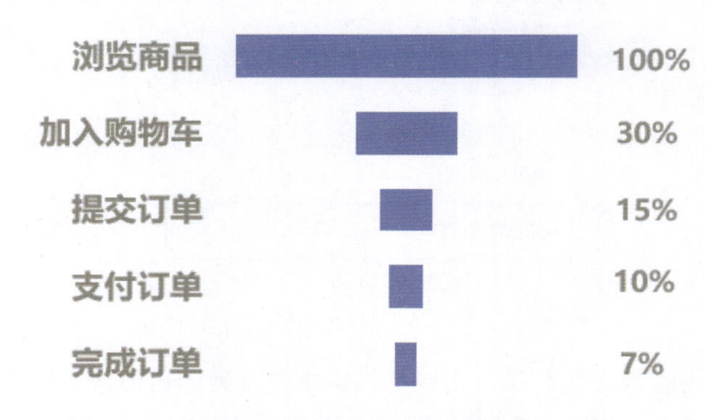

图 7-9　漏斗图绘制过程 3

STEP 05　图片素材与图表组合

1) 准备一个水滴图标素材，填充色设置为蓝色（RGB：59，174，218），如图 7-10 所示。

2) 选中水滴素材，按“Ctrl+C”快捷键复制，用鼠标右键单击任意条形，按“Ctrl+V”快捷键粘贴替换条形，设置完成后的效果如图 7-1 所示，漏斗图就绘制好了。

小白：效果不错，我是不是也可以用小人图标复制粘贴替换条形呢？

Mr. 林：完全可以的，图 7-11 所示，就是用小人图标复制粘贴替换条形的效果，图标可以根据所展示的主题选择合适的图标替换即可。

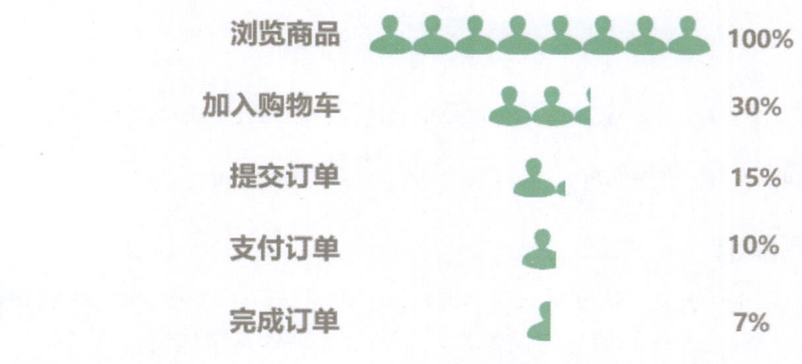

图 7-10　漏斗图绘制过程 4

图 7-11　漏斗图绘制过程 5

小白：好的，明白啦。

7.2 WIFI 图

Mr. 林： 在转化分析中，除了漏斗图，还可以用 WIFI 图展示转化情况。WIFI 图其实就是圆环版的漏斗图，每个环节圆环的长度就代表该环节的用户转化比例，如图 7-12 所示。

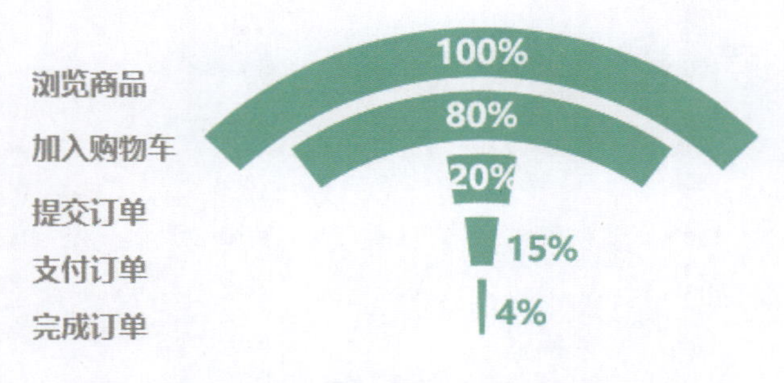

图 7-12 WIFI 图示例

虽然我们已经知道 WIFI 图是在圆环图的基础上绘制的，但为了方便理解与绘制，我们还是需要将 WIFI 图拆分还原一下，看看它具体是如何绘制的，图 7-13 即为 WIFI 图的拆分还原。

图 7-13 WIFI 图的拆分还原

下面我们一起来学习在 Excel 中如何绘制 WIFI 图。

STEP 01 数据准备

WIFI 图的基础图表很容易看出来，就是圆环图，但是它的数据源需要做特殊处理，如图 7-14 所示，WIFI 图的数据源除了每个环节的转化比例，还增加了三列辅助列：

1) 辅助列 1：起占位作用，类似漏斗图，需要一个占位圆环将主体转化率系列圆环（WIFI 形状）挤至中间的位置，也就是图 7-13 第一个圆环图中的蓝色圆环部分，其大小为（第一环节转化率 − 第 N 环节转化率）/2。

2) 辅助列 2：用于绘制主体转化率系列圆环（WIFI 形状），也就是图 7-13 第一个圆环图中的绿色圆环部分，其大小为各环节转化率的四分之一，例如第一环节浏览商品转化率为 100%，在 WIFI 图中就要缩小成为 25%。

3) 辅助列 3：用于绘制圆环的剩余部分，其大小为 100%−“辅助列 1”−“辅助列 2”，这样每一个环节三个辅助列的数据加总为 100%。

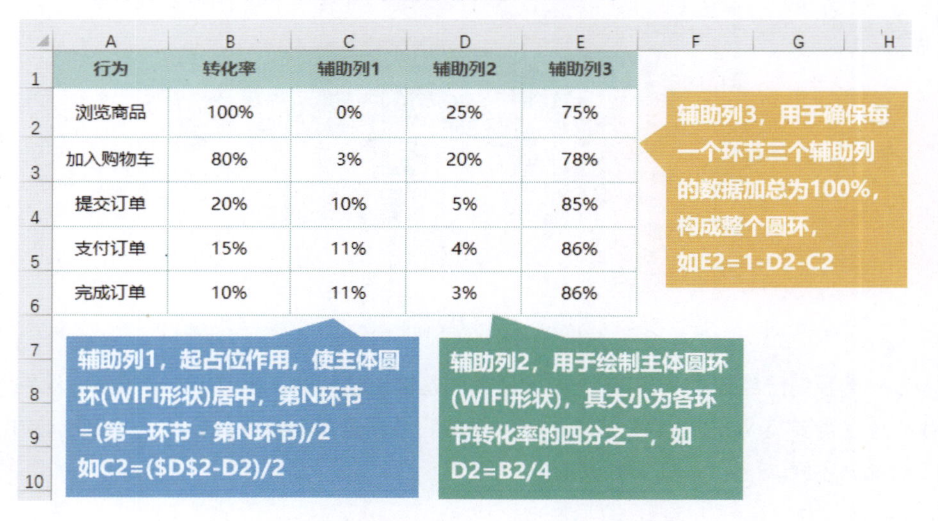

行为	转化率	辅助列1	辅助列2	辅助列3
浏览商品	100%	0%	25%	75%
加入购物车	80%	3%	20%	78%
提交订单	20%	10%	5%	85%
支付订单	15%	11%	4%	86%
完成订单	10%	11%	3%	86%

图 7–14　某电商公司用户购物各环节转化数据 2

STEP 02　绘制基础图表

绘制圆环图，选中 A1:A6，C1:E6 单元格区域数据，单击【插入】选项卡，在【图表】组中单击【插入饼图或圆环图】中的【圆环图】，生成的图表如图 7-15 所示。

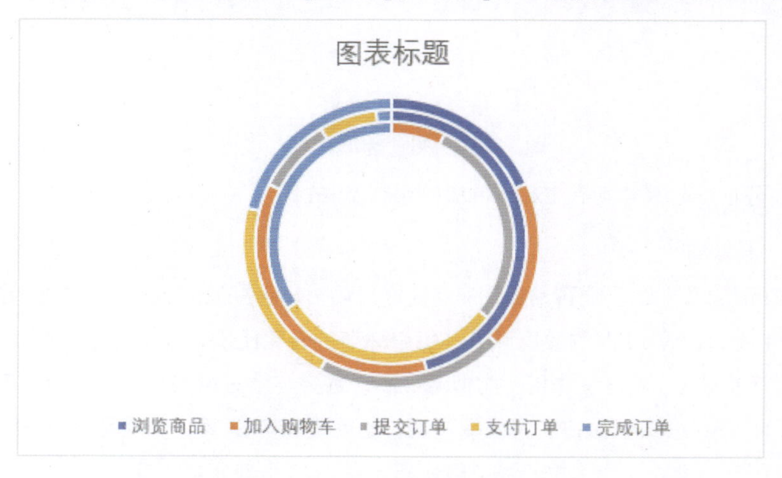

图 7–15　WIFI 图绘制过程 1

小白惊奇地叫道：呀！这个图的效果离 WIFI 图还差很远呀。

Mr. 林：别急，还需要做一些图表处理。

STEP 03　图表处理

1) 调整圆环的宽度：用鼠标右键单击任意圆环，从快捷菜单中选择【设置数据系列格式】，在弹出的【设置数据系列格式】对话框【系列选项】下，设置【圆环图圆环大小】为"20%"，如图 7-16 所示。

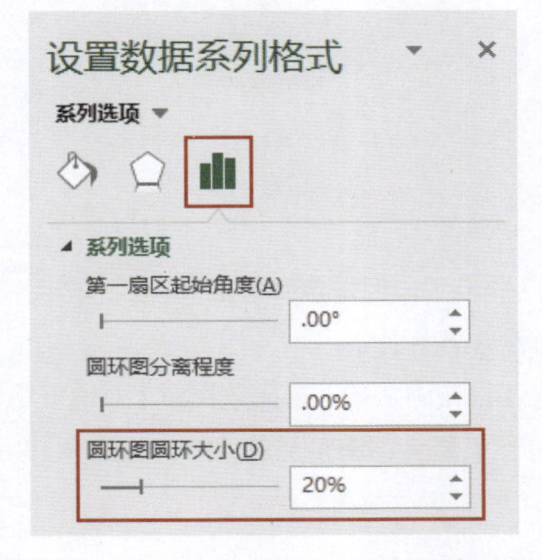

图 7-16　【设置数据系列格式】对话框

2) 调整圆环图系列：用鼠标右键单击图表，从快捷菜单中选择【选择数据】，在弹出的【选择数据源】对话框中，单击中间的【切换行 / 列】按钮，如图 7-17 所示，设置完成后的效果如图 7-18 所示。

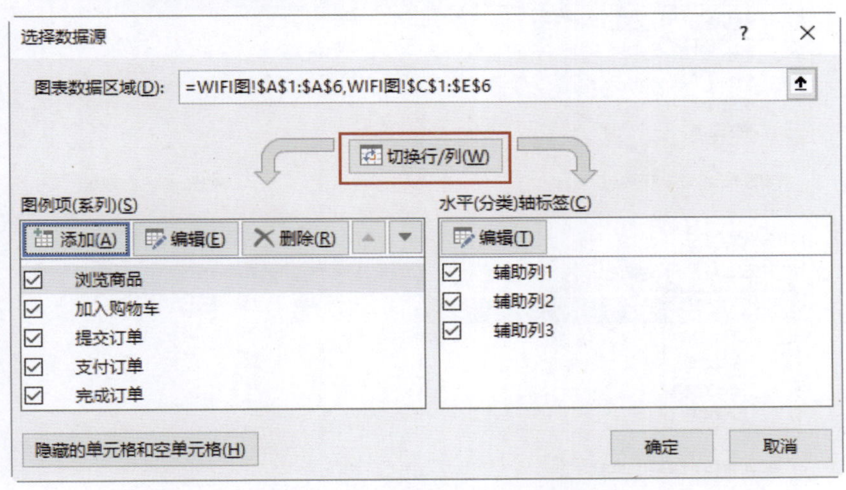

图 7-17　【选择数据源】对话框

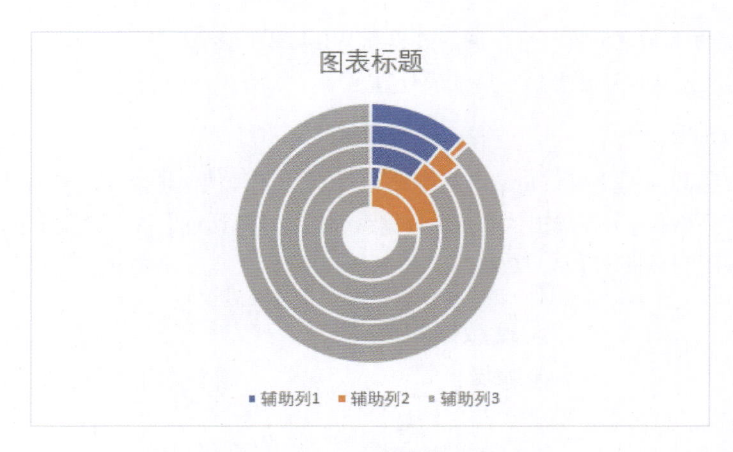

图 7–18　WIFI 图绘制过程 2

小白：现在好像有点样子了，但好像圆环的顺序反了？

Mr. 林：对，我们继续设置操作。

3) 调整圆环顺序：还是在刚才的【选择数据源】对话框中，单击选中“浏览商品”系列，单击【向下】箭头，调整至最下方，如图 7-19 所示，将“加入购物车”

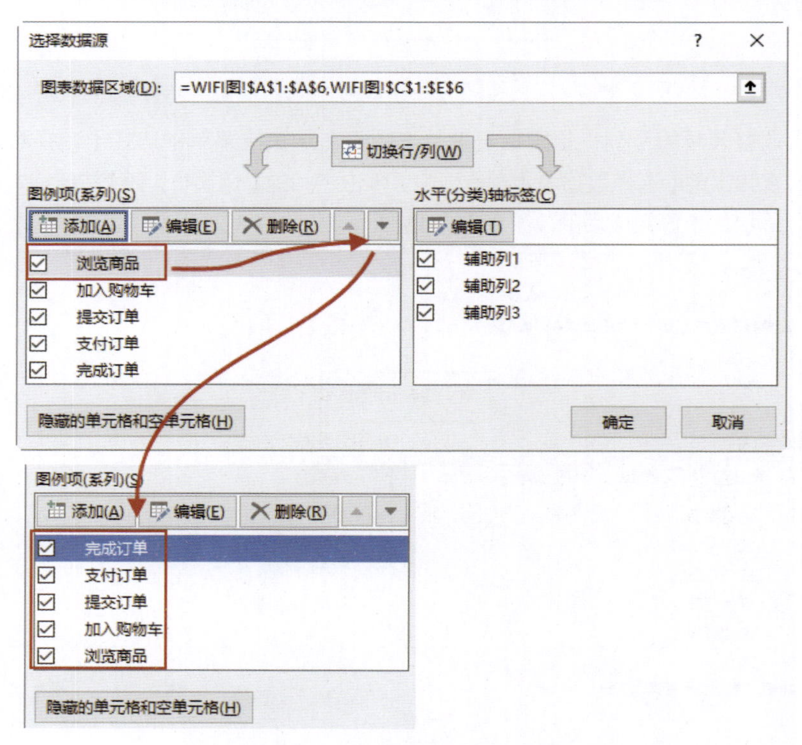

图 7–19　【选择数据源】对话框

系列移至倒数第二位，也就是“浏览商品”系列的上方，其余数据系列按此方法依次调整，设置完成后的效果如图 7-20 所示。

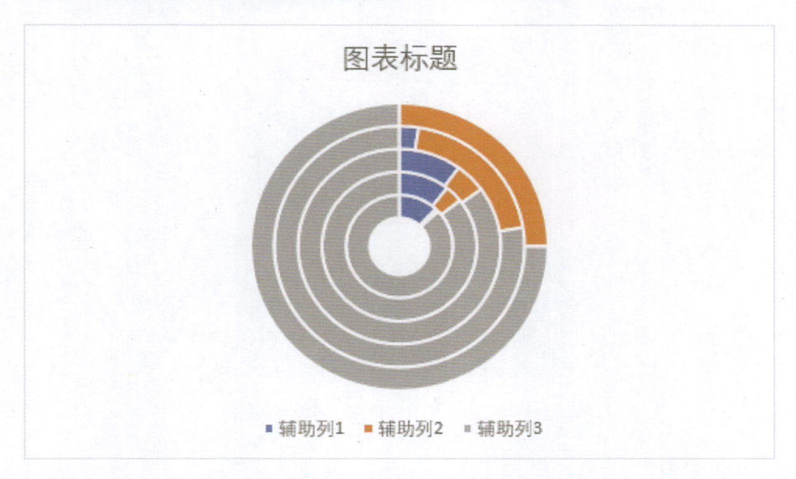

图 7-20　WIFI 图绘制过程 3

4) 调整圆环角度，将代表转化率的“辅助列 2”系列圆环旋转到中间的位置：用鼠标右键单击任意圆环，从快捷菜单中选择【设置数据系列格式】，在弹出的【设置数据系列格式】对话框【系列选项】下设置【第一扇区起始角度】为“315°”，如图 7-21 所示，设置完成后的效果如图 7-22 所示。

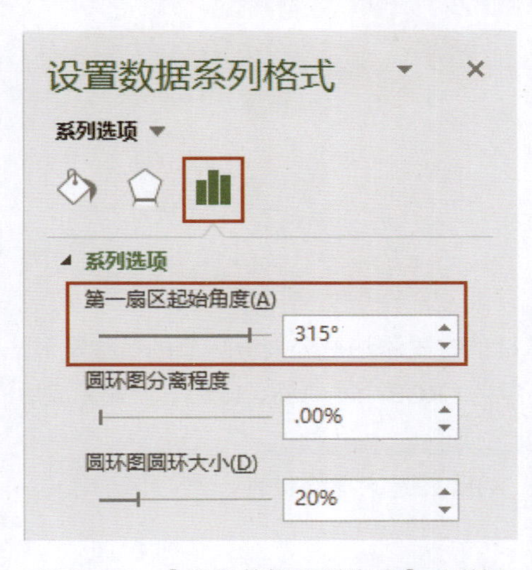

图 7-21　【设置数据系列格式】对话框

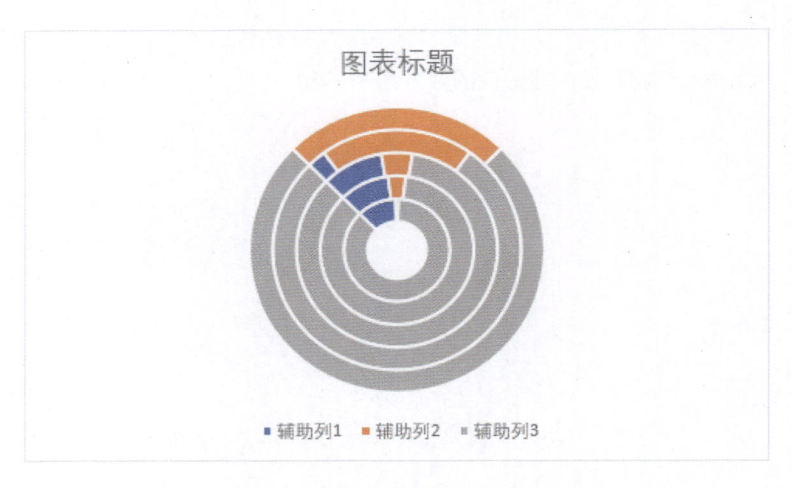

图 7–22　WIFI 图绘制过程 4

STEP 04　美化图表

1) 去除“图表标题”“图例”，将图表区和绘图区的边框和填充均设置为无。
2) 将“辅助列 1”和“辅助列 3”系列圆环的【边框】和【填充】均设置为无，单击“辅助列 2”系列圆环，也就是我们要展示的 WIFI 图，将圆环【边框】颜色设置为白色，【宽度】设置为“6 磅”，设置完成后的效果如图 7-23 所示。

图 7–23　WIFI 图绘制过程 5

3) 通过插入文本框的方式添加每个关键环节的名称及对应的数据标签，将圆环填充色设置为绿色（RGB：54，188，155），设置完成后的效果如图 7-12 所示，WIFI 图就绘制完成了。

小白：哈哈，原来 WIFI 图是这样绘制的。

7.3　本章小结

Mr. 林：小白，转化分析类的信息图绘制方法已经学习完了，我们一起来回顾今天所学的内容。

1) 转化分析常用的基础图表是堆积条形图和圆环图，漏斗图是在堆积条形图的基础上绘制的，WIFI 图是在圆环图的基础上绘制的。
2) 漏斗图和 WIFI 图的绘制关键在于数据源的处理，通过占位数据将主体部分“挤”至中间。

小白：嗯嗯，这下牛董交代的问题我知道如何着手分析了。

第 8 章

信息图报告

周五晚上下班后不久，小白来到 Mr. 林办公桌旁： Mr. 林，刚才牛董给我布置了一个任务，让我将去年公司的业绩指标提炼汇总制作成一张信息图报告，然后交给市场部的同事通过微信公众号、微博等渠道发布。

Mr. 林停下手中的工作，对着小白微笑地说： 这事我知道，是我向牛董推荐你来完成这项任务的。我已经将各种常用信息图的制作方法都教给你了，所以这项任务对你来说没什么问题。

小白高兴地说： 谢谢 Mr. 林的推荐，单独的信息图绘制对我来说没问题，不过我还没有制作过一张完整的信息图报告，所以来跟您继续取经。

Mr. 林听后笑道： 哈哈！好吧。制作一张完整的信息图报告还是有规律可循的。今天我们就通过一个案例来看看如何制作一张完整的信息图报告。

小白激动地拍了拍小手： 太棒啦。

8.1　微信数据报告

Mr. 林： 我们来看看微信官方发布的“2019 微信数据报告”中的部分内容，如图 8-1 所示，这部分微信数据报告介绍了微信用户运动、微信支付使用相关内容。

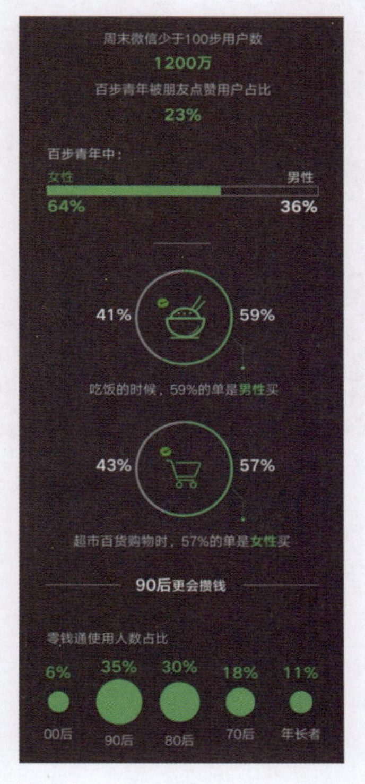

图 8-1　微信数据报告示例

这部分微信数据报告主要采用关键数字加文字说明，并搭配信息图进行呈现。数据报告风格采用深灰色背景，主题色使用了微信 AI 绿色配色，搭配灰色和白色。接下来，我们就以此为例，学习如何制作信息图报告。

小白拍了拍手：好啊！好啊！

Mr. 林：小白，先给你看下我事先用 Excel 制作好的微信数据报告效果，如图 8-2 所示，对比微信数据报告原图，你看下是否有区别？

图 8-2　微信数据报告原图与 Excel 制作效果图对比

小白不由自主地张大了嘴：哇！还原度非常高啊，除了两个小图标有点差别外，其他基本上没有什么差别呀！

Mr. 林：嘿嘿！那我们就来学习在 Excel 中如何绘制这个微信数据报告。

小白：好啊。

1. 结构拆解和取色

Mr. 林：我们先将微信数据报告案例进行拆解，它的结构清晰，主要由“关键数

字 + 文字说明”、“信息图 + 文字说明”和“小标题 + 信息图”组成，如图 8-3 所示。

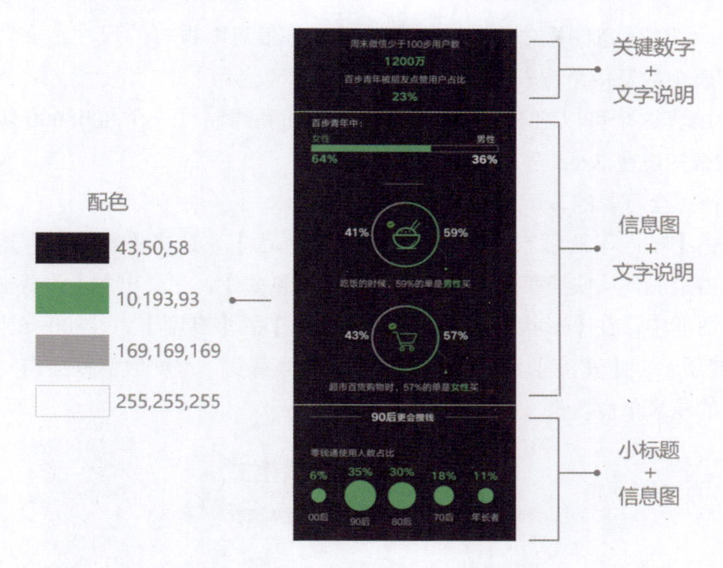

图 8–3　微信数据报告案例结构拆解

然后提取微信数据报告里的主要配色，可通过 PPT 中的【取色器】功能获取颜色：新建一张空白的幻灯片，将微信数据报告图片插入幻灯片中，然后在图片旁边插入一个矩形形状，单击【格式】选项卡【形状样式】组中的【形状填充】，单击【取色器】，如图 8-4 所示，在微信数据报告中单击提取需要的颜色。

图 8–4　取色器示例

2. 设置报告区域大小

Mr. 林：制作信息图报告之前，需要先确定好信息图报告的尺寸，规划好每个部分包含的图表个数及每个图表的大小等。

小白：嗯，这个可以在 Excel 里制作吗？例如我想制作一个 800×600 像素的信息图报告，怎么知道在 Excel 里应该制作多大呢？

Mr. 林：完全可以的，下面我教你一个方法：

1) 单击【插入】选项卡【插图】组中的【形状】，选择【矩形】，用鼠标右键单击矩形，从快捷菜单中选择【设置形状格式】，在弹出的【设置形状格式】对话框中，在【形状选项】下设置【大小】的【高度】为“800 像素”，如图 8 5 所示，【宽度】为“600 像素”，这里高度、宽度数值框会自动转化成相应的厘米单位。

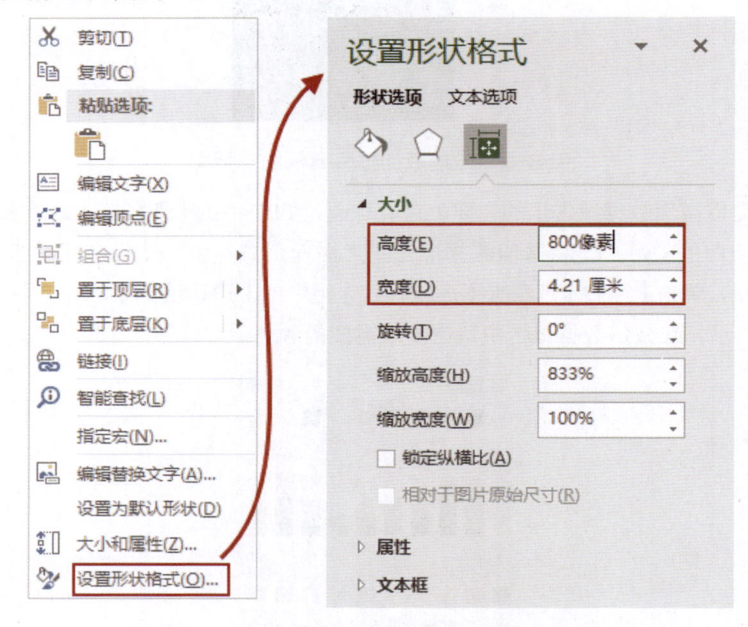

图 8-5　微信数据报告案例制作步骤 1

2) 将矩形移至 Excel 单元格左上角，让其顶着行号 A、列号 1 位置，将矩形右边对应的单元格调整至合适的位置，让矩形恰好覆盖整数个单元格，然后选中矩形右侧外的第一列，按快捷键“Ctrl+Shift+→”选中右侧所有列，单击鼠标右键并从快捷菜单中选择【隐藏】，如图 8-6 所示。用同样的方法操作，按快捷键“Ctrl+Shift+↓”选中矩形下方所有行并隐藏。

3) 选中矩形，用 Delete 键将其删除。然后单击【视图】选项卡，在【显示】组中去除勾选【网格线】，并将 Excel 表中可见的单元格【填充颜色】统一设置为深灰色（RGB：43，50，58），如图 8-7 所示，这样就完成了信息图报告区域的制作。

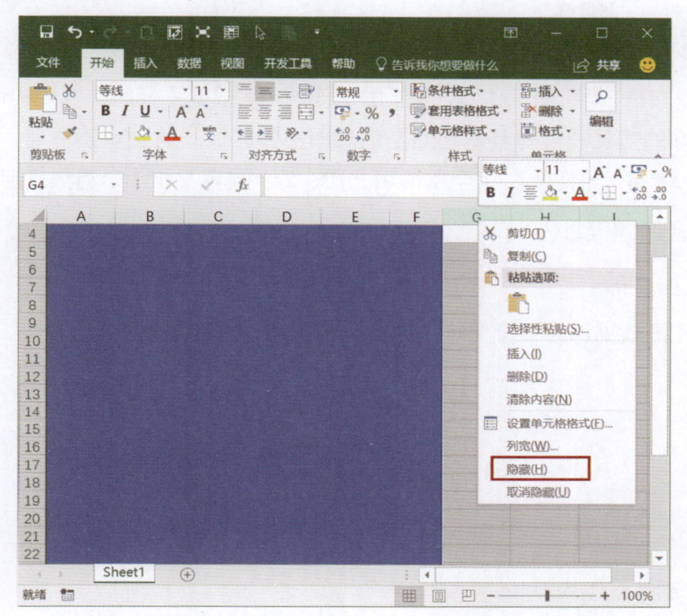

图 8-6　微信数据报告案例制作步骤 2

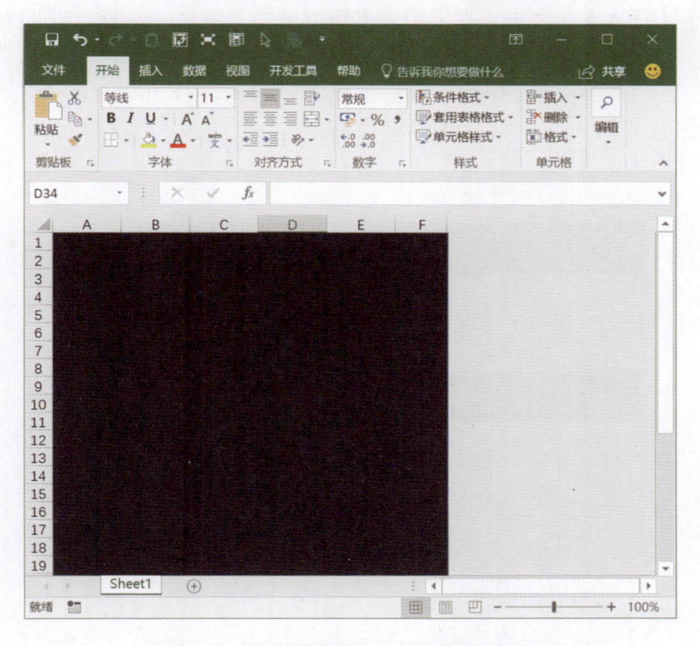

图 8-7　微信数据报告案例制作步骤 3

Mr. 林：接下来就可以在这个区域制作信息图报告了，这里我们参考微信数据报告的版面制作就可以了。

3. 绘制信息图

Mr. 林：打开一个新的工作表，在新的工作表中，根据需要制作需要的信息图素材，然后将制作好的信息图素材复制粘贴至信息图报告区域。通过观察发现，我们需要制作的内容核心是 4 个信息图：1 个条形填充图、2 个圆环图和 1 个趋势气泡图。

1) 绘制条形填充图

STEP 01 数据准备

条形填充图数据源为百步青年中男女比例数据，如图 8-8 所示。

	A	B
1	性别	比例
2	男	36%
3	女	64%
4	累计	100%

图 8-8 微信数据报告案例数据 1

STEP 02 绘制基础图表

绘制柱形图，选中 A3:B4 单元格区域，注意这里选取的是“女”和“累计”的比例数据，单击【插入】选项卡，在【图表】组中单击【插入柱形图或条形图】中的【簇状条形图】，生成的图表如图 8-9 所示。

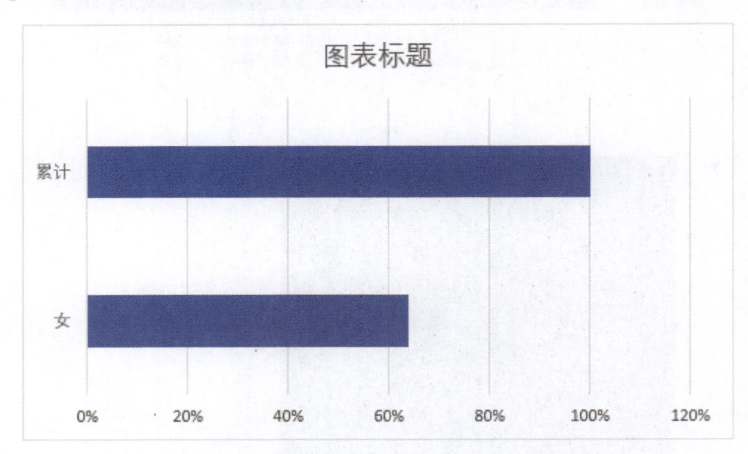

图 8-9 微信数据报告案例制作步骤 4

STEP 03 图表处理

接下来将“累计”和“女”两个条形重叠在一起。

Mr. 林： 小白，将两个条形重叠在一起的方法，你还记得吗？

小白： 嗯嗯，在 KPI 达成分析部分学习过，在【设置数据系列格式】中将【系列选项】中的【系列重叠】设置为“100%”，我来操作一下。

小白熟练地操作一遍后，发现两个条形并没有重叠在一起，小白纳闷了：Mr 林，好奇怪啊，怎么条形没有重叠到一起呢？

Mr. 林淡定地说： 你刚才将系列重叠值设置为 100%，但是要先检查一下，数据源里有多少系列，如图 8-10 所示，“图例项”里面仅有一个“系列 1”，

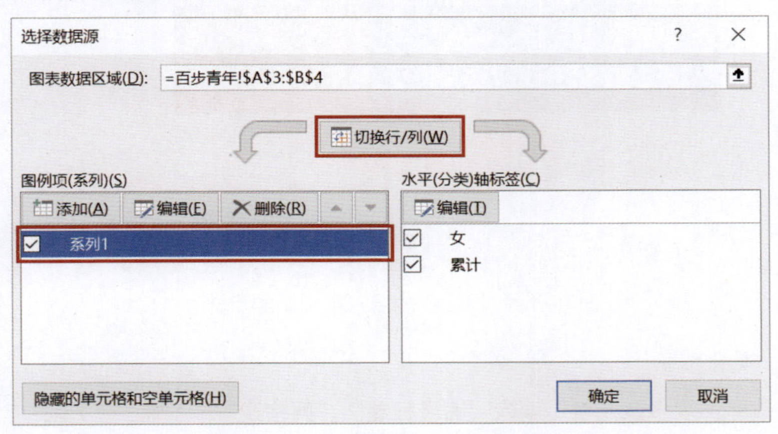

图 8-10　【选择数据源】对话框

小白： 哦哦，我知道了，只有 1 个系列，所以设置系列重叠为“100%”也没效果，那我单击“切换行 / 列”，就转换为“女”和“累计”2 个系列，如图 8-11 所示，问题不就解决咯！

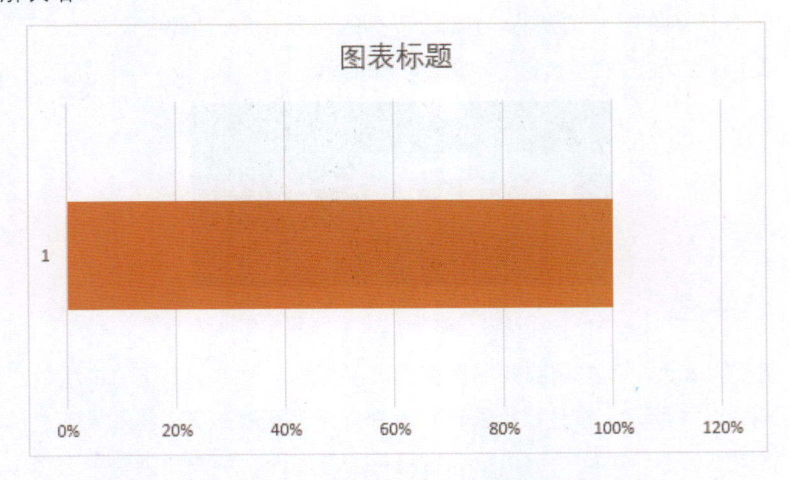

图 8-11　微信数据报告案例制作步骤 5

Mr. 林满意地点了点头：是的。另一个条形被覆盖了，这时只需在【选择数据源】对话框中，将“累计”系列与“女”系列的顺序对调一下，效果如图 8-12 所示。

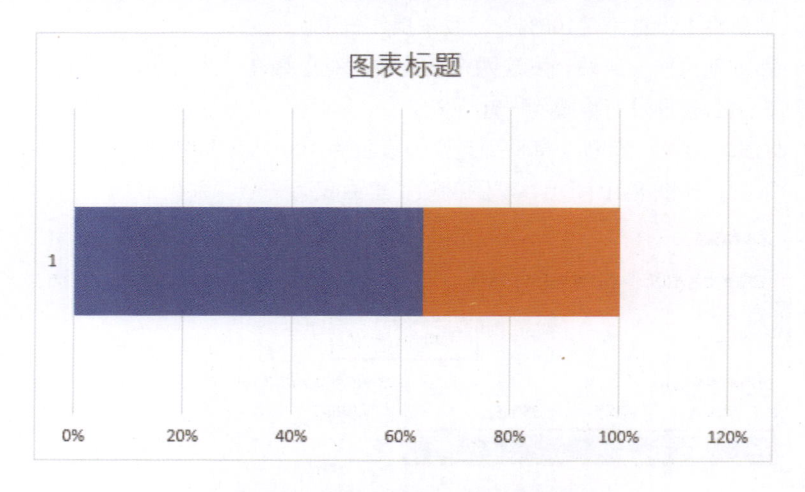

图 8-12　微信数据报告案例制作步骤 6

STEP 04　美化图表

1）删除图表多余元素：删除“图表标题”“网格线”“X 轴”“Y 轴”，将图表区和绘图区边框和填充均设置为无；

2）将图表复制粘贴至信息图报告区域中，调整条形填充颜色：鼠标右键单击条形图，单击打开【设置数据系列格式】，鼠标左键双击选中“女”系列横条，将【设置数据系列格式】中的【填充】颜色设置为绿色（RGB：10，193，93）；同样的操作方法将“累计”系列的条形【填充】颜色设置为“无”，【边框】设置为“白色”，效果如图 8-13 所示。

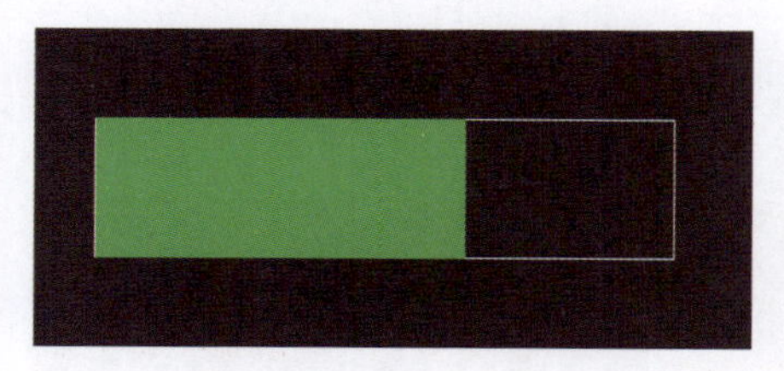

图 8-13　微信数据报告案例制作步骤 7

3）调整图表大小：先调整条形宽度：选中图表，单击图表下方中间的小圆点，如图 8-14 所示，按住鼠标左键往上拖动调整图表高度，将图表高度调小，然后调整条形分类间距：用鼠标右键单击条形图，从快捷菜单中选择【设置数据系列格式】，打开【设置数据系列格式】对话框，在【系列选项】中设置条形【间隙宽度】为“500%”，最终效果如图 8-15 所示。

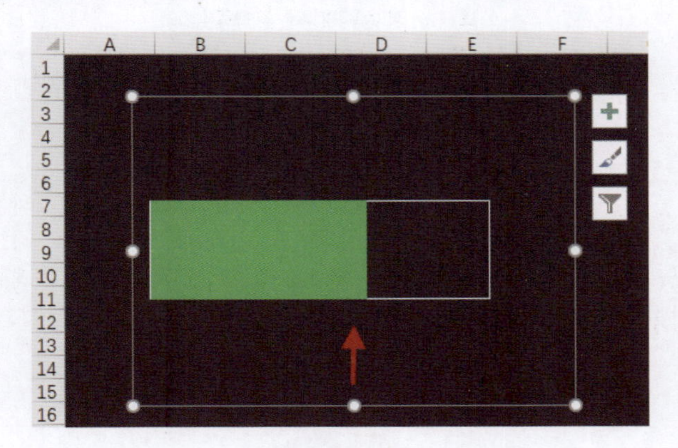

图 8-14　微信数据报告案例制作步骤 8

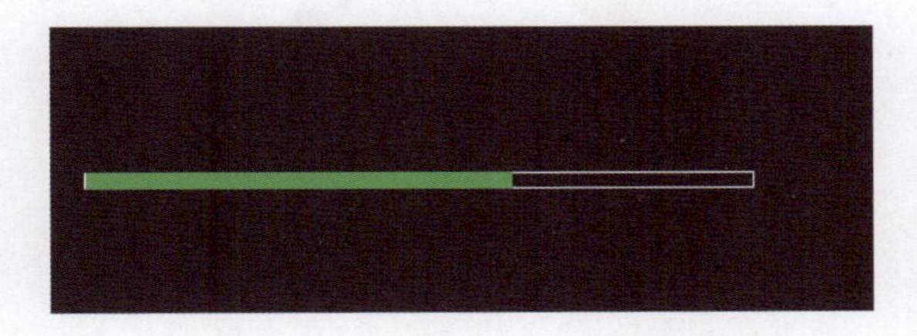

图 8-15　微信数据报告案例制作步骤 9

4）在图表对应的位置，插入文本框补充文字信息，将字体设置为“微软雅黑 Light”，将“女性”和数字“64%”字体颜色设置为绿色（RGB：10，193，93），其余字体颜色设置为白色，汉字字号设置为“9”，将数字字号设置为“11”，最终效果如图 8-16 所示，好了，第一个信息图就制作完成了。

图 8-16　微信数据报告案例制作步骤 10

2) 绘制圆环图

Mr. 林：接下来绘制圆环图，这部分介绍了吃饭和购物支付买单的男女比例，我们一起来看看这个信息图是如何制作的。

STEP 01　数据准备

圆环图数据源为吃饭和购物支付买单的男女比例数据，如图 8-17 所示。

	A	B	C
1	性别	吃饭买单比例	购物买单比例
2	男	59%	43%
3	女	41%	57%

图 8–17　微信数据报告案例数据 2

STEP 02　绘制基础图表

绘制圆环图，选中 A1:B3 单元格区域，单击【插入】选项卡，在【图表】组中单击【插入饼图或圆环图】中的【圆环图】，生成的图表如图 8-18 所示。

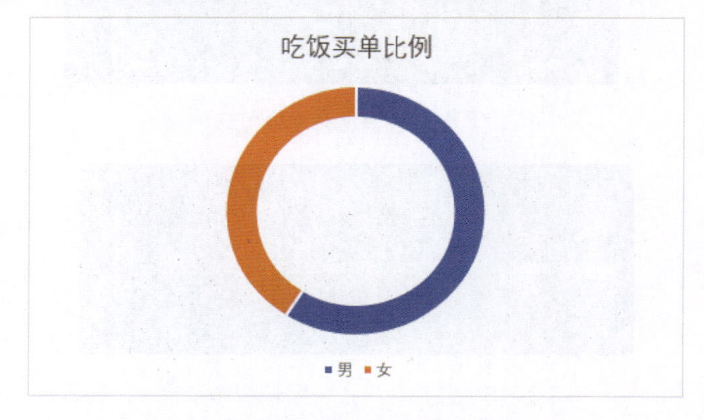

图 8–18　微信数据报告案例制作步骤 11

STEP 03　图表处理

调整圆环图内径大小，用鼠标右键单击任意圆环，从快捷菜单中选择【设置数据系列格式】，在弹出的【设置数据系列格式】对话框【系列选项】下设置【圆环图内径大小】为“90%”，效果如图 8-19 所示。

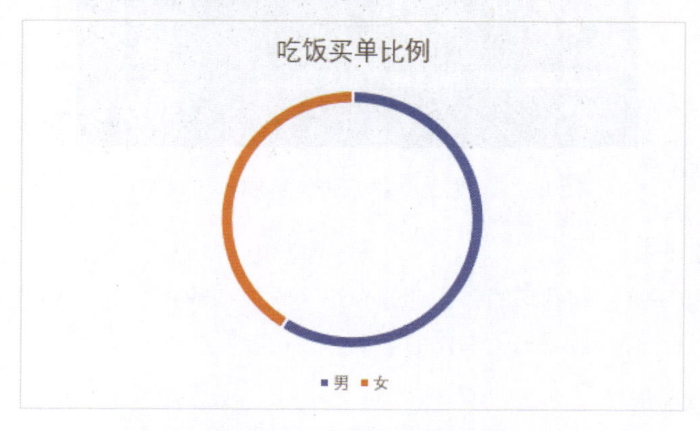

图 8–19　微信数据报告案例制作步骤 12

STEP 04 美化图表

1）删除图表多余元素：删除“图表标题”“图例”，将图表区和绘图区边框和填充均设置为无。

2）调整圆环颜色：用鼠标右键单击圆环，从快捷菜单中选择【设置数据系列格式】，双击选中“男”系列圆环，在【设置数据系列格式】对话框的【系列选项】下单击【填充与线条】，【填充】项选为【纯色填充】，将【颜色】设置为绿色（RGB：10，193，93），将【边框】设置为【无】；用同样的方法将“女”系列圆环填充颜色设置为灰色（RGB：169，169，169），将【边框】设置为【无】，设置完成的效果如图 8-20 所示。

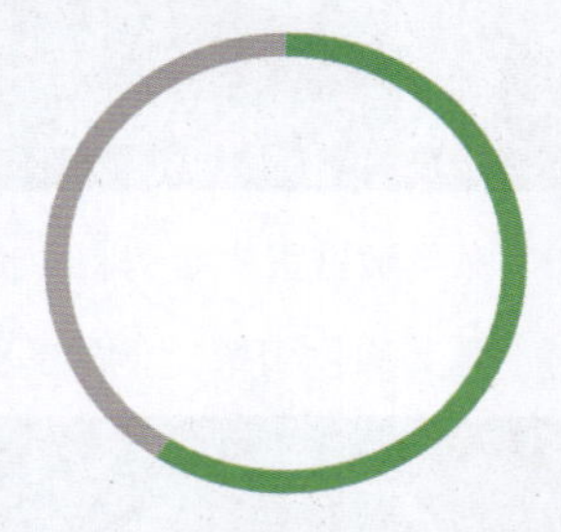

图 8-20 微信数据报告案例制作步骤 13

3）调整圆环大小：选中图表，单击图表右下方的小圆点，如图 8-21 所示，按住鼠标左键往上拖动调整图表，调整到合适大小。

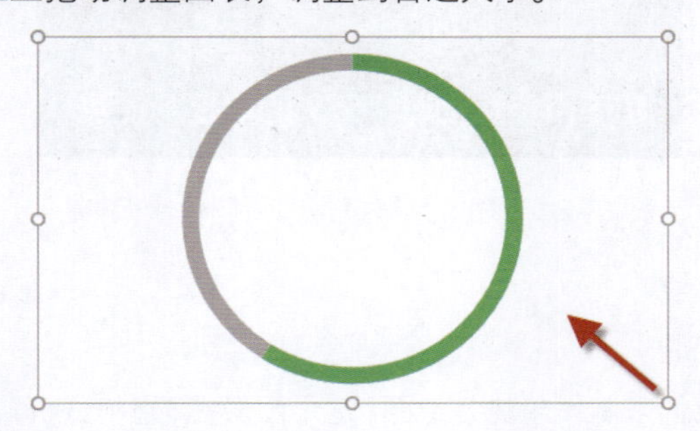

图 8-21 微信数据报告案例制作步骤 14

STEP 05 图标素材与图表组合

1）准备吃饭、购物车的图标素材如图 8-22 所示。

图 8-22 圆环图图标素材准备

2) 选中图标素材，将其移至圆环图中间空白位置，并适当调整图标大小。
3) 将图表复制粘贴至信息图报告区域，通过插入文本框、形状等方式添加文字内容、数据标签和引导线，设置的方法前面已介绍，这里就不重复了，最终效果如图 8-23 所示。

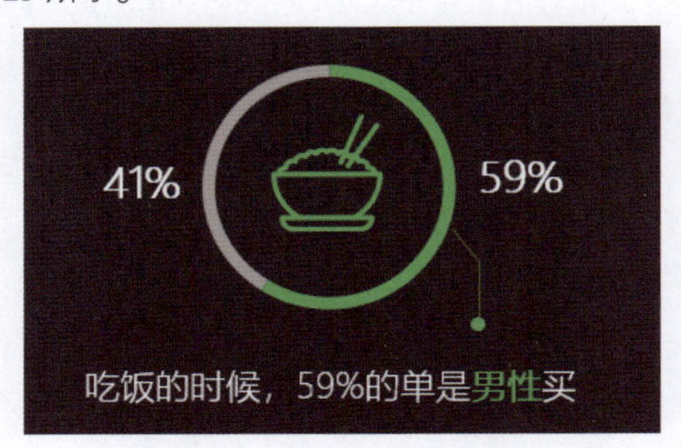

图 8-23　微信数据报告案例制作步骤 15

Mr. 林： 用同样的方法绘制“男女购物买单比例”的圆环图，效果如图 8-24 所示。

图 8-24　微信数据报告案例制作步骤 16

小白： 好的。

4) 绘制趋势气泡图

Mr. 林： 接下来我们来制作趋势气泡图，这个图形在“趋势分析”章节已经介绍过了。

STEP 01　数据准备

趋势图数据源为各出生年代用户使用零钱通的比例数据，如图 8-25 所示。

	A	B	C	D	E	F
1	数据系列	00后	90后	80后	70后	年长者
2	X轴	1	2	3	4	5
3	Y轴	0	0	0	0	0
4	气泡大小	6%	35%	30%	18%	11%
5	X轴标签	10%	10%	10%	10%	10%

图 8-25　微信数据报告案例数据 3

Mr. 林问道：小白，考考你，图 8-25 中 *X* 轴、*Y* 轴、气泡大小（年龄占比）、*X* 轴标签分别有什么作用吗？

小白自信满满地回答：嗯，*X* 轴用于确定气泡的横向水平位置，*Y* 轴用于确定气泡的纵向高度，气泡大小为各出生年代用户使用零钱通的比例，*X* 轴标签就是用于绘制另外一个气泡图以便于我们添加气泡大小的数据标签。

Mr. 林：不错，你都记住了，那下面我们一起来复习趋势气泡图的做法。

STEP 02 绘制基础图表

绘制气泡图，选中 B2:F4 单元格区域，单击【插入】选项卡，在【图表】组中单击【插入散点图或气泡图】中的【气泡图】，生成的图表如图 8-26 所示。

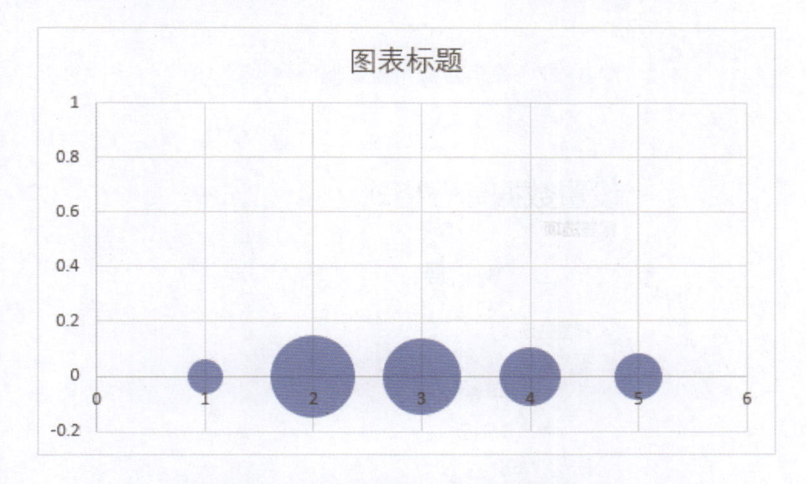

图 8-26 微信数据报告案例制作步骤 17

STEP 03 图表处理

1) 调整 *Y* 轴上气泡的分布位置：用鼠标右键单击 *Y* 轴，从快捷菜单中选择【设置坐标轴格式】，在弹出的【设置坐标轴格式】对话框的【坐标轴选项】下，【最小值】设置为“-0.4”，【最大值】设置为“0.4”，设置完成的效果如图 8-27 所示。
2) 添加数据标签：用鼠标右键单击任意气泡，从快捷菜单中选择【添加数据标签】，这时添加的数据标签均为“0”，用鼠标右键单击刚添加的任意数据标签，从快捷菜单中选择【设置数据标签格式】，在弹出的【设置数据标签格式】对话框的【标签选项】下，勾选【气泡大小】，取消勾选【Y 值】【显示引导线】，并设置【标签位置】为【靠上】，如图 8-28 所示，设置完成的效果如图 8-29 所示。

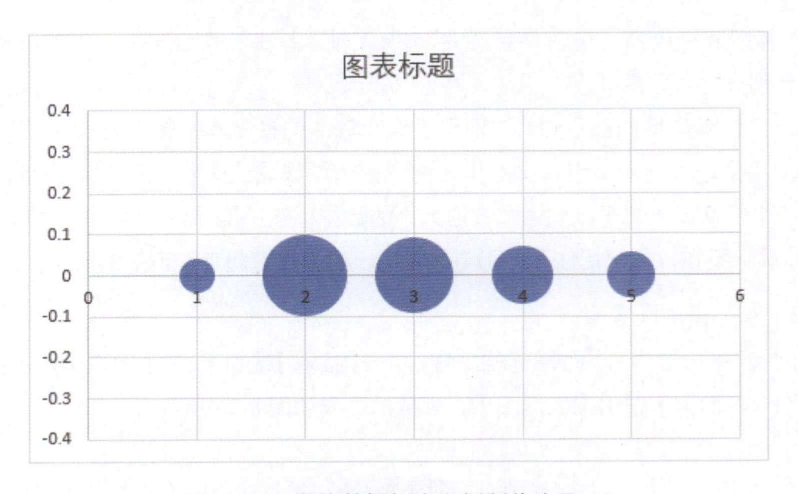

图 8-27 微信数据报告案例制作步骤 18

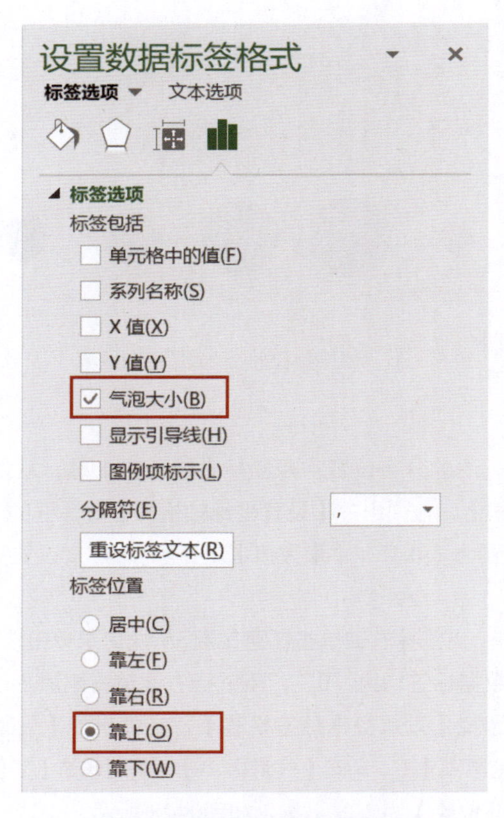

图 8-28 【设置数据标签格式】对话框

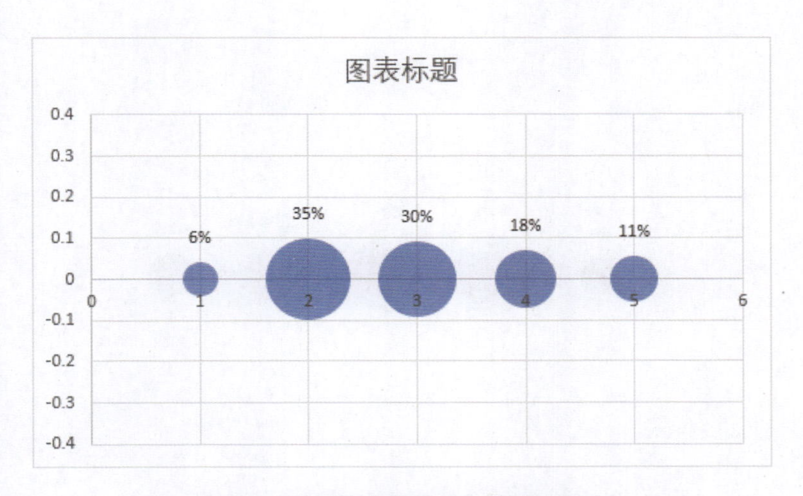

图 8-29　微信数据报告案例制作步骤 19

3) 添加 *X* 轴标签：

① 先绘制用于添加 *X* 轴标签的气泡图：用鼠标右键单击图表任意位置，从快捷菜单中选择【选择数据】，在弹出的【选择数据源】对话框的【图例项（系列）】下，单击【添加】按钮，在弹出的【编辑数据系列】对话框中，设置新气泡图的数据源，相关设置参数如图 8-30 所示，然后单击【确定】按钮返回【选择数据源】对话框，在选中刚添加的“X 轴标签气泡大小”系列状态下，单击【图例项（系列）】中的【上移】箭头，这样就可以使刚添加的气泡图置于原气泡图下方，便于后续我们选择不同的气泡图，设置完成的效果如图 8-31 所示。

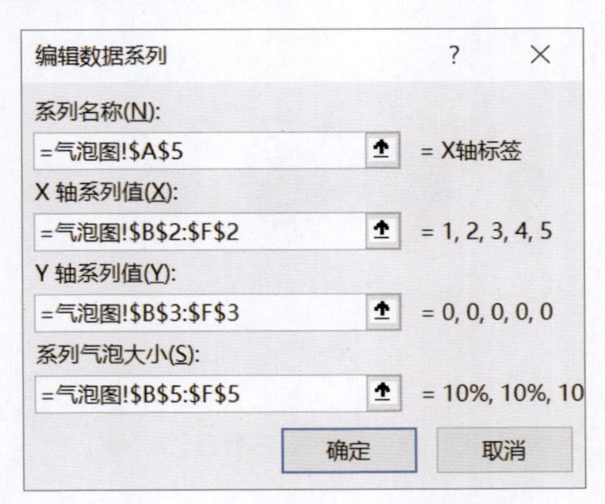

图 8-30　微信数据报告案例制作步骤 20

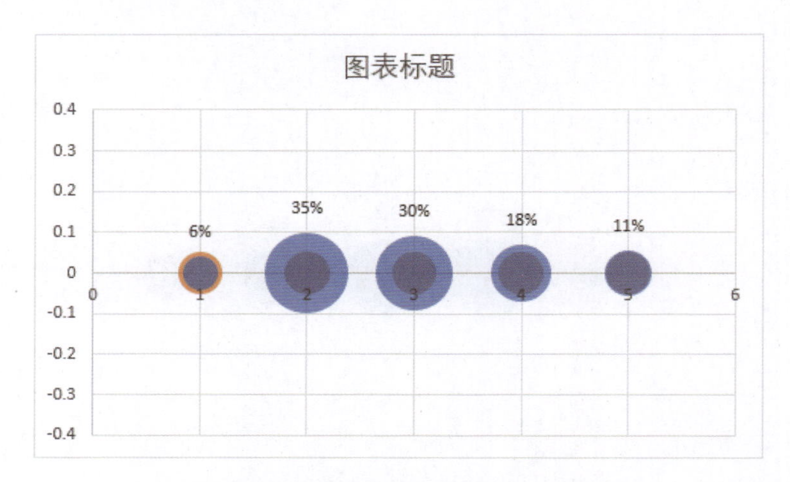

图 8-31　微信数据报告案例制作步骤 21

② 添加 *Y* 轴标签：用鼠标右键单击刚添加的任意橙色气泡图，从快捷菜单中选择【添加数据标签】，这时添加的数据标签同样均为“0”，用鼠标右键单击刚添加的任意数据标签，从快捷菜单中选择【设置数据标签格式】，在弹出的【设置数据标签格式】对话框的【标签选项】下，勾选【单元格中的值】，将数据标签的值更改为年份（B1:F1 单元格区域），取消勾选【Y 值】【显示引导线】，并设置【标签位置】为【靠下】，设置完成的效果如图 8-32 所示。

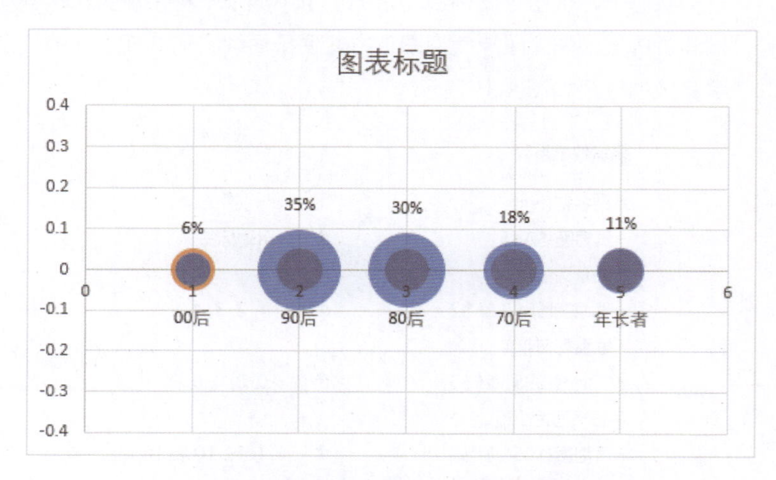

图 8-32　微信数据报告案例制作步骤 22

STEP 04　美化图表

1）删除“图表标题”“网格线”“*X* 轴”“*Y* 轴”，将图表区、绘图区的边框和填充均设置为无。

2) 将数据标签字体设置为“微软雅黑 Light”，字号设置为“12”并选中“加粗”，字体颜色设置为绿色（RGB：10，193，93）

3) 将 X 轴年份标签字体设置为“微软雅黑 Light”，字号设置为“10”，字体颜色设置为灰色（RGB：169，169，169）。

4) 将“气泡大小”气泡填充设置为绿色（RGB：10，193，93），边框设置为无，X 轴标签气泡的边框和填充均设置为无，设置完成后最终效果如图 8-33 所示。

5) 将气泡图复制粘贴到对应的信息图报告区域，插入文本框，添加好文字信息，最终效果如图 8-34 所示。

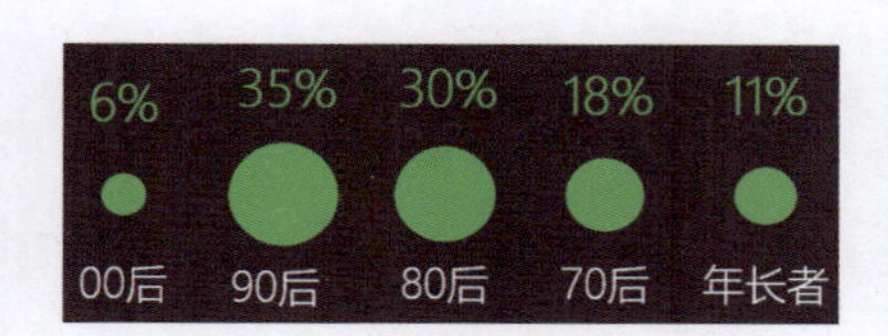

图 8–33　微信数据报告案例制作步骤 23

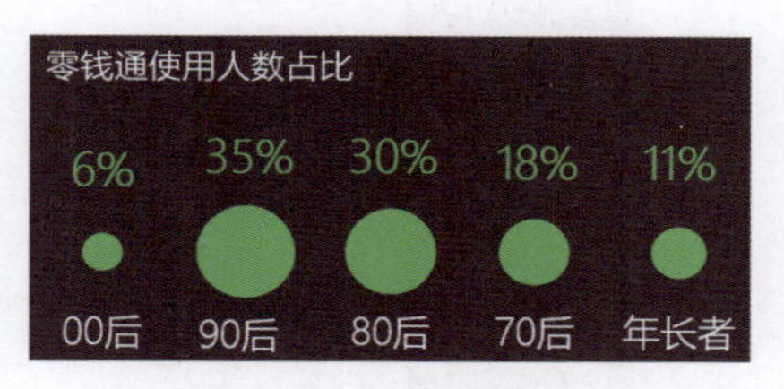

图 8–34　微信数据报告案例制作步骤 24

Mr. 林：好了，这个微信数据报告中的信息图就制作完成了，最后通过编辑【插入文本框】把开头文字部分内容补充完整，最终完成的效果如图 8-35 所示。

小白：那我怎么将它转存为图片发出去呢？

Mr. 林：很简单，选中整个信息图报告区域，按“Ctrl+C”快捷键复制，从计算机操作系统的【开始】菜单中打开【画图】工具，单击【粘贴】，此时图片已经粘贴在【画图】工具中了。

然后单击左上角的【保存】，在弹出的【保存为】对话框中，图片的【保存类型】可选择“PNG”或“JPEG”，同时设置保存路径及文件名称，然后单击【保存】按钮，即可将信息图报告保存为图片，如图 8-36 所示。

图 8–35　微信数据报告案例成品

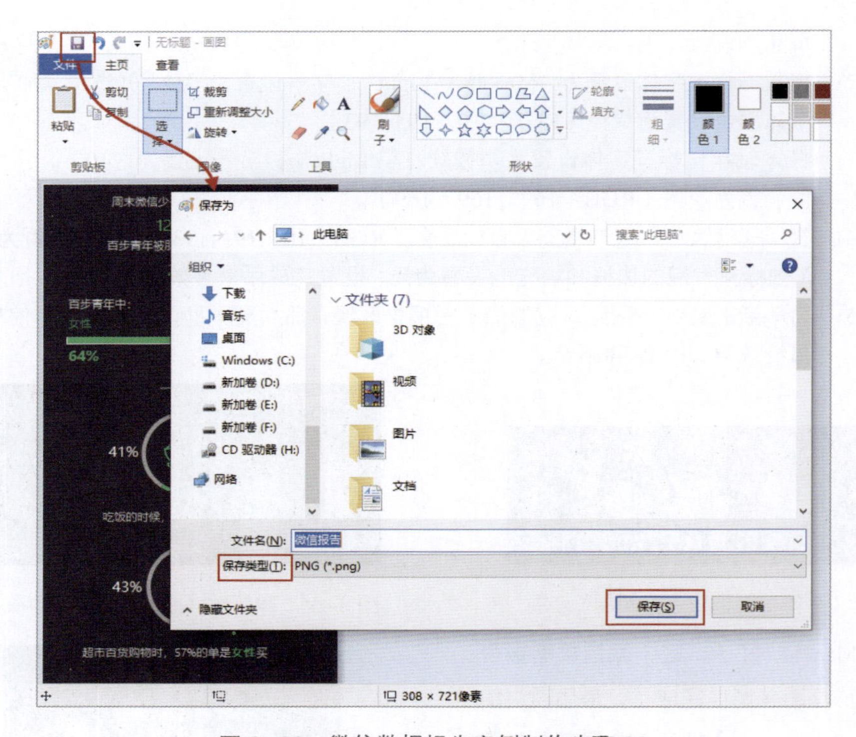

图 8–36　微信数据报告案例制作步骤 26

8.2　本章小结

Mr. 林端起水杯喝了口水后说道：小白，微信数据报告信息图案例的制作方法已经学习完了，我们一起来回顾下今天所学的内容。

1) 学习了信息图报告结构的拆解和取色。
2) 学习了在 Excel 中设置信息图报告区域大小的方法。
3) 学习了将 Excel 信息图报告保存为图片报告的方法。

小白开心地说：嗯，原来信息图报告也可以通过 Excel 轻松制作，又学到新方法了。完成牛董布置的任务不用愁了。

Mr. 林：记住要自己多多练习喔，平时看到大神的作品，不要只是膜拜，可以多想想怎么做，大胆尝试自己能不能做出来。临渊羡鱼不如退而结网，让自己变成大神的第一步，就是多模仿优秀作品。

小白：好的，时间不早了，不如我请您吃饭，就当作谢师宴吧！

Mr. 林高兴地回应：这个可以有，走起。